生物炭

对松嫩平原盐碱地土壤微环境及作物生长发育的影响

◎ 王智慧　赵长江　李佐同　著

中国农业科学技术出版社

图书在版编目(CIP)数据

生物炭对松嫩平原盐碱地土壤微环境及作物生长发育的影响 / 王智慧，赵长江，李佐同著. --北京：中国农业科学技术出版社，2022.6

ISBN 978-7-5116-5810-4

Ⅰ.①生… Ⅱ.①王… ②赵… ③李… Ⅲ.①松嫩平原-活性炭-影响-盐碱土-土壤环境-研究②松嫩平原-活性炭-影响-作物-生长发育-研究 Ⅳ.①S155.2②S5

中国版本图书馆 CIP 数据核字(2022)第 114194 号

责任编辑 周丽丽
责任校对 李向荣
责任印制 姜义伟 王思文

出 版 者 中国农业科学技术出版社
北京市中关村南大街 12 号 邮编：100081
电 话 (010) 82109194 (编辑室) (010) 82109702 (发行部)
(010) 82109709 (读者服务部)
网 址 https://castp.caas.cn
经 销 者 各地新华书店
印 刷 者 北京建宏印刷有限公司
开 本 185 mm×260 mm 1/16
印 张 12.5 彩插 14 面
字 数 320 千字
版 次 2022 年 6 月第 1 版 2022 年 6 月第 1 次印刷
定 价 60.00 元

资助项目

中央引导地方科技发展专项“黑龙江省秸秆资源化利用工程技术研究中心”（项目编号：ZY16A06）

黑龙江省省院科技合作项目“生物炭对农田土壤保育及地标杂粮的提质增效作用研究”（项目编号：YS20B16）

黑龙江八一农垦大学学成、引进人才科研启动计划“生物炭调控农田黑土环境及玉米生长的微生物学机制”（项目编号：XDB202204）

黑龙江八一农垦大学作物学博士后流动站、农业农村部农产品及加工品质量监督检验测试中心（大庆）博士后工作站专项资助经费，中国博士后科学基金（项目编号：2022M721734）

黑龙江农垦总局科技攻关项目“黑土农田土壤保育关键技术研究与集成示范”（项目编号：HKKY190210）

章节分工

本书凝聚了黑龙江八一农垦大学园艺园林学院王智慧，农学院李佐同、赵长江多年的研究成果。全书共四章内容，第一章和第二章由王智慧撰写完成；第三章和第四章由赵长江撰写完成；全书统稿、撰写指导、校稿由李佐同完成。此外，本书研究内容能够得以顺利完成还要感谢课题组研究生张圣也、刘慧敏和聂金锐同学在实验过程中的大力帮助。

内容提要

目前，松嫩平原土壤盐碱化日趋严重，农业生态系统较为脆弱，严重制约着盐碱地的利用和农业的可持续发展。生物炭被认为是一种理想的土壤改良剂，在黑土、白浆土、褐土、红壤、棕壤、滨海盐土等不同性质土壤上均有研究，而有关生物炭在松嫩平原盐碱化土壤上的作用效果报道相对较少。因此，本书以松嫩平原西部盐碱地区典型农田为研究对象，采用室内盆栽与田间试验相结合的方法，研究了不同生物炭施用量对不同作物田（玉米、绿豆、谷子）土壤理化性质、土壤酶活性、土壤微生物多样性及对3种作物生长发育、养分积累与转运的影响，以期明确生物炭在盐碱化农田种植不同作物时最佳应用水平，并揭示其驱动土壤微环境改善和作物产量高效形成的内在机制。主要研究结果如下。

第一，施用生物炭降低土壤容重，增加土壤孔隙度，调整土壤固—液—气三相比，提高土壤水稳性团聚体稳定率。生物炭对土壤含水量和 pH 值的影响还与降水量密切相关，这也导致土壤中交换性盐基离子 Na^+降低、土壤碱化度（ESP）降低。然而土壤交换性 K^+、阳离子交换量（CEC）均随着施炭量的增加逐渐增大。同时，施用生物炭提高了土壤有机碳（SOC）、全氮（TN）、全磷（TP）、全钾（TK）、有效磷（AP）、速效钾（AK）、铁（Fe）、锰（Mn）、锌（Zn）含量。因此，适当用量的生物炭对土壤盐碱化有一定的改善，创造了良好的土壤环境。

第二，施用生物炭提高了土壤酶活性。其中土壤脱氢酶（DHA）、土壤蔗糖酶活性（INV）均对生物炭响应积极，二者与土壤碱化度呈显著负相关，与土壤有机碳含量呈显著正相关。施生物炭使土壤 β-葡萄糖苷酶（BG）活性显著增加。土壤碱性磷酸酶（PME）活性对生物炭响应在不同生育时期表现不尽相同，但土壤碱性磷酸酶活性与土壤有效磷含量呈正相关。

第三，不同作物田的土壤微生物对生物炭的响应不同。在玉米田，生物炭对土壤细菌 α 多样性无显著性影响。但生物炭改变了土壤细菌门、纲、属、OTU 水平相对丰度，影响了细菌的群落组成。土壤细菌群落结构的改变与土壤理化性质的变化密切相关，其中土壤有机碳是最主要的驱动因子。此外，检测到生物炭显著提高了溶杆菌属（*Lysobacter*）相对丰度，其是一类重要的生防细菌，对多种植物病原真菌具有拮抗作用。在绿豆田，生物炭处理对细菌种群的多样性和丰度表现为低施入量促进，高施入量抑制。施用生物炭增加了土壤有益细菌相对丰度，影响了群落组成。总之，生物炭为盐碱化土壤田创造了良好的、稳定的土壤微生态环境。

第四，生物炭对土壤真菌群落结构的影响也因不同作物而异。在玉米田，施用生物

炭降低了土壤真菌 α 多样性。高通量测序检测生物炭降低了枝孢菌（*Cladosporium*）、链格孢菌（*Alternaria*）、黑附球菌属（*Epicoccum*）的相对丰度，同时对镰刀菌（*Fusarium*），赤霉病菌属（*Gibberella*）相对丰度也有降低趋势。因此，生物炭对病原菌有抑制作用，减少土传病害病原菌种群，抑制植物病害发生。在绿豆田，生物炭施用也影响了土壤真菌丰度，生物炭 B_5（5 t/hm^2）处理下增加了绿僵菌（metarhizium）、白僵菌（Beauveria）等半知菌类相对丰度，说明生物炭施用能够优化真菌群落结构。

第五，生物炭处理对盆栽绿豆、谷子幼苗生长、干物质累积、叶片中抗氧化酶活性、渗透调节系统均有促进的趋势，同时增强了绿豆幼苗 PSⅡ反应中心活性，使净光合速率显著提高。在玉米田，生物炭改良了土壤微生态环境，从而改善了玉米根系建成（根长、根表面积、根体积），促进根系生长，尤其是细根大量增加。生物炭增加了植株干物质和养分（N、P、K、Mg、Fe、Mn、Zn）的积累量，促进了籽粒灌浆速率，提高了玉米产量。其中，一次性施入 40 t/hm^{2}生物炭对连续两年农田土壤环境、玉米生长和养分积累、籽粒灌浆建成有稳定的提升，促进玉米产量显著提高，且随着时间的延长表现持续促进效应，施生物炭第一年玉米产量较对照提高了 21.66%，第二年玉米产量提高了 27.43%。

综上所述，施用生物炭对盐碱地土壤微环境有一定改善，对作物生长发育及产量形成有促进作用。因此，生物炭的应用对提高农业资源利用效率，提升盐碱化农田土壤养分管理，实现农业节本增效、农田土壤可持续利用具有重要意义。

目　　录

1　文献综述 …………………………………………………………………… (1)
1.1　盐碱土研究概述 ……………………………………………………………… (1)
1.1.1　盐碱土概况 ………………………………………………………………… (1)
1.1.2　盐碱土概念及性质 ………………………………………………………… (1)
1.1.3　盐碱对农田的危害 ………………………………………………………… (2)
1.1.4　盐碱地改良措施 …………………………………………………………… (2)
1.2　生物炭概述 …………………………………………………………………… (3)
1.2.1　生物炭定义 ………………………………………………………………… (3)
1.2.2　生物炭的元素组成 ………………………………………………………… (4)
1.2.3　生物炭的 pH 值 …………………………………………………………… (4)
1.2.4　生物炭的孔隙结构 ………………………………………………………… (4)
1.2.5　生物炭的官能团 …………………………………………………………… (5)
1.2.6　生物炭中碳组成的稳定性 ………………………………………………… (6)
1.3　生物炭对盐碱土壤微环境的影响 …………………………………………… (6)
1.3.1　生物炭对盐碱土壤物理性质的影响 ……………………………………… (6)
1.3.2　生物炭对盐碱土壤团聚体的影响 ………………………………………… (7)
1.3.3　生物炭对盐碱土壤化学性质的影响 ……………………………………… (8)
1.3.4　生物炭对盐碱土壤营养元素的影响 ……………………………………… (8)
1.3.5　生物炭对盐碱土壤酶活性的影响 ………………………………………… (10)
1.3.6　生物炭对盐碱土壤微生物的影响 ………………………………………… (10)
1.4　生物炭对盐碱土壤作物生长发育的影响 …………………………………… (12)
2　生物炭对盐碱地玉米生长发育及土壤微环境的影响 ………………………… (14)
2.1　引言 …………………………………………………………………………… (14)
2.1.1　研究目的与意义 …………………………………………………………… (14)
2.1.2　技术路线 …………………………………………………………………… (15)
2.2　材料与方法 …………………………………………………………………… (15)
2.2.1　试验材料 …………………………………………………………………… (15)
2.2.2　试验设计 …………………………………………………………………… (16)
2.2.3　测定方法 …………………………………………………………………… (16)
2.2.4　数据分析 …………………………………………………………………… (21)

2.3 结果与分析 …… (21)
2.3.1 生物炭对盐碱土壤理化特性的影响 …… (21)
2.3.2 生物炭对盐碱土壤酶活性的影响 …… (41)
2.3.3 生物炭对盐碱土壤细菌群落结构的影响 …… (48)
2.3.4 生物炭对盐碱土壤真菌群落结构的影响 …… (56)
2.3.5 生物炭对玉米生长发育的影响 …… (64)
2.3.6 生物炭对玉米养分吸收的影响 …… (72)
2.3.7 生物炭对玉米产量性状及品质的影响 …… (74)
2.4 讨论 …… (76)
2.4.1 生物炭对盐碱土壤理化性质的影响 …… (76)
2.4.2 生物炭对盐碱土壤酶活性的影响 …… (80)
2.4.3 生物炭对盐碱土壤细菌群落结构的影响 …… (81)
2.4.4 生物炭对盐碱土壤真菌群落结构的影响 …… (83)
2.4.5 生物炭对玉米生长发育的影响 …… (85)
2.5 本章小结 …… (86)
2.5.1 生物炭改善盐碱土壤理化性质 …… (86)
2.5.2 生物炭提高土壤酶活性 …… (87)
2.5.3 土壤细菌群落结构对生物炭响应较敏感 …… (87)
2.5.4 土壤真菌群落结构对生物炭响应敏感 …… (88)
2.5.5 生物炭促进玉米生长和养分积累，提高玉米产量 …… (88)
3 生物炭对盐碱地绿豆生长发育及土壤微环境的影响 …… (89)
3.1 引言 …… (89)
3.1.1 研究目的与意义 …… (89)
3.1.2 技术路线 …… (90)
3.2 材料与方法 …… (90)
3.2.1 试验材料 …… (90)
3.2.2 试验设计 …… (90)
3.2.3 测定方法 …… (91)
3.2.4 数据分析 …… (92)
3.3 结果与分析 …… (92)
3.3.1 生物炭对盆栽绿豆幼苗生长的影响 …… (92)
3.3.2 生物炭对田间微区绿豆土壤理化特性及产量的影响 …… (98)
3.3.3 生物炭对绿豆根际土壤细菌群落的影响 …… (105)
3.3.4 生物炭对绿豆根际土壤真菌群落的影响 …… (108)
3.4 讨论 …… (110)
3.4.1 不同施炭处理对绿豆生长发育的影响 …… (110)
3.4.2 不同施炭处理对绿豆生理特性的影响 …… (110)
3.4.3 不同施炭处理对绿豆种植土的影响 …… (111)

3.4.4　不同施炭处理对绿豆土壤微生物的影响 …………………………… (112)
3.5　本章小结 ………………………………………………………………… (113)
4　生物炭对盐碱地谷子生长发育及土壤微环境的影响 ……………… (114)
4.1　引言 …………………………………………………………………… (114)
4.1.1　研究目的与意义 ……………………………………………………… (114)
4.1.2　技术路线 ……………………………………………………………… (115)
4.2　材料与方法 ……………………………………………………………… (115)
4.2.1　试验材料 ……………………………………………………………… (115)
4.2.2　试验设计 ……………………………………………………………… (116)
4.2.3　测定方法 ……………………………………………………………… (117)
4.2.4　数据统计 ……………………………………………………………… (118)
4.3　结果与分析 ……………………………………………………………… (118)
4.3.1　生物炭对盆栽谷子幼苗生长的影响 ………………………………… (118)
4.3.2　不同施炭处理对田间谷子形态指标的影响 ……………………… (123)
4.3.3　不同施炭处理对谷子叶面积、总叶绿素含量的影响 …………… (126)
4.3.4　不同施炭处理对谷子生理指标的影响 …………………………… (127)
4.3.5　不同施炭处理对土壤理化特性的影响 …………………………… (130)
4.3.6　不同施炭处理对土壤养分含量的影响 …………………………… (132)
4.3.7　不同施炭处理对土壤酶活性的影响 ……………………………… (135)
4.3.8　不同施炭处理对谷子产量及产量构成要素的影响 ……………… (136)
4.3.9　不同施炭处理对谷子品质的影响 ………………………………… (139)
4.3.10　不同施炭处理对谷子成熟期秸秆及籽粒养分含量的影响 ……… (139)
4.4　讨论 …………………………………………………………………… (140)
4.4.1　不同施炭处理对谷子生长的影响 ………………………………… (140)
4.4.2　不同施炭处理对谷子生理特性的影响 …………………………… (141)
4.4.3　不同施炭处理对土壤特性的影响 ………………………………… (141)
4.5　本章小结 ………………………………………………………………… (143)
参考文献 ………………………………………………………………… (144)
附录 ……………………………………………………………………… (168)
附录一　附表 ………………………………………………………………… (168)
附录二　附图 ………………………………………………………………… (177)

1 文献综述

1.1 盐碱土研究概述

1.1.1 盐碱土概况

土壤盐渍化是全球存在的问题，全球盐渍化土壤面积约为 9.6 亿 hm^2，我国盐渍化土壤约有3 700 万 hm^2，其中盐渍化耕地面积近 670 万 hm^2，约占全国总耕地面积的5%，并且每年新增盐渍化土壤面积约 2 万 hm^2（张豪，2017）。我国盐渍土分布地域广泛，从滨海地区到内陆、荒漠的干旱或半干旱地区都分布着不同类型的盐渍土（岳燕，2017）。其中位于我国东北地区的松嫩平原西部盐碱地总面积约 500 万 hm^2，是世界第三大苏打盐碱地集中分布区之一，该地区 70%的土壤类型为苏打盐碱土，盐分主要为 Na_2CO_3、$NaHCO_3$（关胜超，2017）。松嫩平原由于自然条件干旱、水资源短缺，土壤盐渍化日趋严重，农业生态系统极为脆弱，严重制约着盐碱地的利用和农业的可持续发展（冉成，2019）。随着人口的增长，人们对粮食的需求不断加大，对土地资源高效利用的要求越来越高。因此利用合理的措施有效改良盐碱化土壤，缓解土地资源不足及土壤退化现象，提升农业生产力，对我国农业经济的发展至关重要。

1.1.2 盐碱土概念及性质

盐碱土是盐土、盐化土、碱土、碱化土的统称，盐土和盐化土中含有大量的可溶性盐分，碱土和碱化土中含有较多的交换性钠，盐、碱在发生形成上常交错分布，密不可分，因此统称为盐碱土（王遵亲等，1993）。衡量土壤盐碱化程度的指标通常有土壤含盐量、碱化度和 pH 值。当土壤含盐量大于 0.1%，碱化度大于 5%，土壤 pH 值大于 8 时就属于盐碱土的范畴（Rengasamy，2010）。

盐碱土在一定人为和自然条件下形成，其形成的实质原因是可溶性盐分的重新分配。分布在干旱、半干旱区的盐碱地，由于蒸发量远远大于降水量，土壤和地下水中所含的盐分就会随着土壤毛细管作用上升到地表，水分蒸发后，盐分留在土壤表层，形成盐碱地（孙一博，2020）。盐碱土的形成还包括一个重要的过程，即碱化过程。碱化过程是指土壤溶液中的 Na^+进入土壤胶体，使土壤胶体中有较多的可交换性钠，进而导致土壤溶液呈强碱性，并引起土壤物理性质恶化的过程（王文华，2011）。土壤碱化过程发生常伴有盐化过程。松嫩平原盐碱地区，季节性气候变化比较明显。夏季雨水多而集中，盐碱土壤易脱盐，Na^+交换土壤胶体中Ca^{2+}、Mg^{2+}，使Na^+淋溶，降低碱化程度。春季干燥多风，盐碱土壤中Na^+易随水分蒸发积聚在地表，Ca^{2+}、Mg^{2+}以碳酸盐的形式沉淀下来，导致土壤碱化度升高。碱性土壤中交换性钠的存在是盐碱土形成的先决条件，水分是其关键因素，盐分的移动和水分的移动密不可分。Na^+主导的盐碱土壤湿润时，土壤团聚体膨胀、土粒分散、孔隙度小，阻碍水分渗透和空气流通；干燥时土壤收缩、板结、坚硬，使得盐碱土壤物理性状恶化，通透性和耕性极差（范亚文，2001）。

盐碱土壤不良的结构限制了土壤养分转化及生物化学过程进行，恶劣的土壤透水透气性严重影响了土壤微生物代谢和土壤酶活性。有学者研究表明，土壤盐碱化导致土壤有机质大量损失（汤嘉雯，2020），土壤碳、氮矿化率降低（Pathak et al.，1998），保肥能力弱。土壤盐毒害及渗透胁迫导致了铁、锰、锌等元素的吸收利用受阻。Frankenberger et al.（1982）研究认为盐碱土中调控土壤碳、氮、磷、硫循环的相关土壤酶活性随着盐碱程度升高而降低。土壤微生物受土壤盐碱危害严重，Wichern et al.（2006）研究表明，土壤盐碱化不利于微生物生长和繁殖，盐碱对微生物数量和活性都有抑制。Wong et al.（2008）也有类似的结论，盐碱程度和微生物多样性呈负相关。

1.1.3 盐碱对农田的危害

土壤盐碱化是影响干旱、半干旱地区农业生产和可持续利用的主要障碍。植物在盐渍化土壤中生长会遭受多方面的抑制（Qadir et al.，2002）。土壤溶液中高Na^+引发的离子毒害是抑制作物生长发育的直接原因。植物体内大量的盐分导致原生质破坏，蛋白质合成受阻，从而使植物生长发育不良（Munns et al.，2008）。高渗透压胁迫导致植物吸收水分困难，水分有效利用率降低，从而引发植物生理干旱。盐分过多还抑制气孔保卫细胞发挥作用，影响气孔关闭及植物体内水分散失，导致植株易发生枯萎（Ashraf，2004）。盐碱化土壤通常较贫瘠、土壤中有机质、氮、磷养分较少，这也抑制了土壤向作物的养分转化和输送（Wong et al.，2010）。植物对矿质元素的吸收也随着土壤盐碱化程度升高而降低，土壤中矿质营养失衡，阻碍化合物分解、释放、转移和利用。Summer（1993）研究发现，盐碱土壤中大量的氯离子和钠离子抑制了钙、铁、锰、锌等营养元素进入植物体内，破坏作物的矿质营养平衡。土壤盐碱化导致土壤结构紧密、土壤孔隙度小、土壤通气性下降，土壤内部氧含量较低，限制作物根系生长发育及发挥作用（李娥，2018）。同时，土壤盐碱化限制了农作物植株生殖生长和营养生长，阻碍了作物生物量和养分积累，使得作物产量不高，品质不良，对农田生产环境造成恶劣影响，限制农业可持续发展（Rengasamy，2010）。

1.1.4 盐碱地改良措施

土壤盐碱化已经成为制约现代农业可持续发展的主要因素。合理的改良可以保持现有耕地总量的动态平衡，提高土地生产力，确保粮食安全和生态安全，实现农业、经济、生态的可持续发展（胡一等，2015）。针对不同的盐碱地情况，学者们探索出了多种盐碱地改良方法，主要包括以下 3 种方式。

物理改良。物理改良包括客土改良、水利改良等方法。客土改良是将耕作层性质差的土壤移除，用物理性质良好、养分充足的土壤取而代之。这种改良方法虽见效快，但成本较大，费时费力，治标不治本，几年后仍会出现返盐现象（徐子棋等，2018）。水利改良是以水利方式疏通排盐通道，进行排水洗盐，以降低土壤返盐。这虽是一种有效的方法，但需要消耗大量的水，成本和维护费用极高，在干旱、半干旱地区难以实施（张震中等，2018）。

化学改良。化学改良是在盐碱地中施加化学改良剂。改良剂主要有脱硫石膏、酸性盐等。石膏是一种用途广泛的工业材料，其含有大量的钙离子，可以和盐碱土壤胶体中吸附的可交换性钠离子进行交换，钠离子交换到土壤溶液中，随水排走，降低了钠离子的毒害（徐璐等，2011）。毛玉梅等（2016）开展了石膏改良盐碱地试验发现盐碱土壤pH值、碱化度显著降低，土壤 Ca^{2+} 显著升高，土壤胶体表面的钠离子被钙离子取代后，有利于土壤团聚体形成，通水透气性增加，易于盐分的淋洗。用化学方法改良盐碱地效果显著，但成本相对较高。

生物改良。生物改良是种植耐盐碱植物。通过植物根系分泌的有机酸中和土壤碱性，同时耐盐碱植物还可以吸收带走土壤中部分盐分（史文娟等，2015）。生物改良方法虽然成本低，但持续时间较长，见效慢。总体而言，多种改良方法都各有利弊，急需找到一种见效快，经济、稳定持久的方法。

近年来生物炭作为一种效果良好的改良剂，受到国内外学者的广泛关注。生物炭为利用农业废弃物制备而成，具有孔隙度高、比表面积大、养分丰富的特性。施入盐碱土壤可增加孔隙度，促进矿物质土粒团聚、增强土壤通透性，进而提高盐分淋洗量，加快脱盐，改善土壤物理、化学、生物学性状（Yue et al.，2016）。日益增加的研究数据表明，生物炭用作土壤改良剂能够显著提高盐碱土湿润峰运移（李帅霖等，2016）；降低盐碱土壤中水溶性盐含量（盛海君等，2016）；缩短盐分洗脱时间，洗盐效率显著提升（岳燕等，2014）。同时生物炭改良了土壤环境并对作物生长有一定促进作用（Biederman et al.，2013）。这对松嫩平原盐碱地改良至关重要，是比较廉价而有效的技术措施之一，也是可持续绿色农业的发展模式和方向。

1.2 生物炭概述

1.2.1 生物炭定义

生物炭是指生物质在无氧或缺氧条件下经高温热裂解而形成的一种疏松多孔、含碳丰富、性质稳定的固态物质（Lehmann et al.，2006）。生物炭原料来源广泛，常见的原材料为工农业废弃物，例如农作物秸秆、果壳、畜禽粪便、枯树枝、木屑等（陈温福等，2013）。不同原料制备的生物炭，其物理结构、化学性质、稳定性各有差异，因此其功能性也略显不同（Jindo et al.，2014；Kloss et al.，2012）。近年来，生物炭作为一种新兴的物质，被越来越多的学者认可。生物炭权威专家Lehmann指出生物炭在气候改善、固体废弃物利用、能源生产、土壤改良4个方面具有很高的应用价值（Lehmann，2007）。还有一些学者在国际顶尖学术期刊《Nature》《Nature communication》上阐述了相关重要理论，它们都认为生物炭在农业生产和环境改良方面有重大潜力（Woolf et al. ,2010；Lehmann，2007）。

1.2.2 生物炭的元素组成

生物炭的组成元素一般包括碳（C）、氢（H）、氧（O）、氮（N）、磷（P）、钾（K）、硫（S）等元素，还有铁（Fe）、锰（Mn）、镁（Mg）、锌（Zn）、钙（Ca）等微量元素，其中碳是主要元素，一般占60%以上（戴静等，2013）。生物炭的这些养分元素主要来源于原材料，并在热解过程中被浓缩，热解后的养分含量高于原材料（王毅，2020）。原材料的不同，生物炭中碳含量及各种元素含量也不相同。一般木质原材料制成的生物炭含碳量最高，可达90%，其他氢、氧、氮、磷、钾元素含量较低。相反，以畜禽粪便为原料制成的生物炭含碳量很低，但氮、磷、钾养分元素相对较多。而秸秆生物炭介于两者之间，其炭化后碳含量相对较多，还含有丰富的氮磷钾养分（何绪生等，2011；Lehmann，2003）。同时，生物炭的制备温度和裂解时间也影响着生物炭中元素的组成比例。因为升温过程中的燃烧和挥发，生物炭中的氢、氧随炭化温度升高而减少；又因热解阶段一些养分被浓缩和聚集，碳、钾、镁、灰分等含量随温度升高而增多（Gaskin，2008）。热解时间与热解温度相似，随着热解时间延长，碳含量、灰分含量增加（Zwieten，2010）。生物炭元素组分和含量的不同，会表现出不同的理化特性，进而导致其在环境中的转化和作用各显差异。

1.2.3 生物炭的pH值

生物炭一般为碱性，pH范围通常为7.0~14.0。生物炭呈碱性的原因有：①生物炭在裂解制备过程中，原料中含有的有机酸逐渐分解，使得生物炭呈碱性（张杰，2015）；②生物炭表面的含氧官能团（如羧基）形成的有机阴离子是生物炭中碱性物质的另一种形式，随着裂解温度升高，碱性官能团增多（叶协锋等，2017）；③碳酸盐是生物炭中碱性物质的主要形态（如碳酸钙），裂解温度升高，碳酸盐含量增加，生物炭碱性增强（Yuan et al.，2011）；④生物炭中残存的无机矿物（如 SiO_2、KCl、$CaSO_4$）是导致生物炭pH偏碱性的重要因素（张千丰等，2013）。不同原料及方法制备的生物炭pH值差异较大。木本、草本植物制备的生物炭pH值在7~14；畜禽粪便生物炭的pH值变化范围为7.5~11.5；秸秆生物炭的pH值范围在8~11，总之，各类生物炭pH值总体表现为秸秆生物炭>畜禽粪便生物炭>木质生物炭（韦思业，2017）。生物炭的pH值还与制炭过程中热解温度和时间相关。简敏菲等（2016）研究表明，水稻秸秆生物炭pH值随着热解温度的升高呈上升趋势。Ronsse et al.（2013）研究表明松树枝生物炭的pH值与热解温度呈正相关。许多学者的研究都表明高温慢速热解的生物炭比低温热解的生物炭有更高的pH值（Cantrell et al.，2012；Novak et al.，2009）。总之，适当的温度范围内，生物炭的pH值均随着热解温度升高而升高。

1.2.4 生物炭的孔隙结构

生物炭多孔特性是由于在裂解过程中，生物质原本的结构发生了不对称的空间收缩、体积减小或一些有机物挥发损失，导致碳骨架的形成，产生了多孔隙结构（Downie et al.，2008）。生物炭的孔隙大小不一，小到纳米，大到微米（Rouquerol et al.，1999）。按照孔隙半径的大小，可将孔隙分为大孔隙（> 50 nm）、中孔隙（2~50 nm）、微孔隙（< 2 nm）（Kurosaki，2007）。生物炭的微孔是其在裂解过程中碳骨架断裂、结构收缩形成的，而大孔隙则主要是生物质的蜂窝状结构构成（Wildman，1991）。生物炭施入土壤后，微孔隙影响着矿质元素和其他小分子物质的吸附，决定了生物炭的比表面积大小；大孔隙改善了土壤结构，为土壤微生物的生存和繁殖提供了居所，对土壤通气、保水至关重要（袁金华等，2011）。生物炭的孔隙与炭化原料和热解温度有关。不同来源生物炭的孔隙结构最优裂解温度不同。玉米秸秆生物炭的孔隙度在900 ℃时中孔隙和微孔隙数量达到最大值；而牛粪生物炭在600 ℃裂解时孔隙形成和微孔数量最多（Lehmann et al.，2009）。通常生物炭的孔隙度随着裂解温度的升高呈逐渐增加趋势。Keiluweit et al.（2010）研究发现随着热解温度的升高，草本和木本生物炭比表面积增加、孔隙度增大。Yong et al.（2019）研究表明650 ℃下制备的生物炭的孔隙度和吸附能力明显高于350~550 ℃下制备的生物炭。高凯芳等（2016）的研究发现，稻壳生物炭的孔隙在700 ℃时比300 ℃多很多。但还有一些学者的研究表明，随着热解温度的升高，生物炭的微孔数量和比表面积增加到一定程度后若继续升温，其微孔数量和比表面积则呈下降趋势（Zhang et al.，2004）。这是由于高温会加剧生物炭的热裂解反应，严重破坏微孔壁的内部结构造成孔壁坍塌，小孔变为大孔，减少了微孔数量和比表面积（张英，2018）。因此，在制炭过程中可以适当提高热解温度来促进生物炭孔隙结构的形式。

1.2.5 生物炭的官能团

生物炭是一类含芳香族碳的聚合物。其表面富含很多官能团，如-COOH、-OH、$-CH_2$、$-CH_3$、C-O、C-O-C、C=C等（Fuertes et al.，2010）。这些官能团的种类和数量决定着生物炭的性质。分析研究生物炭官能团常用固体核磁共振技术（^{13}C-NMR）、傅里叶红外光谱技术（FTIR）、Beohm滴定技术等（Uchimiya et al.，2013）。利用核磁共振技术可以直接反映碳骨架的结构特征，区分出不同组分的碳（如芳香碳、脂肪碳、羟基碳等）。徐东星等（2014）研究表明低温制备的生物炭以脂肪碳为主，而高温制备的生物炭以芳香碳为主。利用傅里叶红外光谱仪可以对生物炭的官能团进行定性分析。Li et al.（2013）研究表明，随着热解温度的升高，C-H、C-O等基团消失，芳香基团逐渐增加。Beohm滴定法常用于生物炭表面官能团含量的测定。通常随着热解温度升高，生物炭表面总酸性基团减少、总碱性基团增加（Chun et al.，2004）。在自然界中，生物炭的表面电性主要受pH值影响。生物炭pH值越高，负电性越强，表面官能团含有的-COOH、-OH解离程度就越大（Fang et al.，2014）。官能团的解离吸收进一步使生物炭表现出对酸碱的缓冲性、疏水/亲水性、阳离子交换性及良好的吸附特性（Xu et al.，2012）。生物炭表面官能团同样受热解温度影响，高温热解时生物炭表面的官能团-OH多于-COOH，碱性官能团随着温度升高而增多（郝蓉等，2010）。总之，由于生物炭原料和制备条件不同，生物炭芳香化程度不同，其表面官能团种类和数量存在较大差异，进而导致其性质存在差异。

1.2.6 生物炭中碳组成的稳定性

生物炭中的碳由未完全碳化的活性有机碳和高度芳香化的稳定态碳两部分组成。活性有机碳也称溶解性有机碳，稳定性相对较弱，活性较高，易被氧化分解，其含量随着热解温度的升高而不断降低（Norwood et al.，2013）。活性有机碳的组成及含量取决于生物炭的原料和热解炭化条件，这部分活性有机碳对土壤微生物活性、植物生长都有促进作用，调控着“土壤—微生物—植物”中养分循环、氧化还原反应、金属螯合等系列生物化学过程（Joseph，2013）。Qu et al.（2016）研究表明生物炭的活性组分含有比其制备原材料多 30%～40% 的官能团（如羧基、羟基、酚类等），而芳香性较低。Zhang et al.（2014）研究发现稻壳生物炭中活性有机碳组分含有类似胡敏酸、富里酸类的腐殖质化物质。总之，生物炭活性组分是影响植物生长的重要部分。生物炭组分中还有一类芳香族碳，属于稳定态碳。这是由于在热解过程中碳结构转化为高稳定性的芳烃结构，这种结构能够提高碳抵抗生物降解及非生物降解（化学氧化、光化学氧化、热解等）能力（Nguyen et al.，2010）。也就是说，生物炭的炭化程度高且芳香结构紧密使得这种化学稳定性机能有效地对碳进行固定（Yin et al.，2014）。因此生物炭对减少温室气体排放有一定意义。有研究表明生物炭中稳定态碳随着热解温度升高而增加，而不稳定有机碳则呈下降趋势。高温制备的生物炭比低温制备的生物炭有更强的抗降解能力（Beesley et al.，2011）。生物炭中稳定态碳形式比任何其他形式的有机碳更容易长期留存，可在土壤中形成稳定的有机质碳库，有助于改良土壤、修复环境、减缓温室效应，对农业可持续发展有重要意义（Laird et al.，2010）。

1.3 生物炭对盐碱土壤微环境的影响

1.3.1 生物炭对盐碱土壤物理性质的影响

土壤物理性质以土壤固、液、气相特征占主导，常用土壤容重、孔隙度、土壤含水量、土壤温度等指标衡量，它们相互影响共同决定着土壤物理性质。由于生物炭独特的孔隙结构及性质，其还田后最直接地影响了土壤物理性质。

土壤容重与土壤质地、土壤结构、土壤孔隙度关系密切。土壤容重过高表明土壤坚硬、紧实，严重影响植物根系生长发育及对水分、养分的吸收；土壤容重降低，说明土壤结构得到改善（勾芒芒等，2013）。近年来，学者们对生物炭在不同质地土壤上的研究越来越广泛，如砂土（张云舒等，2018）、黏质土（Masulili et al.，2010）、黑土（王欢欢等，2018）、石灰土（田丹等，2013）、盐碱土（鲁新蕊等，2017）等，大部分研究表明由于生物炭本身密度小、疏松多孔的结构特征，可以改善土壤通透性、提高土壤氧气含量，降低土壤容重、增加土壤孔隙度和比表面积，但改善程度因生物炭性质和土壤质地不同差异较大。对于盐碱土而言，土壤性质较恶劣，板结严重、通气性差、渗透性弱、土壤容重高，而生物炭的施入能有效改善盐碱土壤不良的结构和性质，提高土壤的通透性，从而有利于根系的伸长生长及对养分的吸收利用（Bengough et al.，1990）。

土壤水分是影响作物产量形成的关键因素，过高或过低的土壤含水量不利于作物根系发育及植株生长。生物炭对土壤水分状况有一定调节作用，其微孔结构导致水分留存，能够提高土壤持水能力、提升土壤含水量、改善土壤渗透性，尤其是对土壤中有效水含量有明显促进（Karhu et al.，2011）。当土壤中水分含量较适宜时，可以促进土壤中有机物质降解，矿质元素转化，土壤微生物活性增加，能更好地为作物提供水分和养分，促进产量形成（谢祖彬等，2012）。学者们研究发现，在不同类型的土壤中添加生物炭，都能够在一定程度上改善其持水性，生物炭对贫瘠土壤的持水性改善作用优于肥力较高土壤（武玉等，2014）。同时，生物炭对土壤水分状况的改良也取决于不同生物炭自身特征和施用量而异。还有学者研究表明，如果在土壤中添加过量的生物炭，会导致土壤渗透性过强，从而在一定程度上引起土壤持水性降低（高海英等，2011）。另外，土壤中施用生物炭还可以调节土壤“固、液、气”三相比，使土壤固相比降低，液相比和气相比增加，促使土壤环境更优良（金梁等，2015）。

土壤温度对于作物种子发芽、水分和养分吸收、土壤微生物活动等均有重要影响。土壤温度与土壤颜色密切相关。土壤颜色越深吸收的太阳辐射能量越多，有利于土壤温度提高（Sadaka et al.，2014）。生物炭是一种黑色物质，且颜色随着制备温度的升高而加深。生物炭添加到土壤中有助于土壤颜色变深，且随着施入量增多颜色加深。但影响土壤温度的因素除了土壤颜色外，还受土壤含水量影响，也就是说生物炭对土壤水分的影响可能在一定程度上限制生物炭的增温效应（李帅霖，2019）。

1.3.2 生物炭对盐碱土壤团聚体的影响

土壤团聚体是土壤结构的物质基础，是土壤颗粒通过黏聚和胶结等方式结合的产物，其参与调控土壤的水、肥、气、热，是评价土壤是否具有良好结构的重要指标。土壤团聚体按粒径大小分为两种，一种为直径>0.25 mm 的大团聚体，一种为直径<0.25 mm 的微团聚体，通常大团聚体数量被作为判断土壤质量的依据。土壤团聚体稳定率作为表征土壤结构和稳定性的重要参数（Eynard et al.，2005）。

由于盐碱土在湿润时表现出膨胀、泥泞、分散、不透气等恶劣的物理性质，使得生物炭对盐碱土壤团聚体的改善较明显。生物炭作为一种重要的有机物料，其添加到土壤中影响土壤团聚体组成的途径有两方面：①生物炭有强大的吸附能力，能够吸附土壤中各种有机或无机离子，使之在土壤中形成土壤团聚体有机—无机复合体，降低小粒径土壤团聚体比例，提高土壤团聚体稳定性（Denef，2010）；②生物炭含碳丰富，具有较高的碳氮比，有利于增强土壤微生物活性，微生物代谢会产生胶结物质，促进土壤大团聚体形成，提高土壤团聚体稳定性（王富华等，2019）。Bhaduri et al.（2016）研究发现，盐碱土中添加生物炭可提高土壤有机碳含量，有助于多价阳离子与黏土颗粒发生胶结，促进土壤大团聚体形成和土壤结构的改善。刘德福（2020）研究表明生物炭提高了松嫩平原盐碱化大豆田>0.25 mm 粒级的水稳性团聚体含量及土壤团聚体稳定率。在滩涂盐碱土上研究生物炭对水稳性团聚体的影响也有类似的结论，生物炭可能通过提高土壤有机碳含量，降低土壤碱化度，提高土壤团聚体稳定率（Kim et al.，2016）。然而也有研究表明生物炭对土壤团聚体稳定性无影响或者有负面影响，这是由于土壤类型、土壤黏粒含量、有机质含量及生物炭原材料、制备条件不同而效果各异（Jeffery et al.，2015）。

1.3.3 生物炭对盐碱土壤化学性质的影响

土壤pH值是反映土壤特性的基本指标之一，影响着土壤肥力及作物生长情况。盐碱土pH值较高，生物炭的添加对pH值的影响较有争议。有学者认为碱性生物炭会导致盐碱土pH值增加（汤嘉雯，2020）。但也有学者研究发现施入低pH值生物炭或接近土壤pH值的生物炭，盐碱土壤pH值下降（Abrishamkesh et al.，2016；Wang et al.，2015；Liu et al.，2012）。导致这种结果的作用机理尚不明确，Abrishamkesh et al.（2016）认为土壤pH值是由生物炭初始pH值和土壤初始pH值差决定；Wang et al.（2015）认为生物炭中的Ca^{2+}、Mg^{2+}被土壤胶体吸附，释放H^+，进而降低土壤pH值；Kim et al.（2016）则认为生物炭影响了产酸微生物的繁殖，降低了土壤pH值；Liu et al.（2012）发现盐碱土壤pH值降低的贡献者是生物炭氧化过程中释放的酸性官能团。综上这些研究多为盆栽试验。而在田间试验中土壤钠的浸出是引起pH值降低不可忽略的关键因素。Lashari（2013）研究发现，生物炭改良盐碱土在经历灌溉或降雨后，更有助于土壤中钠盐的浸出，进而降低土壤pH值。但不同的试验条件、方法使得结论不尽相同，相关机制还有待进一步研究和验证。

土壤阳离子交换量（CEC）是指土壤吸附和交换阳离子的容量，即在一定pH值条件下，每千克土壤中含有的全部交换性阳离子（K^+、Na^+、Ca^{2+}、Mg^{2+}、NH_4^+、H^+、Al^{3+}）的摩尔数，可作为评价土壤肥力的指标。由于生物炭含有丰富的有机官能团，强大的吸附能力，能给土壤带来更多的土壤电荷，从而提高土壤中阳离子交换量水平（Liang et al.，2006）。有研究者认为生物炭对盐碱土中阳离子交换量有正效应，但也有与之相反的结论（刘志坤等，2007；Wang et al.，2019）。生物炭对土壤阳离子交换量的影响因生物炭性质、土壤类型不同而异。

土壤碱化度（ESP）用Na^+的饱和度来表示。通常按碱化度的大小划分土壤盐碱化程度。最近的许多研究证实了生物炭对降低盐碱土壤碱化度的有利影响（Sun et al.，2017）。由于施用生物炭而导致的土壤碱化度减少可能涉及不同的机制，这取决于生物炭的性质。Luo et al.（2017）研究发现，盐碱土壤的碱化度显著减少，与生物炭促进土壤中阳离子交换量和有机质含量的增加有关。还有学者认为生物炭诱导的土壤孔隙度的改善可能会促进钠从土壤剖面中淋失，从而减少土壤碱化度（Lonardo et al.，2017）。生物炭还可能通过提供可交换的Ca^{2+}来取代土壤胶体上的Na^+而直接降低土壤碱化度（Lashari et al.，2013）。然而盐碱土壤中钙含量和孔隙度的增加因生物炭类型而异，因此生物炭的性质和施用量是控制生物炭对盐碱土壤碱化度影响的重要因素之一（Kim et al.，2016；Luo et al.，2017）。

1.3.4 生物炭对盐碱土壤营养元素的影响

土壤有机质是衡量土壤肥力水平、评价土壤质量的重要因素。盐碱化土壤中有机质含量较低，不利于作物生长及产量形成。而生物炭作为一种富含碳的有机物料，施入土壤可以改变原有的碳结构。大量研究表明，无论何种土壤质地，生物炭的施入都对土壤有机质含量的提高有促进作用，并且影响土壤自身有机质的矿化速率（Wardle et al.，2008；王宏燕等，2017；Spokas et al.，2012；牛政洋等，2017）。生物炭对土壤有机质的调节途径包括：一是生物炭含有丰富的碳，能通过自身缓慢分解影响土壤有机质或腐殖质的含量，进而通过长期作用促进土壤肥力提高（Kimetu et al.，2010）；二是生物炭具有高度芳香化稳定性，可以吸附土壤有机分子，通过表面催化活性促进小的有机分子聚合形成有机质（Van et al.，2010）；三是生物炭可以促进作物根系与根系菌群的共生体形成，活化土壤微生物，进而促进土壤有机质形成（Robertson et al.，2012）。总之，生物炭特殊的性质和结构，改变了土壤有机物质的组成，生物炭中的不稳定组分直接转化为“土壤活性有机碳”，可被土壤微生物繁殖和作物生长直接利用，而生物炭中的稳定组分则长期留存在土壤中，形成了稳定的有机碳（Kuzyakov et al.，2014）。因此，生物炭对稳定土壤有机碳库和提高土壤肥力均有重要意义。

土壤中氮素受盐碱胁迫阻碍其对作物的贡献。土壤盐碱化严重影响根区微生物的组成和活性，限制固氮微生物发挥作用，进而影响根系固氮和土壤养分状况。生物炭可以改善盐碱土氮素水平，一方面，生物炭能吸附土壤中 NH_4^+、NO_3^- 离子，从而有效降低农田氨的挥发和硝酸根的淋失，增加土壤中有效氮的质量分数（Taghizadeh et al.，2012）；另一方面，生物炭施入土壤改善了土壤结构，增加了盐碱土通气保水性，为微生物提供了更多的营养和居所，促进了土壤氮功能微生物群的丰度和活性，提高了土壤固氮（Ulyett et al.，2014）。Harter et al.（2014）研究发现，生物炭促进了氨氧化细菌（AOB）和氨氧化古菌（AOA）等硝化微生物的活性。但在盐碱土上氮素对生物炭的响应也存有不一致的观点，这与不同原料生物炭性质各异有关。

磷的有效性被认为是盐碱土壤上植物生长的限制因素之一。盐碱土高 pH 值、低有机碳的性质制约了磷的有效性（Naidu et al.，1991）。生物炭施用被认为是保持土壤磷素供应的重要方法。生物质在高温裂解时激活了自身部分磷素，使得生物炭中有效磷含量增加（Zhang et al.，2016）。武玉等（2014）研究指出如以生物炭施用量 20 t/hm^{2}施入土壤，大约相当于直接向土壤输入 30 kg/hm^{2}的有效磷。另外，生物炭施入土壤能够减少磷素的淋溶，可利用性提高。生物炭也可通过改善土壤理化性质和微生物的生存环境影响土壤磷素的转化，将不易利用的磷向可吸收利用的磷转化（DeLuca et al.，2006）。Liu（2017）研究发现，生物炭提高了土壤中溶磷菌（如硫杆菌、假单胞菌等）的相对丰度，促进土壤有效磷含量的增加。还有学者（Warnock et al.，2007）研究表明，在受盐分影响的土壤中添加生物炭可以改善生物炭与根的相互作用，对菌根真菌生长和活动产生积极影响，从而提高植物磷素获取能力。同时，生物炭施入盐碱土中，提高了土壤碱性磷酸酶活性（Jin et al.，2016），同样表明了生物炭可以提高磷素养分。然而，土壤中磷素的有效性可能与生物炭性质、土壤与生物炭 pH 值差、土壤性质有关，这都有待进一步验证。

钾是作物生长必需的营养元素，按植物利用情况分速效钾（可以被植物直接吸收利用的钾）、缓效钾、无效钾（黄绍文等，1998）。植物对钾的吸收和利用受土壤中钠的影响，尤其在盐碱土中保持适当的钠/钾水平，对植物的生长发育和产量形成至关重要（Wakeel，2013）。大量研究表明，施入生物炭可以提高土壤速效钾含量，这种正效应机理是：一是生物炭自身含有大量的钾素直接代入土壤发挥作用（王亚琼，2019）；二是生物炭改善土壤性质进而改变钾的有效性，促进缓效钾转化为速效钾（梁成华等，2002）；三是生物炭还有可能激发钾素相关微生物的活性，促进有效钾的释放。王玉雪等（2018）发现，土壤变形菌门和放线菌门微生物与土壤速效钾含量显著相关。微生物解钾菌刺激土壤矿物钾的分解，提高植物可利用钾含量（Sarikhani et al.，2016）。因此，施入生物炭提高了土壤速效钾含量，这是生物炭缓解盐碱胁迫促进植物生长的重要机制之一（Lashari et al.，2015）。

土壤中微量元素的变化与土壤质地密切相关。盐碱土中对植物生长有益的 Fe、Mn、Zn、Ca 等微量元素含量相对较少，抑制植物养分吸收；而 B 含量相对较高，会对植物造成毒害。有研究表明利用生物炭进行土壤改良，能提高盐碱土中 Mg、Mn、Zn 元素养分有效性（Curtin et al.，1998）。但生物炭对盐碱土微量元素的溶解度及有效性机理研究相对较少，有待进一步深入研究。

1.3.5 生物炭对盐碱土壤酶活性的影响

土壤酶是土壤新陈代谢的重要驱动力。其影响土壤生物化学反应活跃程度、土壤微生物活性及土壤养分循环状况，是衡量土壤质量的重要指标（Burns et al.，2013）。盐碱土壤中酶活性显著低于正常土壤。这可能是由于盐碱胁迫抑制了微生物的生长和代谢，使酶的释放量降低；还可能是盐碱土不良的土壤结构，不能有效地吸附酶反应底物，限制了酶促反应发生。生物炭作为一种土壤改良剂，可增加土壤孔隙结构，具有良好的吸附能力。但生物炭对土壤酶的影响观点不一致，一方面生物炭可能吸附土壤中的反应底物，提高土壤酶活性加速酶促反应发生；另一方面生物炭可能吸附了酶分子，保护了酶促反应结合位点，抑制了酶促反应进行（Elzobair et al.，2016）。Bailey（2011）研究表明生物炭能提高土壤中 β-N-乙酰葡糖胺糖苷酶活性，而对于土壤中 β-葡萄糖苷酶，脂肪酶活性因土壤类型而异。周震峰等（2015）研究花生壳生物炭施用量（0.5%~5%）与土壤碳氮物质循环相关的酶发现，生物炭添加量与土壤脲酶和蔗糖酶活性呈正相关。Masto et al.（2013）研究表明，生物炭可显著提高土壤脱氢酶、过氧化氢酶、磷酸酶活性，且随着施用量的增加酶活性增加，但 Wu et al.（2012）研究却发现秸秆生物炭对土壤脱氢酶有抑制，对土壤脲酶活性有促进。这些不同的结论与生物炭在土壤酶反应中吸附状况有关，研究酶活性引起的土壤代谢性能变化，可以更好地解释生物炭在土壤微环境中的作用。但不同的生物炭种类、施用量、土壤类型对酶的影响不尽相同，还有待更深入的研究。

1.3.6 生物炭对盐碱土壤微生物的影响

土壤微生物是土壤生态系统养分循环的驱动者，其种类和功能多样，可参与土壤中有机质的分解、硝化作用、氨化作用、固氮作用等过程，在改善土壤质量方面发挥着重要作用（Egamberdieva et al.，2010）。盐碱土中土壤微生物生长、活性、多样性均低于正常土壤，主要危害原因：一是盐碱土含有较高的盐分和 pH 值，直接导致土壤脱氢酶活性降低，抑制土壤微生物生长（Yan et al.，2013）；二是盐碱土壤团聚体结构恶劣，土壤微生物栖息地不良，阻碍微生物生长繁殖（Singh et al.，2012）；三是盐碱土中土壤有机质含量低，导致微生物的可利用碳源减少，微生物类群减少和活性降低（Zahran，1997）。Wichern et al.（2006）研究发现盐碱对微生物数量和活性都有抑制，且真菌群落比细菌群落更容易受到盐浓度增加的影响。Rietz et al.（2003）研究也表明随着土壤碱化度的增加，土壤微生物量碳呈线性下降。土壤盐碱化加剧，土壤中有益微生物逐渐减少，微生物丰度降低、群落结构破坏，影响土壤养分代谢和作物生长。

生物炭因特殊的物理化学性质（含有养分，多孔结构等）对盐碱土中微生物有一定改善，其潜在机制：一方面是生物炭本身含有易分解有机碳、多种矿质养分，可为微生物的生长代谢提供养分和能源（周阳雪，2017）；另一方面是生物炭的孔隙结构可为微生物的栖息和繁殖提供居所，或是躲避天敌的避难所，为微生物创造良好的生存环境（刘卉，2018）。

土壤微生物量碳受生物炭的影响较大，其反映土壤有机碳含量及分解变化状况。Chen et al.（2013）研究表明生物炭中活性有机碳可以迅速为微生物提供碳源，增加土壤微生物量碳。在华北农田施入生物炭试验中发现，生物炭对玉米根际土壤微生物量碳、氮均有显著提高（张星等，2015）。而 Zavalloni et al.（2011）则发现，短期内施入生物炭对土壤微生物量碳和微生物量氮无影响。因此，土壤微生物量碳对生物炭的响应受生物炭来源和性质影响。

土壤微生物丰度的变化是反映生物炭对土壤微生物影响的重要指标。富含养分的生物炭施入土壤可以提高土壤富营养型微生物（拟杆菌门）丰度，降低贫营养型微生物（酸杆菌门）丰度（Dai et al.，2016）。有研究认为在土壤中施入 10%的园林废弃物生物炭能够显著增加土壤固氮菌基因和氧化亚氮还原基因的丰度（Lonardo et al.，2017）。Ducey et al.（2013）的研究表明水稻秸秆生物炭能提高土壤中与氮循环相关的基因（AOA、AOB、nirK）多样性。但也有学者有不一样的结论，张军等（2018）研究发现污泥生物炭未显著改变氮循环相关微生物的丰度。在不同质地土壤上，生物炭对土壤微生物的影响存在一定差异。顾美英等（2014）研究发现在灰漠土和风沙土上施生物炭能促进氨化细菌、自生固氮菌的生长。江琳琳等（2016）对棕壤玉米田施用生物炭 3 年后发现，生物炭增加了土壤中细菌变形菌门、放线菌门、酸酐菌门、芽单胞菌门，绿弯菌门，硝化螺旋菌门丰度，降低了浮霉菌门、拟杆菌门相对丰度，这些变化与土壤养分密切相关。在盐碱土上施用生物炭同样能促进土壤中细菌丰度增加，但生物炭对盐碱土中真菌丰度影响较小（宋延静等，2014）。还有学者将短期生物炭改良条件下，土壤微生物丰度的增加主要归因于其对生物炭中不稳定性碳的利用（Quilliam et al.，2013）。总而言之，土壤微生物丰度受生物炭的影响程度主要与生物炭的来源、性质密切相关，还与土壤自身理化特性联系紧密。

土壤微生物群落结构受土壤理化性质（如 pH 值、容重、土壤含水量、土壤温度、土壤养分、土壤酶活性等）驱动（Anderson et al.，2011）。由于生物炭特殊的结构和性质，施入土壤可以改善土壤理化性质，进而影响土壤微生物群落结构改变。近年来，一些学者利用生物化学和分子生物学技术（PLFA、DEGG、高通量测序）研究微生物群落结构的变化对生物炭的响应。Pietikainen et al.（2000）采用PLFA技术研究生物炭对土壤微生物群落结构的影响，发现生物炭促进了个体较小且繁殖速度快的微生物生长，对其群落结构影响较大。Grossman（2010）通过变性梯度凝胶电泳（DGGE）对比了施用生物炭与未施用生物炭的两类土壤微生物群落结构，发现生物炭的施用明显改变了土壤理化性质，影响了细菌的多样性。近年来，随着高通量测序技术的迅速发展，许多学者（Gul et al.，2015；Wang et al.，2021）利用此技术从微生物各分类学水平（门、纲、目、科、属、种、OTU）探究土壤微生物丰度的变化及群落结构变化的影响因素。总之，生物炭对土壤微生物群落结构的长期影响主要是通过土壤理化等环境因子改变实现的。

1.4 生物炭对盐碱土壤作物生长发育的影响

土壤是作物生长的基础，土壤盐碱化对作物生长发育有很多阻碍。首先，盐碱土壤溶液中Na^+的毒害会直接抑制作物生长（Munns et al.，2008）。间接地，土壤盐碱化使土壤溶液高渗透压导致水分可利用性降低；高浓度Na^+还导致植物养分有效性降低（周翠香，2019）；低有机碳含量导致土壤微生物活性降低、有机质周转及养分循环受阻（郑悦，2015），这些都势必抑制根系及植株生长发育，限制产量形成。

从农业角度分析，生物炭的潜在利用价值最终应体现在作物增产方面。Jeffery et al.（2011）利用Meta-analysis方法系统分析了施用生物炭与作物生产力之间的相关性，结果发现生物炭对大多数作物生长和产量都有促进作用，但也有减产或无影响的报道。王桂君（2018）研究表明，盐碱土中施入生物炭后对小麦出苗率、幼苗表型及干物质积累量有显著影响。孔祥清等（2018）与张伟明等（2015）研究表明，生物炭在提升盐碱地的生产力以及对大豆荚数、粒数、穗粒重增产方面具有显著正效应。Laghari（2015）和Agegnehu（2017）等使用生物炭分别对高粱和花生进行生长试验，结果表明生物炭均促进了这两种农作物增产。周翠香（2019）研究指出，在滨海盐碱土中4%生物炭添加处理显著提高了棉花的产量，增幅可达28.14%。牛同旭等（2018）研究发现生物炭施入后对水稻有效分蘖促进效果显著，使结实率及产量得到提升，且生物炭处理均提升了稻米品质及食味评分值，同时研究还发现施炭量过低或过高的均会对稻米品质产生不利影响，最终使品质下降。张万杰等（2011）研究表明生物炭与无机肥料配施后显著提高菠菜三大营养元素含量，最终提高菠菜产量。徐绮雯等（2020）在紫色土上研究生物炭与全量、减量化肥配施对油菜的影响，结果表明在减量施肥条件下，施用35 t/hm^2生物炭可显著促进油菜增产，有效弥补了因化肥减量施用后造成油菜养分大量亏缺，促进油菜的节本增产，提高农作物品质。还有学者研究发现，适量施用生物炭能够促进玉米茎秆生长，不仅使茎秆坚韧、粗壮，茎粗增大，而且还增加了茎秆的干重，进而提高玉米干物质量（苏斌贵，2018）。唐春双等（2016）研究了生物炭在盐碱化土壤上的施用，发现以40 t/hm^2的生物炭施用量最为明显地促进了玉米干物质的积累。张娜等（2014）开展了在塿土中分别施用5 t/hm^2、10 t/hm^2生物炭的研究，结果表明生物炭可以显著增加玉米地上部分总干物质积累量，与对照处理相比各生育时期的增幅分别为 9.2%至 36.7%。

相关研究还表明，生物炭能增加叶片光合色素含量，生物炭的多孔结构会吸附 Na^+ 和可溶性盐，缓解了盐分离子对植株细胞造成的损伤（许欣桐，2019）。同时植株受到胁迫环境的时候，其拥有的清除活性氧的有效系统，可保护它们免受破坏性的氧化反应的影响，作为这个系统的一部分，防御机制中最重要的关键酶是抗氧化酶，植物中高水平的抗氧化酶活性会对产生氧化损伤具有较大抵抗能力，而生物炭的施入能通过促进植物的生理活性减缓胁迫造成的危害（Uchimiya，2010）。研究表明，随生物炭施入量增多，小白菜叶绿素含量变化幅度较小，但叶片中可溶性糖含量，抗氧化酶活性随施炭量增加出现直线上升的趋势，而丙二醛含量则呈减小趋势。杨芳芳等（2019）研究表明施入不同程度炭基肥提高盐碱胁迫下甜菜叶片氮代谢酶和抗氧化物酶活性含量。周翠香等（2019）研究结果表明，与无炭对照相比，不同施炭处理均较大程度上增加了碱蓬干重，使渗透调节系统中各指标含量均呈先高后低的趋势，说明生物炭对植物的氧化应激方面存在积极响应。这些结果因作物类型、土壤性质、生物炭来源、生物炭施用量等而异。笼统地说，生物炭添加对土壤根区环境的改变，必将引起植物根系的适应性响应（Makoto et al.，2009），根系的发育状况与植物吸收养分的能力密切相关，而养分的吸收将直接影响到地上器官的形成及作物产量。生物炭被证明可以改善作物生长及产量的具体原因包括：①生物炭自身含有一定量的养分，可以直接供作物生长所需（Chan et al.，2008）；②生物炭改良了土壤结构，为作物根系生长提供良好的环境（Whalley et al.，2006）；③生物炭缓解了土壤的不良胁迫（如盐碱土 Na^+ 毒害），保证作物健康生长（Akhtar et al.，2015）；④生物炭与土壤微生物相互依存，改善根系微生物的群落结构和功能（Zheng et al.，2017）；⑤生物炭还可以减少土壤中矿质元素流失，增强养分有效性（Abbas et al.，2017）；⑥生物炭改善土壤水、热、气状况，促进种子萌发（Ren et al.，2016）；⑦生物炭诱导植物水分养分供应的改善，使作物生长旺盛，促进产量形成（肖茜，2017）。

2　生物炭对盐碱地玉米生长发育及土壤微环境的影响

2.1　引言

2.1.1　研究目的与意义

松嫩平原西部是我国主要的粮食产区之一，玉米是其第一大作物，且种植面积逐年增加（许健等，2018）。玉米作为重要的粮食作物和能源作物，在国家粮食安全保障和国民经济发展战略中有十分重大的战略地位。但近年来由于不合理的耕地利用及大量施肥，导致该区域土壤性质不良，板结严重，盐碱化面积增大。加之受气候变化影响，该地区生态环境十分脆弱，春季低温干旱、夏季强降雨频发，常遇大风天气，年降水量小于年蒸发量，土壤盐碱化程度不断加剧，导致农田生产力水平日趋下降（殷厚民等，2017；徐北春等，2018）。不良的土壤性质显著降低玉米水肥利用效率，这已经成为松嫩平原西部半干旱地区玉米增产的主要瓶颈。

然而，玉米大面积种植的同时产生大量秸秆。据国家发展改革委统计，我国年产玉米、水稻等大宗作物秸秆约 7 亿 t，每到收获季节，秸秆堆积如山，超过 50% 的秸秆被随意焚烧，这不仅造成资源浪费，还导致空气质量下降，诱发雾霾现象（石元春，2011）。因此提高农业废弃资源利用效率，改善生态环境，已成为当前亟待解决的重要问题。

生物炭是利用农业废弃生物质（如玉米秸秆）在缺氧或少氧条件下高温热解而成的稳定高碳产物。生物炭具有疏松多孔、比表面积大等物理特性，其施入土壤可改善土壤结构，降低容重，调节土壤“水”“热”“气”状况，增加土壤养分（张伟明等，2021）。近年来，生物炭在土壤改良及作物生产方面得到了广泛关注。但大多以非盐碱化土壤为主要研究对象，而有关生物炭对松嫩平原西部盐碱农田土壤环境及对玉米生长的研究相对较少。本研究以此为切入点，利用数量庞大的秸秆制备生物炭，探索生物炭取于田，还于田的农业循环模式。研究生物炭在盐碱化玉米田上应用的效果，以期阐明生物炭在改善盐碱化土壤微环境及促进玉米生长中的作用机理，为生物炭在盐碱土壤上的应用提供理论依据，对保持良好、稳定、可持续的农田土壤环境有重要意义。

2.1.2 技术路线

本研究技术路线见图 2-1。

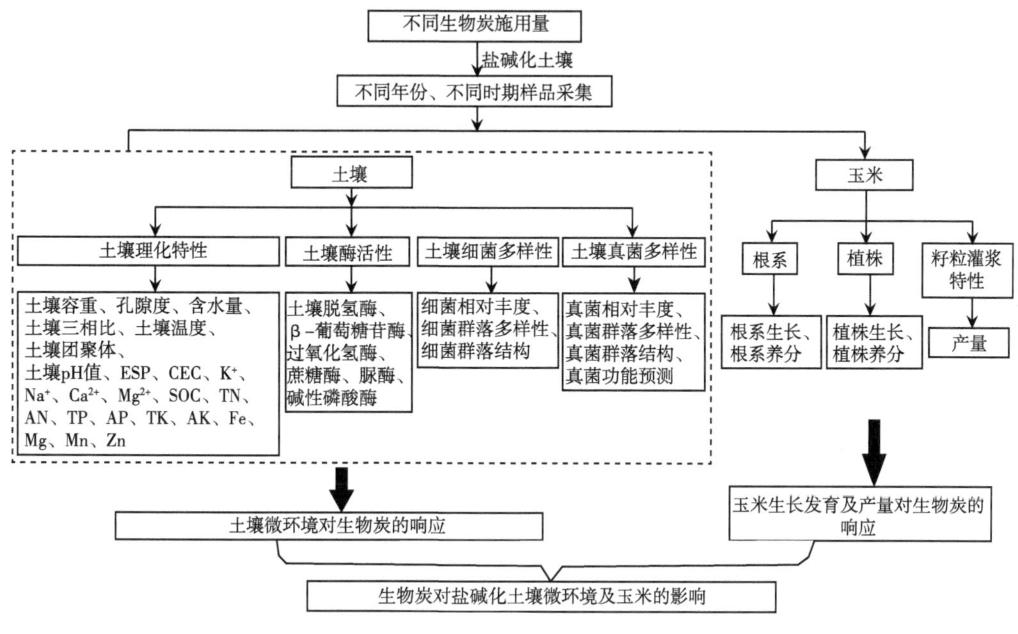

图 2-1 技术路线

2.2 材料与方法

2.2.1 试验材料

试验于 2019 年和 2020 年在黑龙江八一农垦大学试验基地（黑龙江省大庆市，46°37′N，125°11′E）进行。生长季 5—10 月，试验区日平均温度、降雨、日照时数及平均风速见彩图 1。2019 年生长季总降水量 512.7 mm，其中 7—9 月降水量 349.2 mm。2020 年生长季总降水量 585.3 mm，其中 7—9 月降水量 392.1 mm。据统计该地区年平均降水量约 440 mm。2019 年和 2020 年降水量较多，尤其在 7—9 月连续数次暴雨造成短时涝害。土壤类型为碱化草甸土，2019 年 0～20 cm 耕层土壤基础肥力为：pH 值 8.32、碱化度 13.51%、有机质 26.37 g/kg、碱解氮 128.65 mg/kg、有效磷 13.05 mg/kg、速效钾 139.18 mg/kg。

供试材料生物炭为玉米秸秆炭，委托沈阳隆泰生物工程有限公司制备。制备原料为玉米秸秆，制备条件为 450 ℃ 裂解 2 h。生物炭基本理化性质 pH 值 8.68、全碳 582.38 g/kg、全氮 8.42 g/kg、全磷 8.15 g/kg、全钾 29.63 g/kg、全钙 23.02 g/kg、全镁 8.23 g/kg、全铁 14.25 g/kg、全锰 0.38 g/kg、全锌 57.92 mg/kg。

2.2.2 试验设计

试验采用随机区组设计，设置 4 个生物炭处理，分别为 B0（0 t/hm^2）、B20（20 t/hm^2）、B40（40 t/hm^2）、B80（80 t/hm^2），每个处理 4 次重复。试验小区垄长 20 m，垄距 0.65 m，每个小区设置 6 垄。供试品种为‘先玉 335’，种植密度 7.5 万株/hm^2。

生物炭颗粒于 2019 年备耕整地前一次性均匀撒施于地表，用旋耕机将生物炭与 0~20 cm 土壤均匀混合。所用肥料为尿素（N 46%），磷酸二铵（P_2O_5 46%；N 18%），硫酸钾（K_2O 50%），氮（N）、磷（P_2O_5）、钾肥（K_2O）施用量分别为 240 kg/hm^2、120 kg/hm^{2}和 90 kg/hm^2。其中 70%氮肥和全部磷钾肥作为基肥随播种一次性施入，剩余 30%氮肥在拔节期作为追肥施入。其他田间管理措施按照玉米高产栽培田进行。2020 年施肥量、施肥方式、田间管理措施与 2019 年一致。

2.2.3 测定方法

2019 年和 2020 年分别在玉米植株生长苗期、拔节期、吐丝期、灌浆期、成熟期取植株、根系、根际土壤样品（0~20 cm 土壤）带回实验室。

2.2.3.1 土壤理化指标测定

土壤含水量（Moisture）采用烘干称重法（中国科学院南京土壤研究所土壤物理研究室，1978）。土壤容重（Bulk density）采用环刀法。土壤孔隙度计算公式如下。

$$\text{土壤孔隙度（\%）} = (1-\text{土壤容重}/\text{土壤比重}) \times 100$$

式中，土壤比重为 2.65（g/cm^3）。

土壤三相比计算方法参考白伟等（2020），计算公式如下。

$$\text{固相：液相：气相} = (100\%-\text{土壤总孔隙度})：(\text{土壤质量含水量} \times \text{土壤容重})：[\text{土壤总孔隙度}-(\text{土壤质量含水量} \times \text{土壤容重})]$$

$$\text{土壤三项结构距离（STPSD）} = [(X_g-50)^2+(X_g-50)(X_g-25)+(X_y-25)^2]^{0.5}$$

$$\text{广义土壤结构指数（GSSI）} = [(X_g-25)X_yX_q]^{0.4769}$$

式中，X_g为固相体积百分比（>25%），X_y为液相体积百分比（>0），X_q为气相体积百分比（>0）。

土壤温度利用纽扣式温度记录仪，进行全生育期土壤温度的监测，测定深度为地下 20 cm，每 1 h 采集一次数据。

土壤团聚体采用干筛法和湿筛法（洪灿，2018）。每小区设 4 个取样点，取样深度为 20 cm，采集原状土样带回实验室，去除石块和杂物后自然风干。每个样品称取 200 g，分别通过孔径为 5 mm、2 mm、1 mm、0.5 mm、0.25 mm 的套筛，分别称重，获得>5 mm，2~5 mm，1~2 mm，0.5~1 mm，0.25~0.5 mm，<0.25 mm 各粒级团聚体质量。然后进行湿筛，利用水稳性团粒分析仪进行操作。将配比好的 50 g 土壤样品放入团粒分析仪套筛最上层，套筛平稳置于桶内，桶内水面高度在筛子移动至最高位时最

上层筛子恰好淹没在水中。震荡速度为 30 次/min，震荡 15 min。完成后收集土壤样品至铝盒中，105 ℃烘干，5 h。

粒径大于 0.25 mm 水稳性团聚体含量计算公式如下。

$$R_{0.25}(\%) = \frac{M_{r>0.25}}{M_T}$$

式中，$R_{0.25}$是粒径大于 0.25 mm 土壤团聚体含量（%）；$M_r>0.25$ 为粒径大于 0.25 mm 团聚体质量（g）；M_T为团聚体总质量（g）。

平均重量直径（*MWD*）和几何平均直径（*GMD*）分别按 Bavel 和 Gardner 推导计算，公式如下。

$$MWD(mm) = \frac{\sum_{i=1}^{n}(w_i \bar{x_i})}{\sum_{i=1}^{n} w_i}$$

$$GMD(mm) = Exp\left[\frac{\sum_{i=1}^{n}(w_i \ln \bar{x_i})}{\sum_{i=1}^{n} w_i}\right]$$

式中，$\bar{x_i}$表示两筛子 x_i和 x_{i+1}粒级间的平均直径，其中>5 mm 筛子上的团聚体平均直径采用 7.5 mm，<0.25 mm 筛子上的团聚体平均直径采用 0.125 mm 进行计算。

土壤团聚体稳定率（*WSAR*）由干筛法和湿筛法共同推导计算，公式如下。

$$WSAR(\%) = \left(1 - \frac{DR_{0.25} - WR_{0.25}}{DR_{0.25}}\right) \times 100$$

式中，$DR_{0.25}$是干筛法计算得到的粒径大于 0.25 mm 土壤团聚体含量，$WR_{0.25}$是湿筛法计算得到的粒径大于 0.25 mm 土壤团聚体含量。

土壤 pH 值采用玻璃电极水土比为 2.5∶1 测定。

土壤交换性盐基离子测定（张勇勇，2016）：称取过 2 mm 筛子的风干土 2 g，于 100 mL 离心管中，沿离心管壁加入少量乙酸铵（CH_3COONH_4）溶液，用橡皮头玻璃棒搅拌土样成泥浆状。再加入乙酸铵溶液至总体积约 60 mL，并充分搅拌均匀。并用乙酸铵溶液洗净玻璃棒，溶液收至离心管中。将离心管放在粗天平上，加乙酸铵调节平衡后放入离心机，3 000 r/min离心 5 min。收集上清液到 250 mL 容量瓶中，如此用乙酸铵溶液处理 2~3 次，最后用乙酸铵溶液定容。吸取乙酸铵提取的土壤溶液 5~20 mL 于 25 mL 容量瓶中，加入氯化锶（$SrCl_2$）溶液 2.5 mL，用乙酸铵溶液定容。定容后的溶液直接在选定工作条件的 AAS 下测定土壤交换性盐基离子。交换性 K、Na、Ca、Mg 测定的 AAS 波长分别为 766.5 nm、589.0 nm、422.7 nm、285.2 nm，灯电流 10 mA，狭缝 0.2 mm，空气流量 13.5 mL/min，乙炔流量 2.0 mL/min。

土壤有机碳的测定采用重铬酸钾氧化法（鲍士旦，2005）。称0.300 0 g土壤样品，加入 6 mL 重铬酸钾，5 mL 浓硫酸，放入内含丙三醇的油浴锅中，175 ℃加热 7 min，待溶液呈黄色或黄绿色，拿出冷却，最后用硫酸亚铁溶液进行滴定。

土壤全氮采用硫酸消煮，凯氏定氮仪测定（鲍士旦，2005）。称1.000 0 g土样，置于消煮管中，加入 2 g 加速剂，5 滴蒸馏水，再加入 5 mL 硫酸，300 ℃缓慢加热 10 min，升温 375 ℃再继续加热 1 h，至消煮管中液体变灰白或稍带绿色，冷却后直接用凯氏定氮仪测定。

土壤碱解氮采用氢氧化钠水解—盐酸滴定的扩散吸收法（鲍士旦，2005）。称 2.00 g 土样，加 1 g 硫酸亚铁粉剂，均匀铺在扩散皿外室内。在扩散皿内室加入含有指示剂的硼酸溶液 2 mL。在扩散皿外室边缘涂上丙三醇，盖上盖玻片，使玻片与皿边完全黏合密闭，再慢慢转开盖玻片露出一条狭缝，迅速加入氢氧化钠 10 mL，立即用盖玻片盖严。轻轻平移旋转扩散皿，使溶液与土壤样品充分混匀，放入 40 ℃干燥箱，24 h 后用盐酸滴定。

土壤全磷采用高氯酸消煮，钼锑抗比色法（鲍士旦，2005）。称 1.0 g 土样（精确至0.000 1 g），加入 8 mL 浓硫酸，10 滴高氯酸，300 ℃缓慢加热 10 min，升温 375 ℃再继续加热 1 h，至消煮管中液体变灰白，将溶液倒入 50 mL 容量瓶，分别加入指示剂、氢氧化钠、钼锑抗显色剂，于分光光度计上 880 nm 比色。

土壤有效磷测定采用碳酸氢钠浸提—钼锑抗比色法（鲍士旦，2005）。称 2.50 g 土样于烧杯中，加入 50 mL 碳酸氢钠溶液，震荡后过滤，取 20 mL 滤液放入 50 mL 容量瓶，加入指示剂、显色剂，显色后于分光光度计 880 nm 波长比色。

土壤速效钾采用醋酸铵溶液浸提，原子吸收光度法测定（鲍士旦，2005）。称 2.00 g 土样于三角瓶中，加醋酸铵溶液 20.0 mL，用橡皮塞塞紧，振荡 30 min，过滤。用原子吸收仪测定。

土壤全钾、全铁、全镁、全锰、全锌采用硝酸—盐酸—高氯酸消煮法（鲁如坤，1999）。准确称取 0.5 g（精确至0.000 1 g）试样于全自动石墨消解特氟龙消解管内。用少量水浸润后，加入硝酸和盐酸各 10 mL，振摇 10 s 后，150 ℃加热 90 min，冷却 30 min，加入 3 mL 高氯酸振荡 10 s，150 ℃加热 40 min，加入 1 mL 硝酸和 5 mL 蒸馏水。150 ℃加热 20 min，冷却 30 min，加入蒸馏水定容至 50 mL，过滤。用电感耦合等离子体光谱仪（ICP）测定。

2.2.3.2 土壤酶活性的测定

取玉米苗期、拔节期、吐丝期、灌浆期、成熟期的土壤样品用于土壤酶活性的测定。

土壤脱氢酶（DHA）：反映土壤体系内活性微生物量以及其对有机物的降解活性。测定采用 Solarbio 公司 BC0390 试剂盒浸提，分光光度计比色法。

土壤 β-葡萄糖苷酶（BG）：是纤维素分解酶系中重要组成成分之一，在土壤微生物的糖类代谢方面具有重要生理功能。测定采用 Solarbio 公司 BC0160 试剂盒浸提，分光光度计比色法。

土壤过氧化氢酶（CAT）活性采用高锰酸钾滴定法测定（关松荫，1986）。称 2.00 g 土样，加 40 mL 蒸馏水，5 mL 过氧化氢溶液，震荡 20 min 后，迅速加入 1 mL 饱和铝钾矾，过滤于内含 5 mL 的硫酸溶液中。将滤液于分光光度计 240 nm 波长比色。

土壤蔗糖酶（INV）活性测定采用 3，5-二硝基水杨酸比色法（关松荫，1986）。

称 2 g 土样，加入 15 mL 蔗糖溶液，5 mL 磷酸缓冲液，0.25 mL 甲苯，37 ℃培养 24 h。培养结束后迅速过滤，取 1 mL 滤液加入 50 mL 容量瓶中，加入 3 mL 3，5-二硝基水杨酸，沸水浴 5 min，冷却 3 min，用蒸馏水定容。于分光光度计上波长 508 nm 处测定。

土壤脲酶（UR）活性采用靛酚蓝比色法测定（关松荫，1986）。称 2 g 土样，加 1 mL 甲苯，放置 15 min，加入 10 mL 尿素，20 mL 柠檬酸—磷酸缓冲液，37 ℃培养 24 h。培养结束后过滤，取滤液 3 mL 加入 50 mL 容量瓶，加 20 mL 蒸馏水，4 mL 苯酚钠，3 mL 次氯酸钠，摇匀，显色后定容。于分光光度计 578 nm 比色。

土壤碱性磷酸酶（PME）活性测定采用磷酸苯二钠比色法（关松荫，1986）。称 5 g 土样，加入 2.5 mL 甲苯。放置 15 min，加入 20 mL 磷酸苯二钠。37 ℃培养 2 h。取滤液 5 mL 加入 50 mL 容量瓶，加入 20 mL 蒸馏水、0.25 mL 缓冲液、0.5 mL 4-氨基安替比林，0.5 mL 铁氰化钾，充分摇动，定容。于分光光度计 510 nm 波长比色。

2.2.3.3 土壤微生物多样性测定

所测定的土壤样品为 2019 年拔节期和灌浆期土壤样品，采集后分装到 50 mL 离心管中，冻存在-80 ℃冰箱中，用于土壤微生物多样性分析。

（1）土壤 DNA 提取

根据 E. Z. N. A. ® soil 试剂盒（Omega Bio-tek，Norcross，GA，U. S.）说明书进行总 DNA 抽提，DNA 浓度和纯度利用 NanoDrop 2000 进行检测，利用 1%琼脂糖凝胶电泳检测 DNA 提取质量，检测完成后，DNA 保存在-20 ℃冰箱备用。

（2）Illumina Miseq 高通量测序分析

细菌 16S rRNA 基因的 PCR 扩增：采用细菌特异性引物 338F/806R 对细菌 16S rRNA V3-V4 区进行 PCR 扩增（Xu et al.，2016）。引物序列如下（338F/806R）。

338F（5’-ACTCCTACGGGAGGCAGCAG-3’）；

806R（5’-GGACTACHVGGGTWTCTAAT-3’）。

真菌 ITS rRNA 基因的 PCR 扩增：采用真菌特异性引物 ITS1F/ITS2R 对真菌 ITS rRNA 进行 PCR 扩增（Adams et al.，2013）。引物序列如下。

ITS1F（5’-CTTGGTCATTTAGAGGAAGTAA-3’）；

ITS2R（5’-GCTGCGTTCTTCATCGATGC-3’）。

反应体系见表 2-1。

表 2-1 PCR 扩增反应体系

反应组分	体积（μL）
5×FastPfu 缓冲液	4 μL
2.5 mmol/L dNTPs	2 μL
引物（5 μmol/L）	0.8 μL
FastPfu 聚合酶	0.4 μL
DNA 模板	10 ng
ddH_2O	补齐 20 μL

反应程序如下。

95 ℃　3 min
95 ℃　30 s
55 ℃　30 s　27 个循环
72 ℃　45 s
72 ℃　10 min

Illumina Miseq 测序：使用 2%琼脂糖凝胶回收 PCR 产物，利用 AxyPrep DNA Gel Extraction Kit（Axygen Biosciences，Union City，CA，USA）进行纯化，Tris-HCl 洗脱，2%琼脂糖电泳检测。利用 QuantiFluor™-ST（Promega，USA）进行检测定量。利用 Illumina 公司的 Miseq PE300 平台进行测序（上海美吉生物医药科技有限公司）。

测序数据处理：原始测序序列使用 Trimmomatic 软件质控，使用 FLASH 软件进行拼接。使用的 UPARSE 软件（version 7. 1 http：//drive5. com/uparse/），根据 97%的相似度对序列进行 OTU 聚类，并在聚类的过程中去除单序列和嵌合体。利用 RDP 对每条序列进行物种分类注释，比对 Silva 数据库（SSU123），设置比对阈值为 70%。为了比较各处理间群落变化，所有样品按测序结果最小数据量抽平进行后续分析。

2. 2. 3. 4　玉米根系性状的测定

玉米苗期、拔节期根系为挖根取样，取样区域以相邻植株间的中心线形成 40 cm×30 cm 矩形，深度约 50 cm。将取回的根系带回实验室，将根样本浸泡在水槽中，水槽底部铺设 3 层纱布，用流水不断冲洗至土壤与根完全分开。洗净后用 WinRHIZO 根系扫描仪扫描并分析根系相关指标。

植株生长吐丝期、灌浆期、成熟期根系用 CI-600 根系监测系统进行定位观测。将长 100 cm 透明根管于播种后预埋于地下，根管与地面呈 60°夹角，地下部分根管长 80 cm。于每次取样时扫描根系，用 WinRHIZO 根系分析软件分析根系动态变化情况。

2. 2. 3. 5　玉米植株生长性状的测定

于玉米吐丝期、成熟期，分别选取能够代表各小区玉米长势的植株 4 株，按叶、茎、鞘、籽粒等器官分解植株，105 ℃杀青 30 min，80 ℃烘干至恒重。分别称量各部位的重量，计算干物质转运率及干物质积累对籽粒干物质的贡献率。

2. 2. 3. 6　玉米籽粒灌浆速率的测定

选吐丝期长势一致的玉米植株标记，自吐丝后 21 d 开始，每 7 d 取样一次，各小区分别取标记植株 3 穗。每穗分上、中、下 3 个部分，分别脱粒混匀后取 100 粒，于 80 ℃烘干至恒重。用于计算玉米籽粒灌浆速率。

用 Logistic 方程 $W=A/(1+Be^{-Ct})$ 模拟灌浆，以吐丝后天数（t）为自变量，以百粒干重（W）为因变量，A 为理论最大百粒重，B 为初值参数，C 为生长速率参数。最大灌浆速率出现日（T_{max}）= lnB/C；灌浆速率最大时的生长量（W_{max}）= A/2；最大灌浆速率（G_{max}）=（$C\times W_{max}$）（$1-W_{max}/A$）；灌浆活跃期（约完成总积累量 90%）（P）= 6/C（蔡丽君，2014）。

2.2.3.7 玉米植株养分的测定

取玉米成熟期根系、植株叶茎鞘、籽粒各器官粉碎样品。称取 0.2 g 研磨样于聚四氟乙烯坩埚中，加入浓硝酸：高氯酸=2：1 的溶液浸泡，300 ℃消煮，待消煮液澄清透明并冷却后转移定容至 25 mL 容量瓶中，利用电感耦合等离子体光谱仪（ICP）测定 Mg、Fe、Mn、Zn 含量（蔡江平，2017）。

2.2.3.8 玉米产量及品质的测定

每小区选取中间 2 行，长 5 m 区域收获全部果穗，测定含水量后折算实际产量。并选取 10 穗进行考种，测定穗长、秃尖长、穗行数、行粒数、百粒重等产量性状。籽粒品质（粗蛋白、粗脂肪、粗淀粉）采用透射型近红外谷物快速分析仪测定。

2.2.4 数据分析

采用 SPSS 21.0 软件进行单因素方差分析（ANOVA），确定处理的统计学意义（$P<0.05$；$n=4$）。采用 Duncan 检验进行显著性分析。使用 GraphPad Prism 7 软件绘制图形。通过 Pearson 相关分析，确定了土壤性质、土壤酶活性、土壤微生物类群与产量之间的相关关系。为了说明添加生物炭对土壤微生物群落结构的影响（OTU 水平数据），使用 Canoco 软件进行 RDA 冗余分析。对数据进行标准化处理后，采用 Monte Carlo 置换检验评价不同土壤变量对土壤微生物群落结构的贡献和意义。

2.3 结果与分析

2.3.1 生物炭对盐碱土壤理化特性的影响

2.3.1.1 生物炭对盐碱土壤物理性质的影响

土壤是作物生长发育的物质基础，为其提供生命活动必需的水分、养分，决定了作物生长发育状况及产量形成。土壤物理性质包括容重、孔隙度、含水量、温度等，其可以直接或间接影响土壤通气性、土壤蓄水性、土壤保肥性、土壤热量、土壤耕性等。这些物理性质是土壤结构、水文状况、土壤质量评价的重要指标。

（1）生物炭对盐碱土壤容重的影响

由图 2-2 可知，2019 年各时期施生物炭的 B20、B40、B80 处理对土壤容重均有降低影响，且随着施炭量的增加，容重逐渐减小。其中 B80 处理土壤容重降低最多，在玉米生长苗期、拔节期、吐丝期、灌浆期、成熟期分别较其对照（B0）降低了 13.96%、4.74%、15.08%、12.41%、8.91%，且除了拔节期均达到显著水平。其次是 B40 处理土壤容重较小，在玉米生长苗期、拔节期、吐丝期、灌浆期、成熟期分别较其对照降低了 6.08%、3.39%、6.21%、10.40%、5.00%，且在玉米灌浆期显著低于对照。

2020 年土壤容重变化总体上和 2019 年趋势一致，均表现为随施入生物炭量增加土壤容重逐渐降低。但 2020 年各时期土壤容重变化差异较小，仅玉米生长拔节期表现出 B80 处理显著低于对照（图 2-2）。

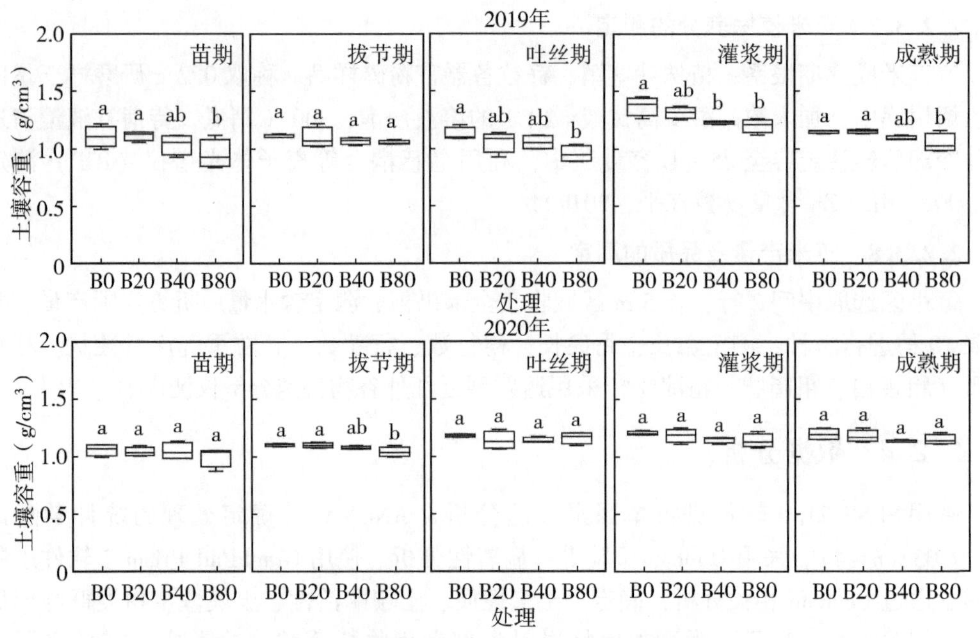

图 2-2　生物炭对盐碱土壤容重的影响（2019 年和 2020 年）

注：B0、B20、B40 和 B80 分别为生物炭施用量 0 t/hm^2、20 t/hm^2、40 t/hm^2、80 t/hm^2。下同。

(2) 生物炭对盐碱土壤孔隙度的影响

由图 2-3 可知，施用生物炭对两个试验年份全生育期的土壤孔隙度均有提高作用，

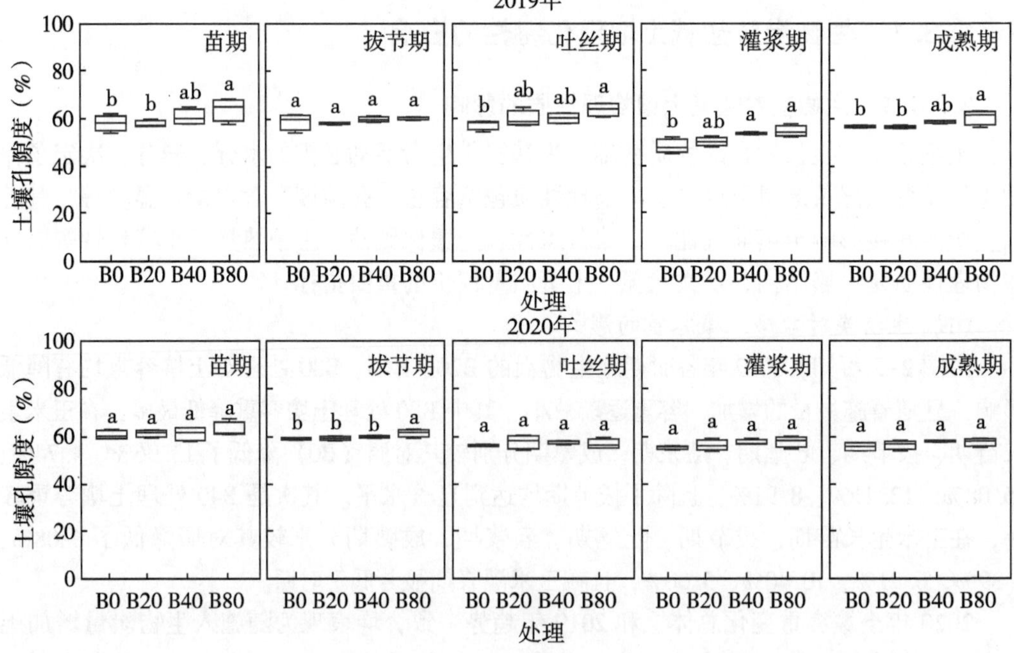

图 2-3　生物炭对盐碱土壤孔隙度的影响（2019 年和 2020 年）

且在 2019 年土壤孔隙度增加幅度较大。2019 年，除玉米生长拔节期外，苗期、吐丝期、灌浆期、成熟期中 B80 处理的土壤孔隙度均显著高于 B0 处理，分别提高了 9.86%、10.88%、13.09%、7.01%。而 B40 处理的土壤孔隙度仅在玉米生长灌浆期表现出显著高于 B0 处理，提高了 11.08%。B20 处理的土壤孔隙度与 B0 处理无显著性差异。2020 年各时期中，仅拔节期表现出 B80 处理显著高于 B0 处理，其他处理均无显著差异。

（3）生物炭对盐碱土壤含水量的影响

土壤含水量随着季节而变化，其与降水量、大气温度、蒸发量密切相关。

由图 2-4 可知，2019 年玉米各生育期土壤含水量不尽相同。在玉米生长苗期表现为施生物炭处理土壤含水量均高于对照，其中 B80 处理土壤含水量显著高于 B0 处理。但吐丝期后，施生物炭处理的土壤含水量均低于对照，且随着施炭量的增加，土壤含水量降低。出现这种现象的原因可能是由于吐丝期前多次大量的自然降水，使土壤表层积水严重，产生涝害，导致盐碱土壤黏性变大，渗透性能力变差，土壤含水量过大。但生物炭的添加增加了土壤孔隙结构，透水性增强，入渗速率快，导致土壤含水量降低。

2020 年各处理土壤含水量表现为：在玉米生长苗期，施生物炭处理的土壤含水量高于对照，其中 B80 处理较 B0 显著提高，这与 2019 年苗期土壤含水量的变化趋势一致。但灌浆期前，多次强降水导致涝害再次发生，使土壤含水量升高，但施生物炭处理较对照处理的土壤含水量小，这种趋势与 2019 年吐丝期、灌浆期土壤含水量的变化一致。

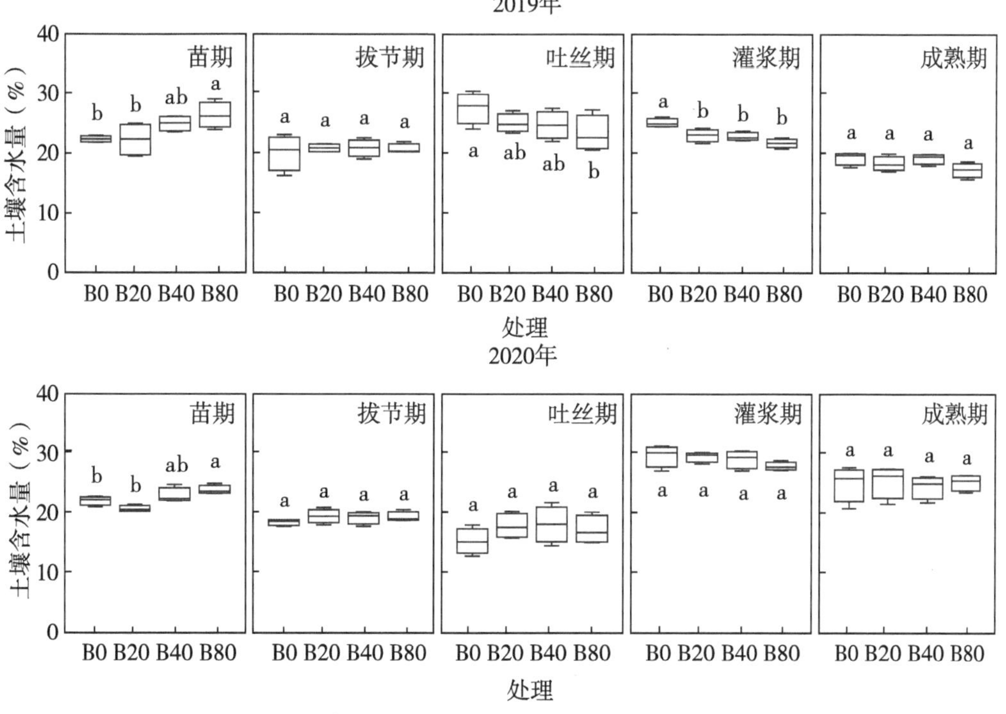

图 2-4　生物炭对盐碱土壤含水量的影响（2019 年和 2020 年）

(4) 生物炭对盐碱土壤三相比的影响

由图 2-5 可知，施入生物炭降低了土壤固相比，实现了土壤中固、液、气三项的重新分配。同时，随着生物炭施入量的增加，土壤固相比例有降低趋势。B80 处理在玉米整个生育期均表现为固相显著降低，气相比例最高。B40 处理在玉米生长吐丝期后土壤三相比大幅逼近理想状态，对土壤耕层构造有明显的改善。

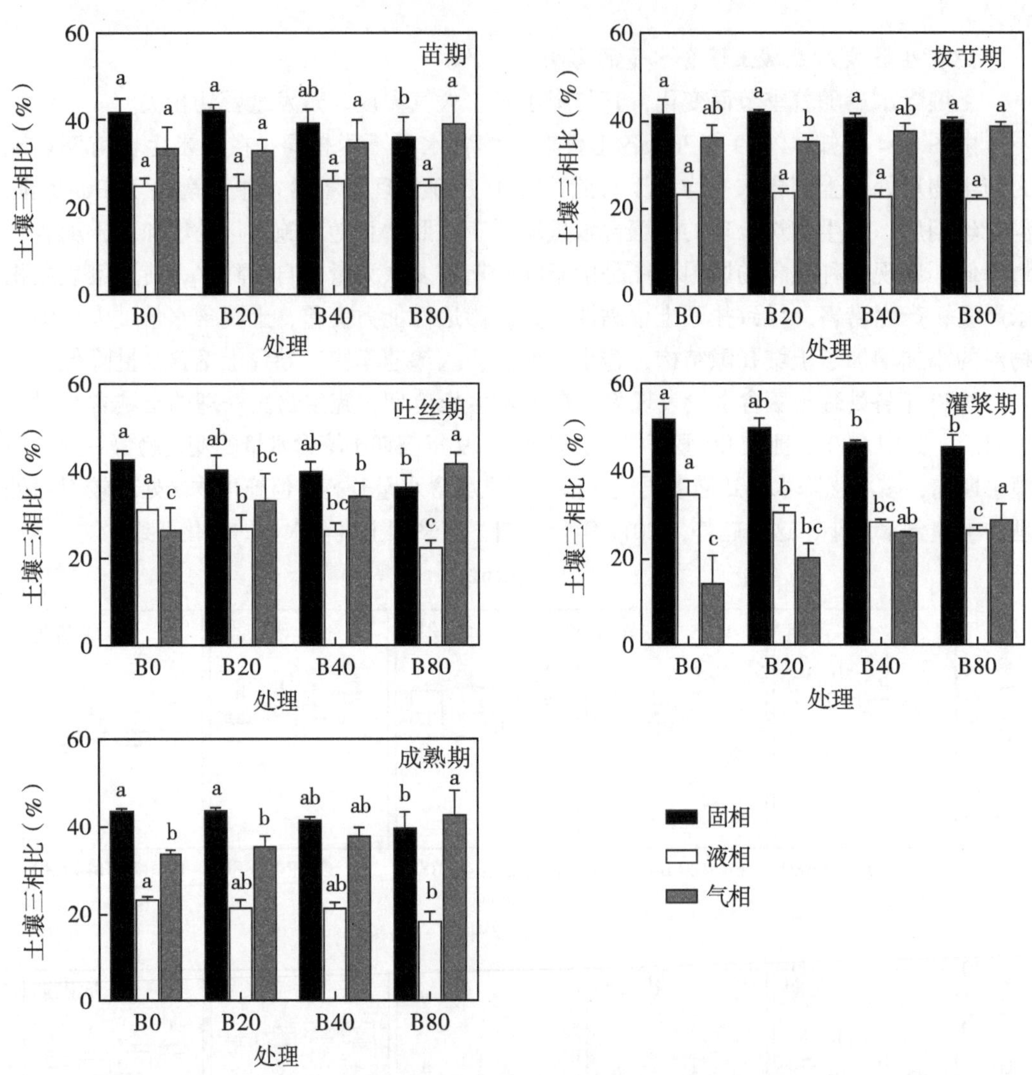

图 2-5 生物炭对盐碱土壤三相比的影响（2019 年）

注：图中所列字母为分别对固相、液相、气相的各处理进行显著性分析。

由图 2-6 可知，2020 年土壤三相比变化趋势与 2019 年基本一致，但不如 2019 年变化显著。在本年度玉米生长生育期内，生物炭处理的土壤中固相比例较对照有降低趋势。尤其在玉米生长灌浆期，B80、B40 处理土壤固相比降低，气相比提高，三相比的分配更趋向理想土壤结构。

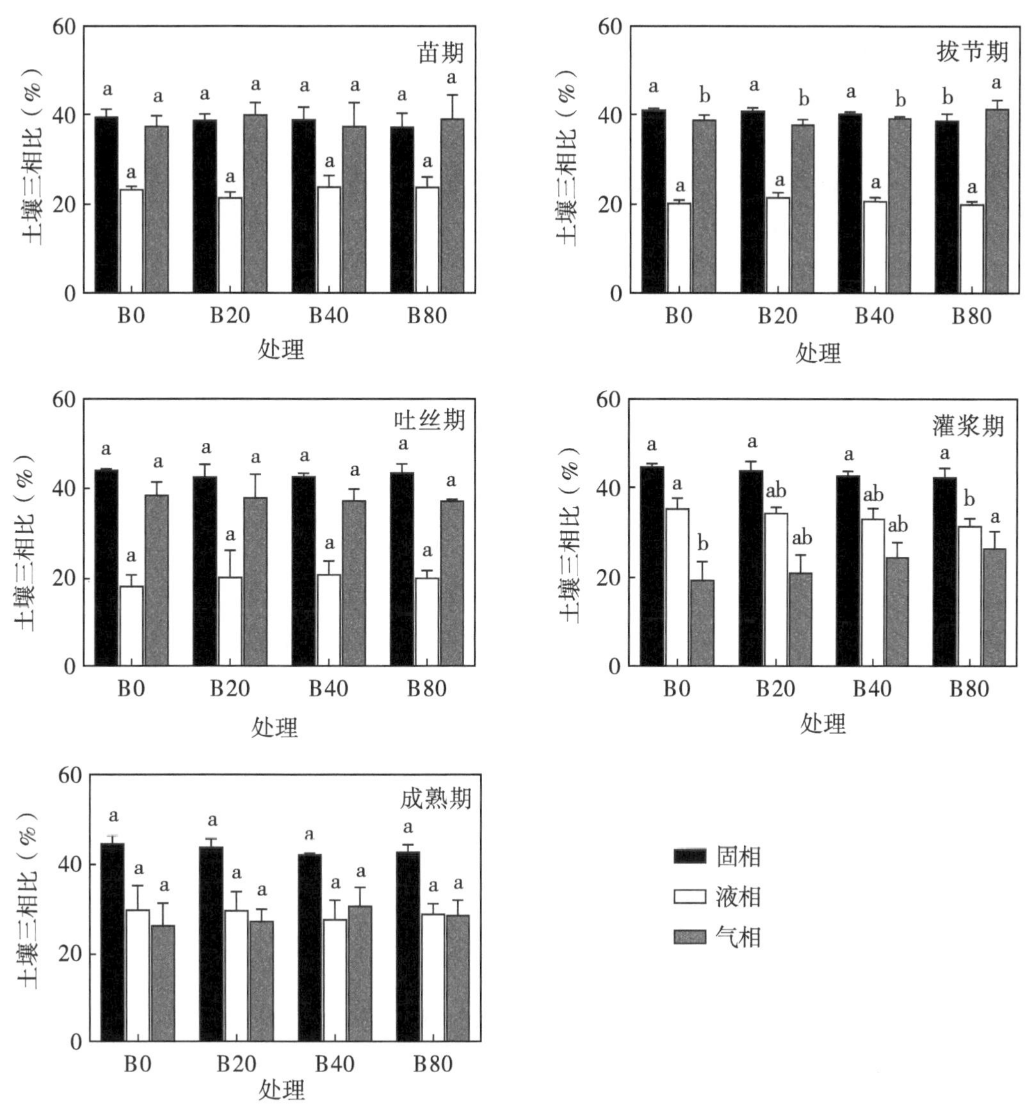

图 2-6 生物炭对盐碱土壤三相比的影响（2020 年）

注：图中所列字母为分别对固相、液相、气相的各处理进行显著性分析。

(5) 生物炭对盐碱土壤三项结构距离的影响

土壤三相结构距离简称 STPSD，是通过土壤三相直观的二维三系图计算得出，土壤三相结构越接近理想状态，STPSD 值越接近 0。土壤三相结构距离可作为描述土壤结构的综合指标，为定量化研究土壤结构、功能、质量提供参考（王恩姮等，2009）。

由图 2-7 可知，在拔节期后，生物炭各处理（B20、B40、B80）的土壤三相结构距离（STPSD）较 B0 处理明显降低。尤其是 B40 处理的 STPSD 值，一直较接近理想状态。其次是 B80 处理，在玉米生长拔节期和灌浆期均表现为土壤三相结构距离显著低于 B0 处理。B20 处理的土壤三相结构距离仅在玉米生长灌浆期显著低于 B0 处理。

2020 年土壤三相结构距离表现为施入生物炭的 3 个处理均低于对照处理，这与 2019 年土壤三相结构距离的变化趋势一致。此生长季，从玉米吐丝期后，生物炭土壤的三相结构距离较低，且一直保持到生育期末。

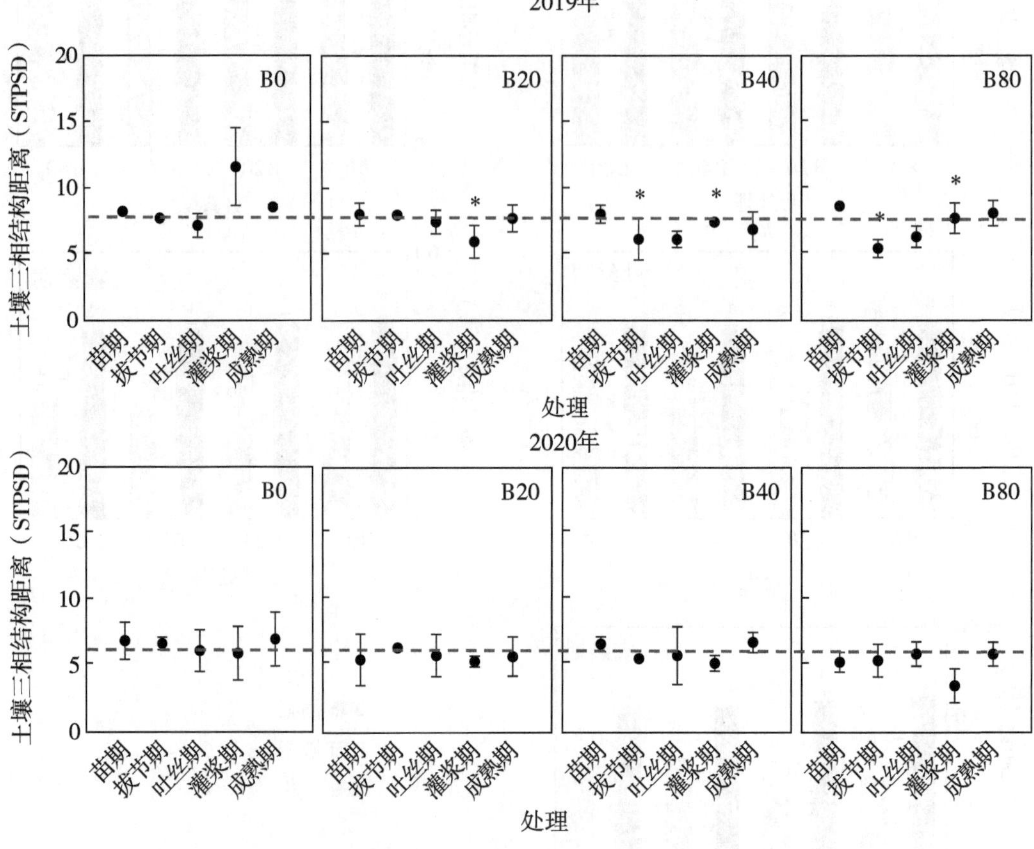

图 2-7　生物炭对盐碱土壤三相结构距离的影响（2019 年和 2020 年）

注：图中虚线为标尺，* 表示该处理较对照 B0 处理有显著性差异。

（6）生物炭对盐碱土壤三项结构指数的影响

广义土壤结构指数简称 GSSI，土壤结构越接近理想状态，GSSI 越接近 100。广义土壤结构指数为土壤三相与土壤结构的函数，研究其特征与变化，可以客观地切实表征土壤的功能与质量（王恩姮等，2009）。

由图 2-8 可知，B20、B40 处理的土壤结构指数均高于 B0 处理，且在玉米生长拔节期和灌浆期有显著性差异。B80 处理的土壤结构指数在玉米生长灌浆期也表现出显著高于 B0 处理。生物炭的施入对土壤中固相、气相、液相三相比的分配产生了较大的影响，使耕层土壤物理结构更加趋向理想状态。

在玉米生长吐丝期后，施入生物炭各处理（B20、B40、B80）的土壤结构指数均高于对照。生物炭的添加降低了土壤固相比，优化了土壤结构。尤其是 B40 处理的土壤结构指数，在玉米生长灌浆期表现出显著高于未施生物炭的对照处理。施入生物炭创造的优良土壤环境对玉米根系生长发育，玉米灌浆建成提供了保障。

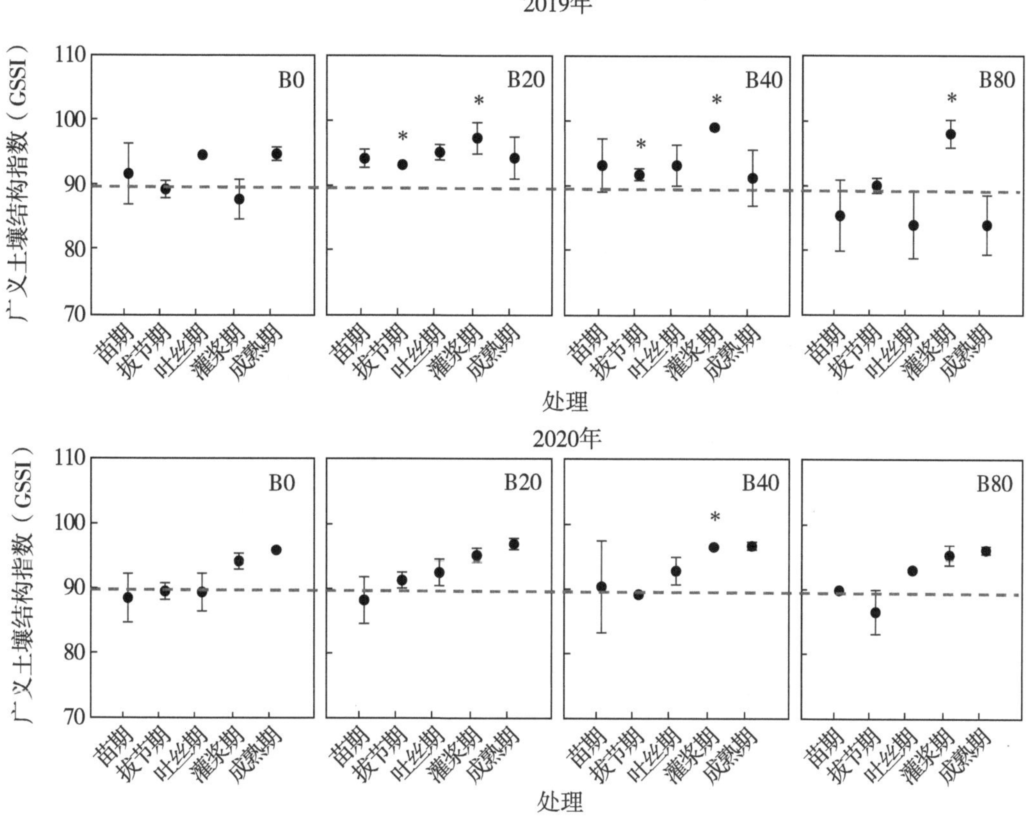

图 2-8 生物炭对盐碱土壤结构指数的影响（2019 年和 2020 年）

注：图中虚线为标尺，* 表示该处理较对照 B0 处理有显著性差异。

（7）生物炭对盐碱土壤日均温度动态的影响

于 2019 年玉米生长拔节期后在 20 cm 土层处放入纽扣式温度记录仪，每 1 h 采集一次数据。生物炭对土壤日均温度动态的影响如彩图 2 所示。在玉米生长发育前期（0~55 d），各处理日均温度差异不大。随着光照时间和大气温度的增加，各处理间差异逐渐增加，播种 75 d 后，施生物炭的 B20 处理土壤日均温度最高，其次是 B40 处理，二者均高于 B0 处理，但 B80 处理的土壤日均温度低于 B0 处理。这表明施入适量的黑色生物炭对土壤有增温保温作用，但过高的施用量可能导致土壤孔隙增大增多，降低了土壤温度。

2.3.1.2 生物炭对盐碱土壤团聚体结构及稳定性的影响

土壤团聚体是土壤结构构成的基础，是土粒经各种物理、化学、生物作用形成的结构单位。良好的土壤结构表现为土壤孔隙度大小、数量、比例适中，持水孔隙和充气孔隙并存，土壤团聚体稳定性强。土壤团聚体稳定性影响着土壤各种理化性质，对土壤水、气、热、养分、土壤微生物有良好的作用。水稳性团聚体指土粒经过水的作用，结构仍然稳定，不易散碎的团聚体结构，这是在农业生产上较为理想的土壤结构类型。水稳性团聚体稳定性影响着土壤表层的水、土界面行为，特别是与降水入渗和土壤侵蚀关系十分密切。

（1）生物炭对盐碱土壤水稳定性团聚体含量（$WR_{0.25}$）的影响

由图 2-9 可知，在玉米生长全生育期内，施入生物炭均可以提高土壤>0. 25 mm 粒径水稳定性团聚体含量。其中在玉米生长苗期，B40 处理的 $WR_{0.25}$ 显著高于 B0 处理，提高了 29. 65%。到玉米成熟期，B40 处理较 B0 处理仍然提高了 6. 26%。

2020 年，土壤>0. 25 mm 粒径水稳定性团聚体含量（图 2-9）各处理变化趋势与 2019 年一致。本生长季苗期 B20、B40、B80 处理的 $WR_{0.25}$ 分别较 B0 提高了 20. 16%、17. 24%、26. 99%。灌浆期，成熟期 B20、B40、B80 处理分别提高了 11. 05%、19. 16%、18. 15%，13. 43%、24. 47%、19. 00%。在不同生育期，各处理>0. 25 mm 粒径水稳定性团聚体含量有一定浮动，这可能是与土壤含水量的变化有关。

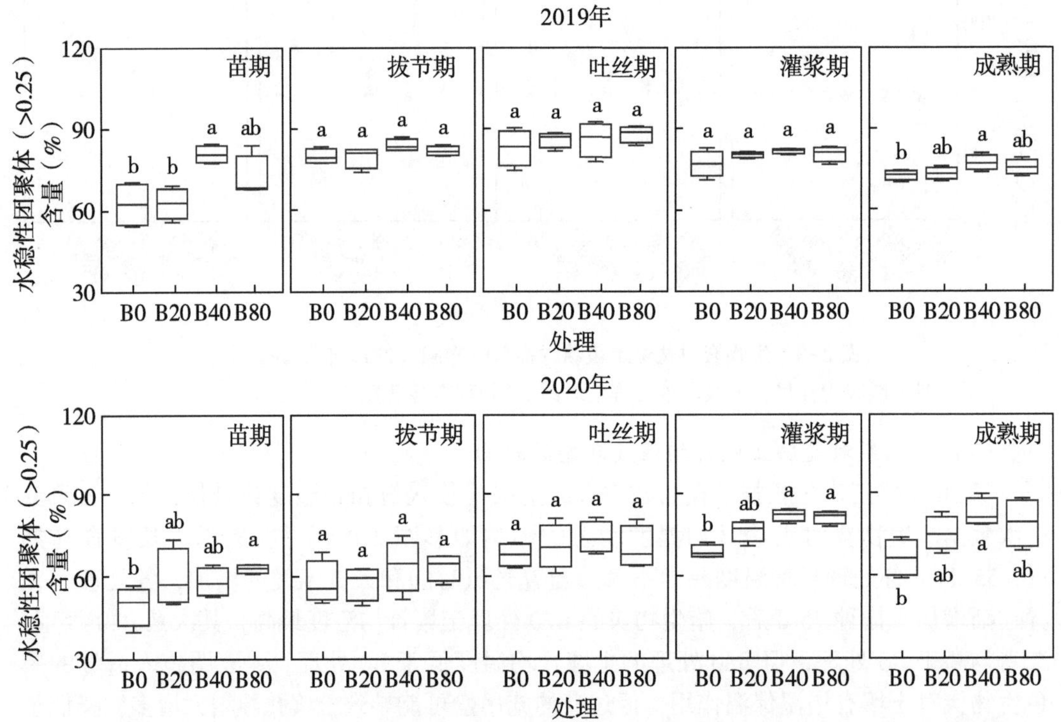

图 2-9　生物炭对盐碱土壤水稳定性团聚体含量（$WR_{0.25}$）的影响（2019 年和 2020 年）

（2）生物炭对盐碱土壤水稳定性团聚体平均重量直径的影响

由图 2-10 可知，土壤水稳定性团聚体平均重量直径（MWD）表现为施生物炭的 3 个处理均高于对照处理。其中 B40 处理的水稳定性团聚体平均重量直径在玉米生长苗期、拔节期、吐丝期、灌浆期、成熟期均表现出显著高于 B0 处理，分别提高了 57. 59%、72. 79%、52. 38%、43. 36%、45. 24%。B80 处理平均重量直径在玉米生长期较 B0 处理显著提高了 17.51%、48.53%、48.51%、42.77%、42.07%。B20 处理仅在玉米生长灌浆期和成熟期表现出显著高于 B0 处理，土壤水稳定性团聚体平均重量直径分别提高了 30.38%、34.58%。

由图 2-10 可知，2020 年 B80、B40、B20 处理的水稳定性团聚体平均重量直径均高于 B0 处理，这与 2019 年结果一致。本生长季苗期 B40 处理的水稳定性团聚体平均重量直径显著高于 B0 处理，提高了 51.70%；B80 处理较 B0 处理提高了 41.13%。在玉米生长成熟期，B40、B80 处理的水稳定性团聚体平均重量直径仍显著高于 B0 处理，分别提高了 43.49%、33.43%。水稳定性团聚体平均重量直径的提高，有利于水稳性土壤团聚体稳定率的提升。

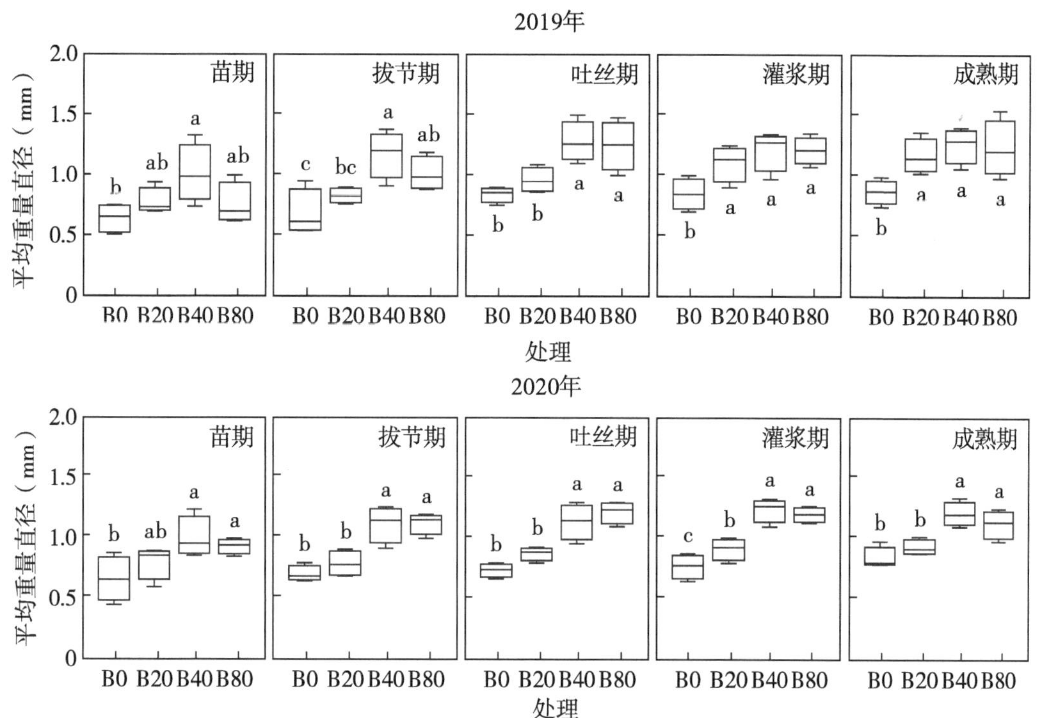

图 2-10　生物炭对盐碱土壤平均重量直径（MWD）的影响（2019 年和 2020 年）

（3）生物炭对盐碱土壤水稳定性团聚体几何平均直径的影响

由图 2-11 可知，两年中施生物炭各处理的水稳定性团聚体几何平均直径均高于其对照处理。受不同生育期土壤含水量差异影响，水稳定性团聚体几何平均直径各时期有一定差异，但生物炭提高了水稳定性团聚体几何平均直径这种趋势在整个生育期都很稳定。尤其是 B40 处理，从苗期到成熟期土壤水稳定性团聚体几何平均直径平均提高了 40.07%~88.14%。B80、B20 处理整个生育期土壤水稳定性团聚体几何平均直径平均提高了 31.79%~77.12%、11.52%~38.63%。

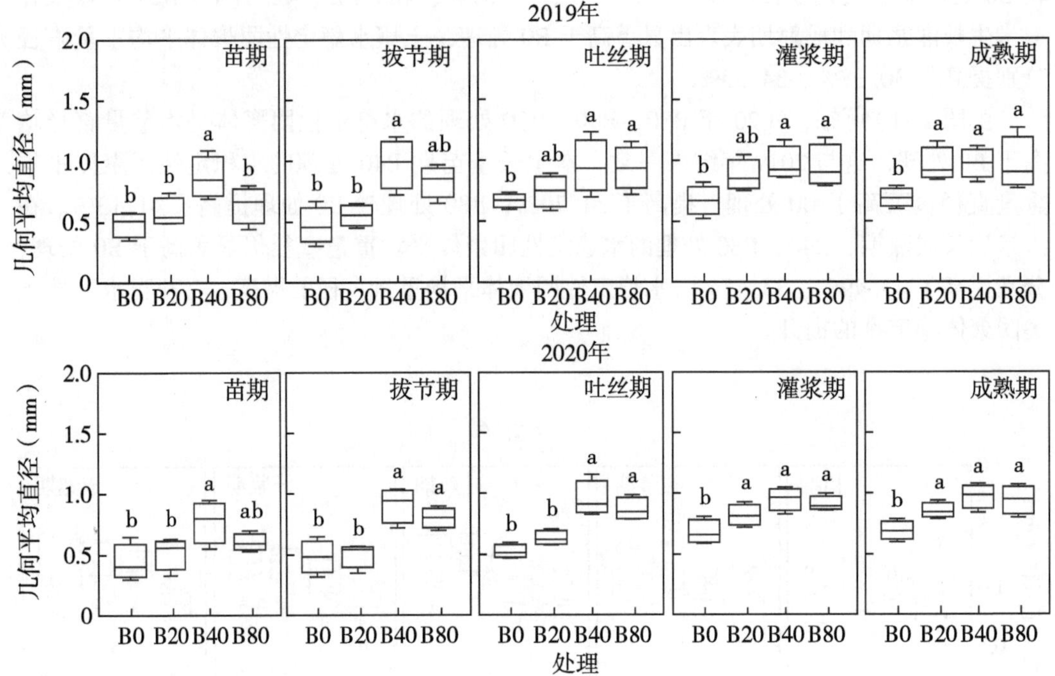

图 2-11　生物炭对盐碱土壤几何平均直径（GMD）的影响（2019 年和 2020 年）

（4）生物炭对盐碱土壤水稳性团聚体稳定率的影响

由图 2-12 可知，2019 年玉米全生育期内，B40 处理的土壤水稳性团聚体稳定率一直保持很高，除吐丝期外均表现为显著高于对照，从玉米生长苗期到成熟期分别较对照提高了 29. 40%、3. 96%、5. 54%、7. 22%、7. 14%。B80 处理土壤水稳性团聚体稳定率较 B0 处理提高了 2. 51%～16. 76%。因此生物炭提高了土壤水稳性团聚体稳定率。

2020 年施生物炭的土壤水稳性团聚体稳定率仍然很稳定，且均高于对照处理。尤其在经历强降水后，施生物炭的土壤团聚体稳定率仍然很高且显著高于对照处理。其中 B40 处理的土壤水稳性团聚体稳定率在灌浆期、成熟期分别较 B0 处理提高了 19. 18%、19. 13%，B80 处理在这两个时期分别提高了 18. 31%、16. 33%。因此土壤中施入生物炭对土壤结构的稳定及抵御恶劣气象条件带给土壤的负面影响至关重要。

2. 3. 1. 3　生物炭对盐碱土壤化学性质的影响

土壤化学性质影响土壤中的化学过程、物理化学过程、生物化学过程的进行。主要包括土壤的酸碱性、缓冲性、氧化还原性质、吸附性等，其一方面可以直接影响作物生长，另一方面还可以通过土壤结构状况和养分状况的干预间接影响作物生长。

（1）生物炭对盐碱土壤 pH 值的影响

由图 2-13 可知，生物炭施入土壤初期对土壤 pH 值略有提高，且随着施入量的增加，pH 值有升高趋势，但各处理间无显著性差异。但从玉米吐丝期后，随着雨季的来临，降水量增加导致土壤 pH 值随着生物炭施用量的增加而降低。其中 B40 处理土壤 pH 值在吐丝期后一直显著低于对照。B80 处理土壤 pH 值较 B0 处理在灌浆期和成熟期

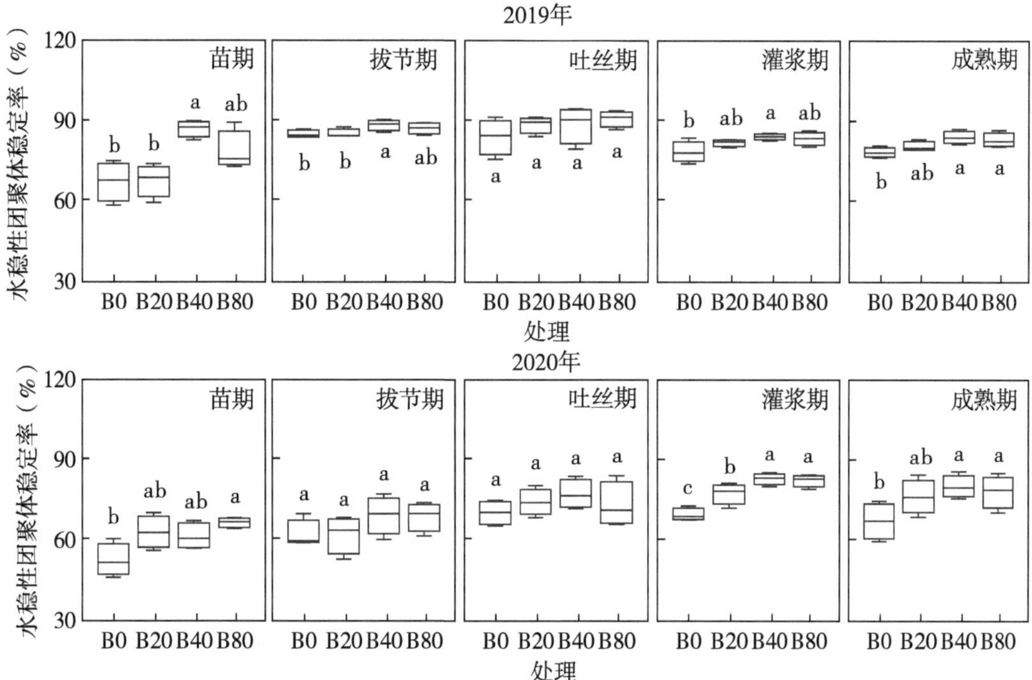

图 2-12 生物炭对盐碱土壤水稳性团聚体稳定率（WSAR）的影响（2019 年和 2020 年）

有显著差异。

施生物炭第二年（图 2-13），玉米全生育期内，土壤 pH 值变化趋势和 2019 年基本保持一致。玉米生长苗期、拔节期土壤 pH 值均无显著性差异变化，仅在玉米生长吐丝期、灌浆期、成熟期，施生物炭处理的 pH 值表现为显著低于 B0 处理。从两年数据看，施生物炭 B40、B80 处理，随着玉米生长到后期，能够降低盐碱土壤 pH 值，对改良盐碱土壤有一定作用。

（2）生物炭对盐碱土阳离子交换量（CEC）的影响

由图 2-14 可知，两年玉米土壤阳离子交换量变化趋势一致，均表现为施生物炭处理高于对照。其中 B40、B80 处理较 B0 处理显著提高了土壤阳离子交换量，两年分别提高了 10.73%、9.91%，9.93%、10.67%。B20 处理的阳离子交换量较 B0 也有一定提高，分别增加了 1.30%，4.31%。

（3）生物炭对盐碱土交换性 K^+、Na^+、Ca^{2+}、Mg^{2+} 影响

由图 2-15 可知，生物炭增加了土壤交换性钾（Exc. K^+）含量，且随着生物炭施入量的增多，Exc. K^+含量增加。其中 B80 处理 Exc. K^+含量较 B0 处理显著增加，提高了 35.52%。B40、B20 处理较 B0 处理 Exc. K^+含量提高了 12.67%，11.16%。这可能是由于生物炭本身钾含量很高，施入土壤后带入了一部分有效性钾。生物炭的施入对土壤交换性钠（Exc. Na^+）含量有一定限制，B20、B40、B80 处理土壤 Exc. Na^+较 B0 处理分别降低了 9.93%、11.19%、6.80%。这可能是生物炭增加了土壤孔隙度，降雨使 Exc. Na^+更易淋溶到土壤下层。生物炭对土壤交换性钙（Exc. Ca^{2+}）、交换性镁

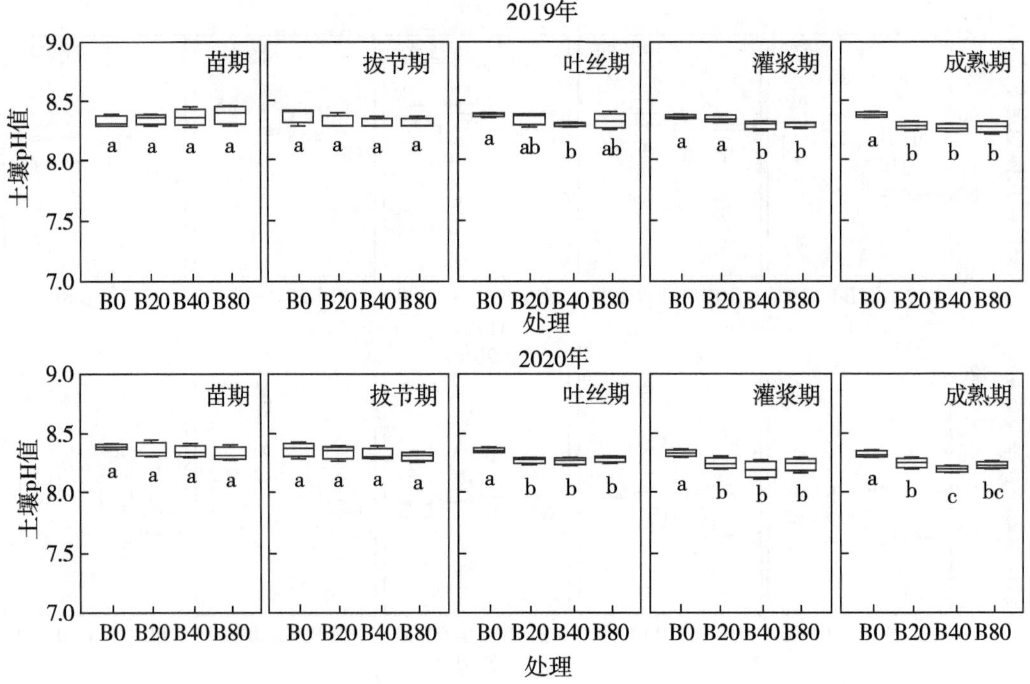

图 2-13 生物炭对盐碱土壤 pH 值的影响（2019 年和 2020 年）

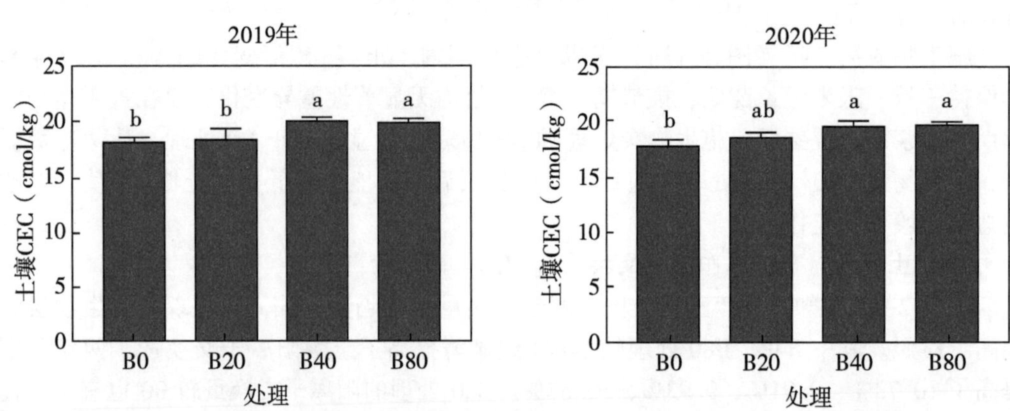

图 2-14 生物炭对盐碱土壤阳离子交换量的影响（2019 年和 2020 年玉米成熟期）

（Exc. Mg^{2+}）含量影响较小，各处理间无显著性差异。

图 2-16 为 2020 年生物炭对土壤交换性 K^+、Na^+、Ca^{2+}、Mg^{2+}含量的影响。本生长季，生物炭对土壤交换性钙（Exc. Ca^{2+}）、交换性镁（Exc. Mg^{2+}）含量影响不大。生物炭对交换性钾（Exc. K^+）含量仍有一定提升，但处理间差异不显著。生物炭对土壤交换性钠（Exc. Na^+）含量的影响与 2019 年一致，表现为施生物炭显著降低了土壤 Exc. Na^+含量，较对照处理平均降低了 4. 49%。

（4）生物炭对盐碱土壤碱化度（ESP）的影响

从图 2-17 发现，施入生物炭降低了土壤碱化度。2019 年生物炭处理 B20、B40、

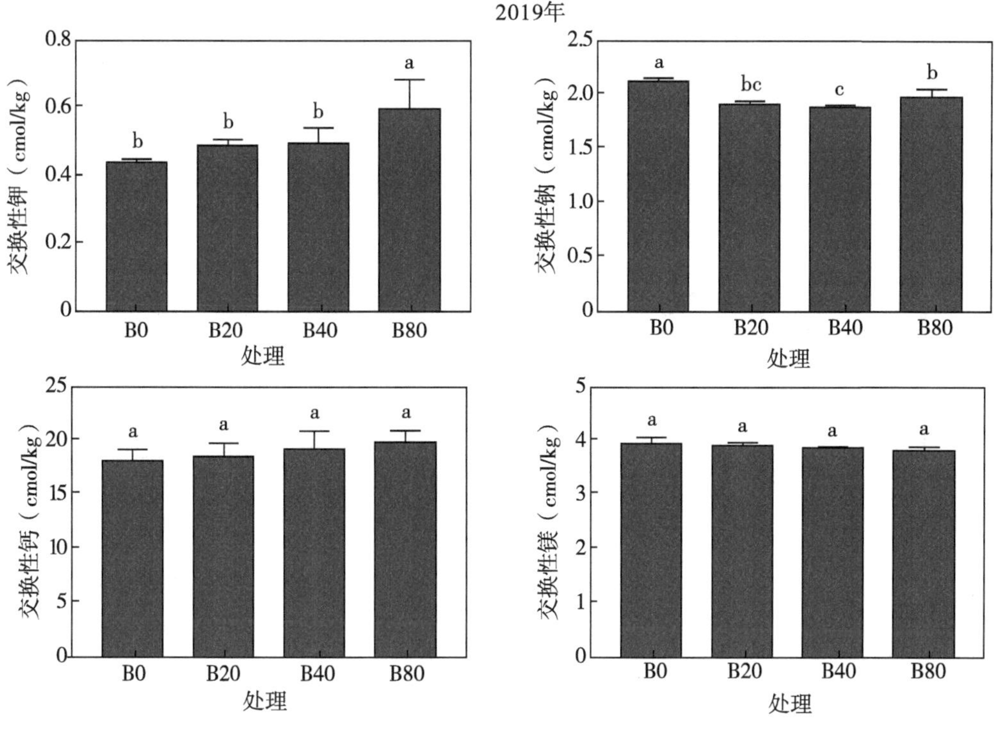

图 2-15　生物炭对盐碱土壤交换性 K^+、Na^+、Ca^{2+}、Mg^{2+}的影响（2019 年玉米成熟期）

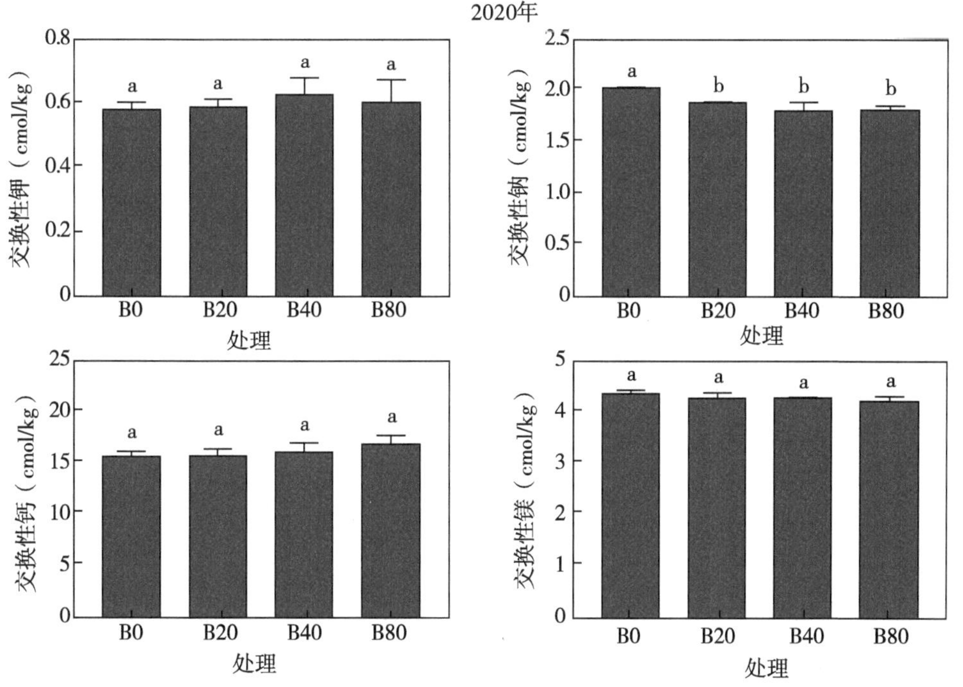

图 2-16　生物炭对盐碱土壤交换性 K^+、Na^+、Ca^{2+}、Mg^{2+}的影响（2020 年玉米成熟期）

B80 的土壤碱化度均显著低于 B0，分别降低了 10.81%、19.81%、15.17%。2020 年土壤碱化度的变化趋势与上一年一致，生物炭可以降低土壤碱化度，B20、B40、B80 处理较 B0 处理土壤碱化度分别降低了 10.89%、19.23%、19.31%。

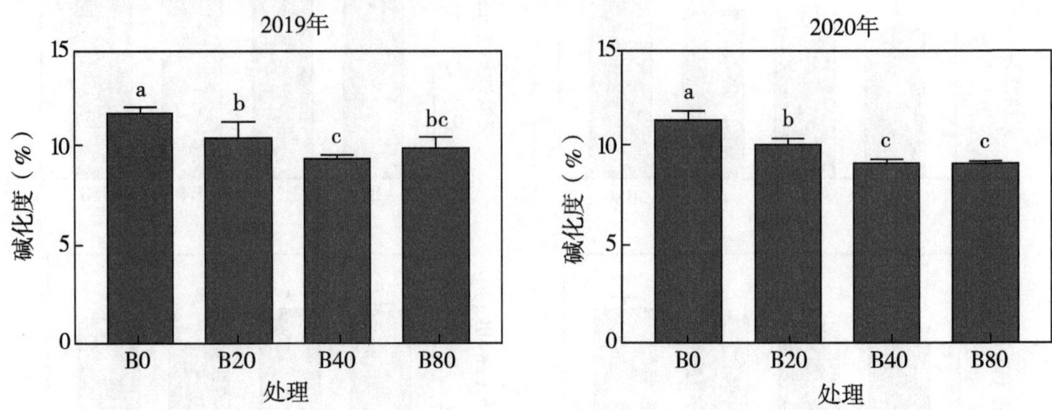

图 2-17　生物炭对盐碱土壤碱化度（ESP）的影响（2019 年和 2020 年玉米成熟期）

(5) 生物炭对盐碱土壤有机碳含量的影响

生物炭对土壤有机碳的影响如图 2-18，两年玉米生长全生育期，施生物炭均提高了土壤有机碳含量，且随着生物炭施用量的增加，土壤有机碳含量增加。2019 年，B40、B80 处理土壤有机碳含量全生育期一直保持很高，显著高于其 B0 处理，苗期、

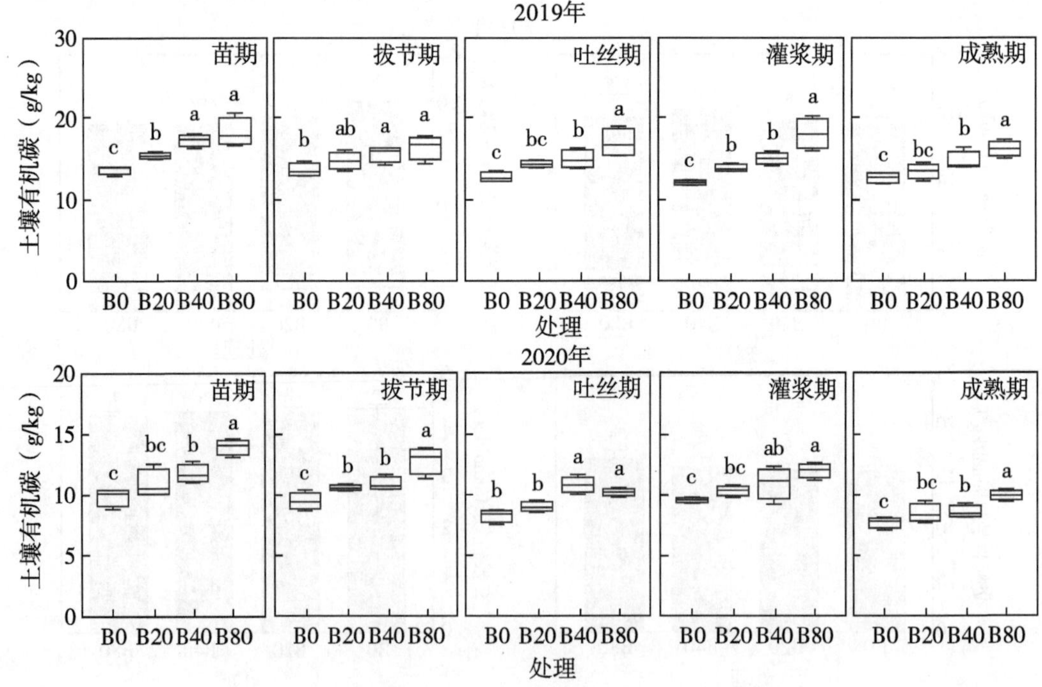

图 2-18　生物炭对盐碱土壤有机碳含量的影响（2019 年和 2020 年）

拔节期、吐丝期、灌浆期、成熟期分别提高了 26.09%、32.93%，14.83%、20.63%，17.27%、32.85%，24.59%、49.73%，15.97%、27.98%。B20 处理土壤有机碳含量略高于 B0 处理，但无显著性差异。2020 年，土壤有机碳含量变化趋势与 2019 年基本一致，表现为 B80、B40 处理的土壤有机碳含量显著高于 B0 处理，B20 处理略高于 B0 处理。整个生育期土壤有机碳含量变化较平稳，但整体均低于 2019 年土壤有机碳含量。

（6）生物炭对盐碱土壤全氮含量的影响

如图 2-19 可知，2019 年生物炭对土壤全氮含量的影响表现为随着生物炭施用量的增加，土壤全氮含量显著升高，且这种变化在整个生育期都很稳定。玉米生育期内 B20、B40、B80 处理土壤全氮含量较 B0 分别提高了 5.85%～11.45%，11.79%～16.91%，11.87%～24.55%。2020 年，生物炭对土壤全氮含量的影响较 2019 年减弱。施炭第二年苗期，B20、B40、B80 处理土壤全氮含量仍显著高于 B0 处理。但随着生育期的推进，不同施用量生物炭对土壤全氮含量的影响逐渐减小。玉米灌浆期后，生物炭处理的土壤全氮含量略高于对照，但无显著性差异。

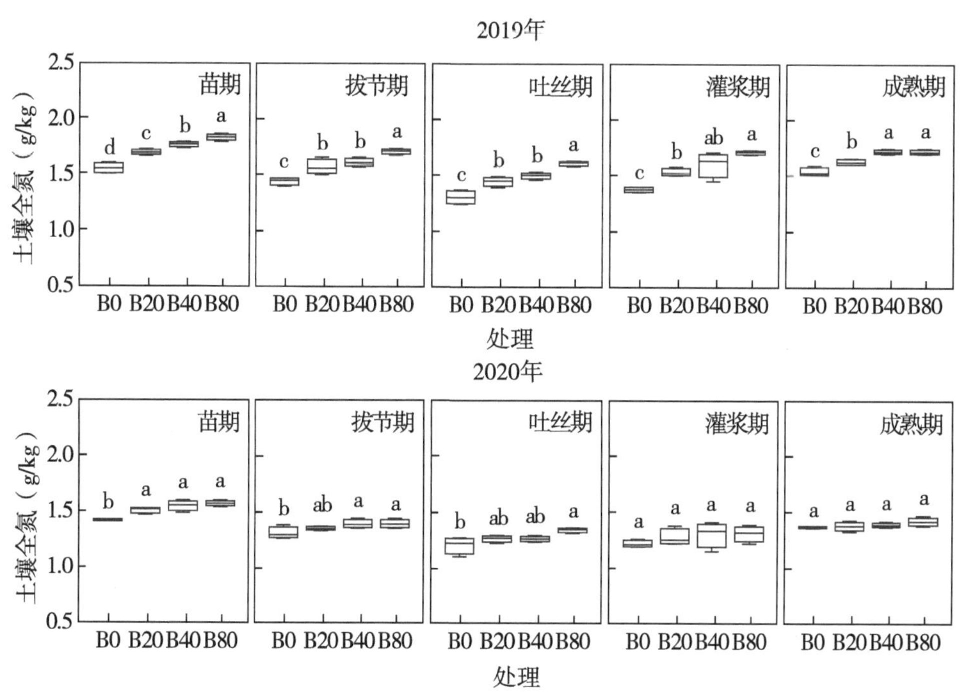

图 2-19　生物炭对盐碱土壤全氮含量的影响（2019 年和 2020 年）

由表 2-2 可知，生物炭对除苗期以外各生育时期的土壤碳氮比均有极显著促进作用，尤其到玉米生长成熟期促进作用达到最大。年份对玉米生长各时期土壤碳氮比均有极显著影响。但在玉米各生育期，生物炭和年份互作对土壤碳氮比均无显著性影响。

表 2-2 生物炭和年份对盐碱土壤碳氮比影响的双因素方差分析（*P* 值）

因素	*P* 值				
	苗期	拔节期	吐丝期	灌浆期	成熟期
B	0.968 ns	0.018*	0.019*	0.002**	<0.001***
Y	<0.001***	<0.001***	<0.001***	0.002**	<0.001***
B×Y	0.263 ns	0.156 ns	0.063 ns	0.770 ns	0.791 ns

注：B 为生物炭因素；Y 为年份因素。B×Y 为生物炭和年份互作；ns 为不显著；* 为显著水平达到 $P < 0.05$；** 为显著水平达到 $P < 0.01$；*** 为显著水平达到 $P < 0.001$。

（7）生物炭对盐碱土壤碱解氮含量的影响

2019 年，生物炭对土壤碱解氮含量的影响如图 2-20 所示。玉米生长苗期，B20、B40、B80 处理土壤碱解氮含量均低于 B0 处理，但各处理间差异不显著。玉米生长拔节期、吐丝期、成熟期，生物炭对土壤碱解氮有一定促进作用，但均无显著性提高。在玉米生长灌浆期，B40 处理较 B0 处理显著提高。2020 年，全生育期内生物炭各处理对土壤碱解氮均有一定促进作用。但仅在玉米生长苗期、灌浆期表现出显著性差异。在苗期 B40、B80 处理土壤碱解氮较 B0 处理提高了 15.29%、12.02%；在灌浆期 B40 处理土壤碱解氮含量较 B0 处理提高了 8.67%。整个生育期土壤碱解氮变化趋势为先增加后降低。

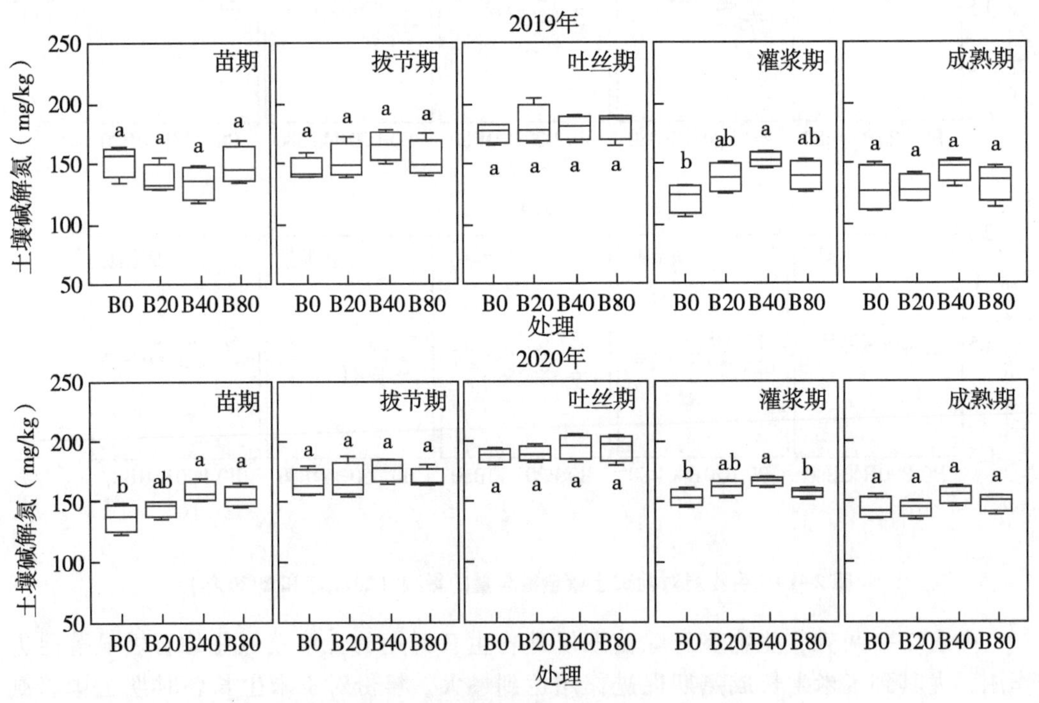

图 2-20 生物炭对盐碱土壤碱解氮含量的影响（2019 年和 2020 年）

（8）生物炭对盐碱土壤全磷含量的影响

生物炭对盐碱土全磷含量的影响如图 2-21 所示，施生物炭第一年苗期，土壤全磷含量显著增加，B20、B40、B80 处理土壤全磷含量较 B0 处理显著提高了 8.75%、15.82%、12.79%。但从拔节期开始到成熟期结束，生物炭对土壤全磷含量的影响减弱，施生物炭各处理虽然均高于对照但无显著性差异。2020 年全生育期，生物炭对土壤全磷含量均有促进作用，B20、B40、B80 显著提高了土壤灌浆期、成熟期土壤全磷含量，分别较 B0 提高了 21.67%、23.33%、26.25%，20.88%、30.12%、33.73%。

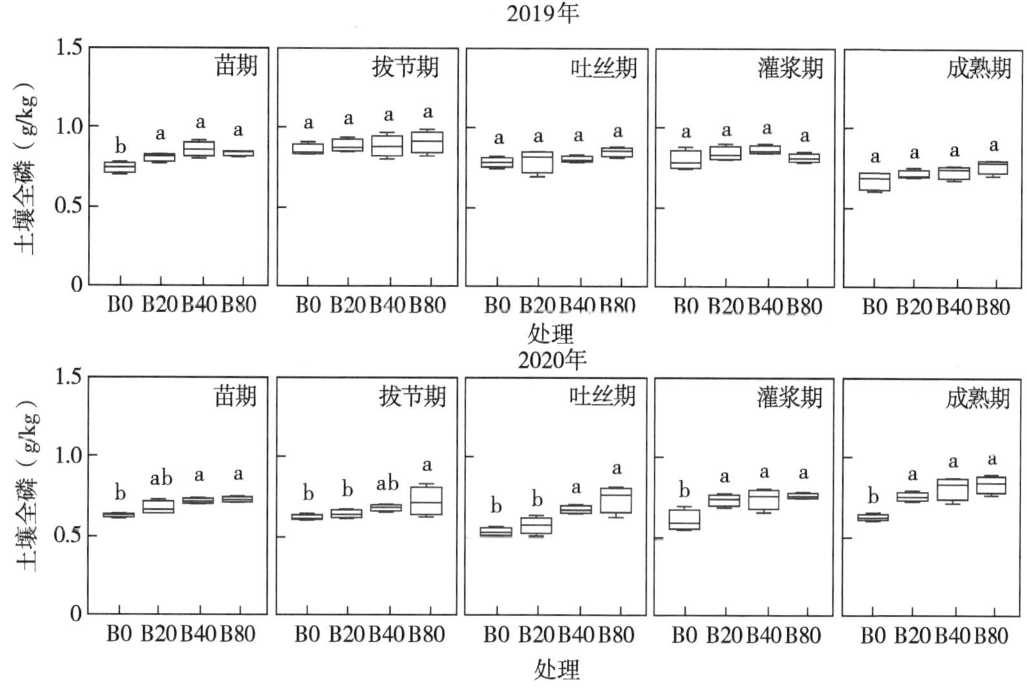

图 2-21　生物炭对盐碱土壤全磷含量的影响（2019 年和 2020 年）

（9）生物炭对盐碱土壤有效磷含量的影响

由图 2-22 可知，生物炭对土壤有效磷含量有显著促进作用。2019 年玉米生长全生育期，B20、B40、B80 处理土壤有效磷含量均显著高于 B0 处理，分别提高了 10.27%~40.91%、23.56%~57.82%、13.96%~41.00%。整个生育期土壤有效磷含量变化为先升高后降低的趋势。2020 年土壤有效磷也表现出与 2019 年基本一致的变化趋势。玉米全生育期内生物炭对土壤有效磷的促进作用一直保持很高水平。B20、B40、B80 处理均显著高于 B0 处理，但 3 个处理间差异不显著。

（10）生物炭对盐碱土壤全钾含量的影响

由图 2-23 可知，两年中施生物炭的 3 个处理均对土壤全钾含量有一定提高，且随着生物炭施用量的增加，土壤全钾含量增加。2019 年，B80、B40、B20 处理土壤全钾含量较 B0 处理分别提高了 17.39%、8.96%、6.44%。2020 年土壤全钾含量的变化趋势与 2019 年基本相同，B80、B40 处理显著提高了土壤全钾含量，较 B0 处理分别提高了

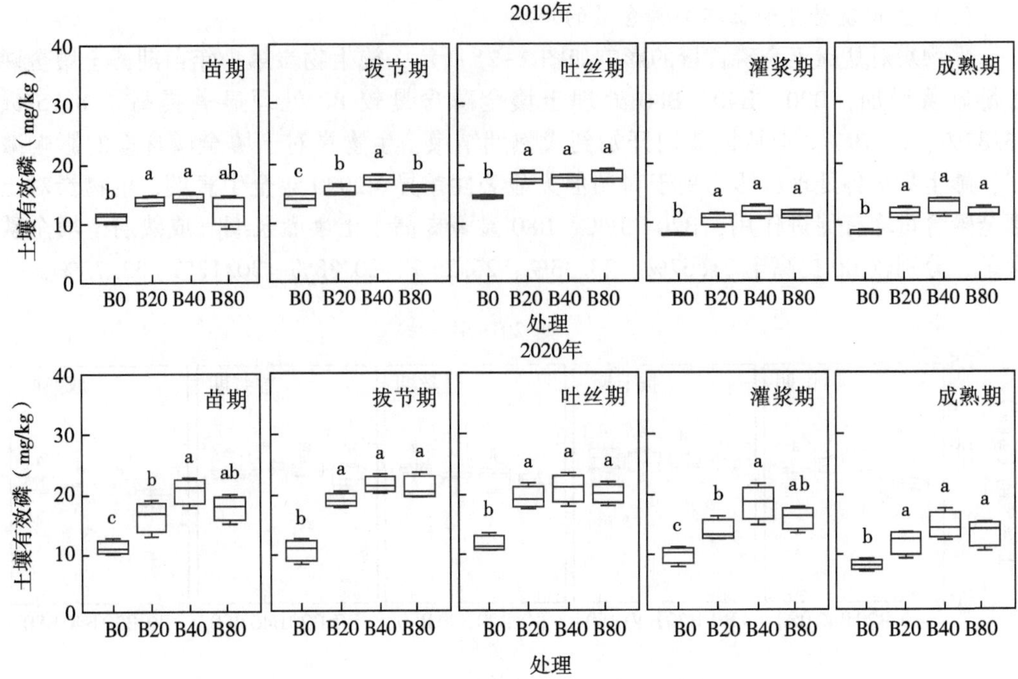

图 2-22　生物炭对盐碱土壤有效磷含量的影响（2019 年和 2020 年）

17.01%、10.75%。土壤全钾的显著提高可能是由于施入生物炭带入了大量的钾素。

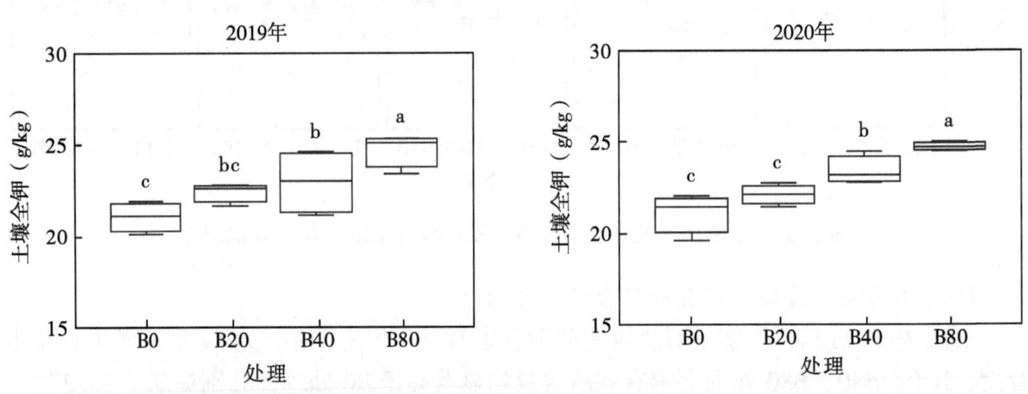

图 2-23　生物炭对盐碱土壤全钾含量的影响（2019 年和 2020 年玉米成熟期）

（11）生物炭对盐碱土壤速效钾含量的影响

由图 2-24 可知，生物炭对土壤速效钾含量的影响非常显著。从两年的数据发现土壤速效钾含量随着生物炭施用量的增加而显著增加。B80 处理土壤速效钾含量最高，显著高于 B40、B20、B0 处理；B40 处理土壤速效钾含量次之，显著高于 B20、B0 处理；B20 处理土壤速效钾含量也显著高于 B0 处理。2019 年 B80、B40、B20 处理较 B0 处理平均提高了 51.94%、29.17%、16.79%。2020 年土壤速效钾含量整体低于 2019 年。此生长季 B80、B40、B20 处理较 B0 处理平均提高了 48.10%、25.65%、14.64%。

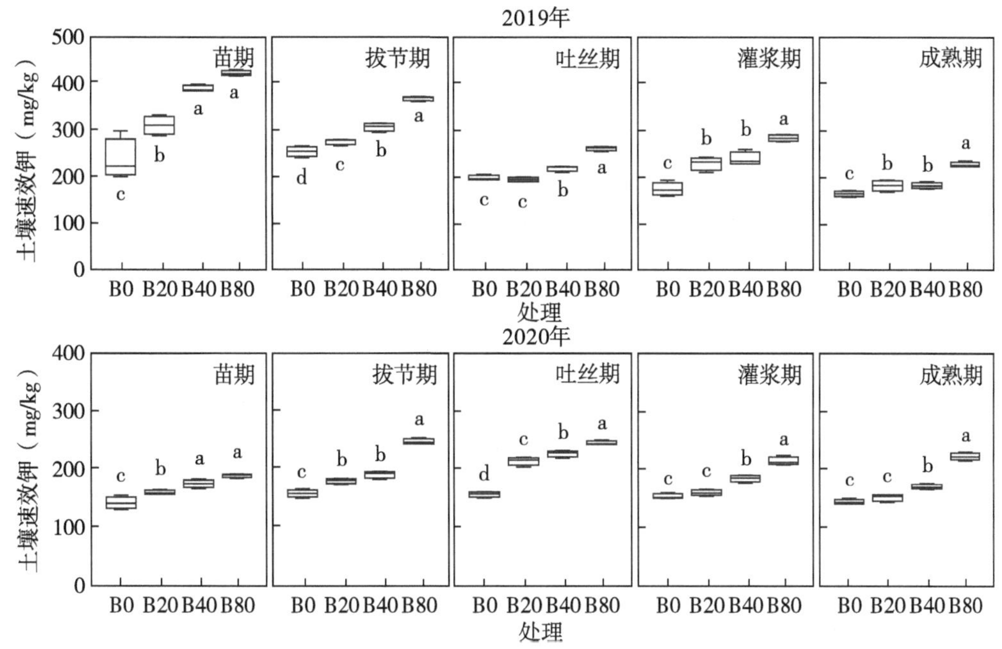

图 2-24 生物炭对盐碱土壤速效钾含量的影响（2019 年和 2020 年）

（12）生物炭对盐碱土壤铁、镁元素含量的影响

铁元素对作物生长非常重要，其是许多酶的组成成分，这些酶参与能量转移，氮的还原和固定等。生物炭对铁元素的影响如图 2-25 所示，2019 年 B80 处理显著提高了土

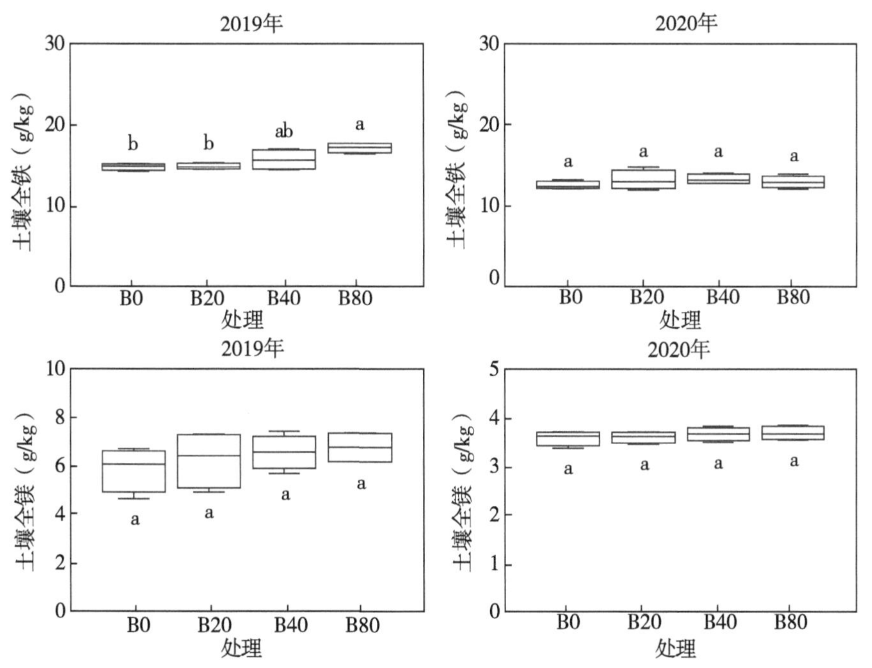

图 2-25 生物炭对盐碱土壤全铁、全镁含量的影响（2019 年和 2020 年玉米成熟期）

壤全铁含量，较 B0 处理提高了 15. 87%。B40 处理较 B0 处理土壤全铁含量虽无显著性差异，但也提高了 5. 90%。2020 年，施生物炭的 3 个处理土壤全铁含量较对照均无显著性差异，但 B40 处理较 B0 处理仍提高了 6. 25%。

镁元素是作物生长发育所需的中量营养元素，是构成叶绿素的主要矿质元素，直接影响着植物的光合作用，同时植物体中很多酶促反应都依赖于镁进行调节。生物炭对土壤镁含量有不同程度促进作用。2019 年，B20、B40、B80 处理较 B0 处理土壤镁含量分别提高了 6. 86%、11. 89%、15. 30%。2020 年各处理的土壤镁含量无显著性差异。

（13）生物炭对盐碱土壤锰、锌元素含量的影响

锰元素主要是植物酶系统的一部分，能够激活植物重要的代谢反应，促进植物进行光合作用。研究结果表明施生物炭第一年，B80、B40 处理的土壤锰含量显著高于 B0 处理，分别提高了 16. 14%、6. 94%。但第二年施生物炭 3 个处理的土壤锰含量均高于对照处理。其中 B80、B40 处理土壤锰含量显著高于 B0 处理，分别提高了 3. 71%、4. 77%（图 2-26）。

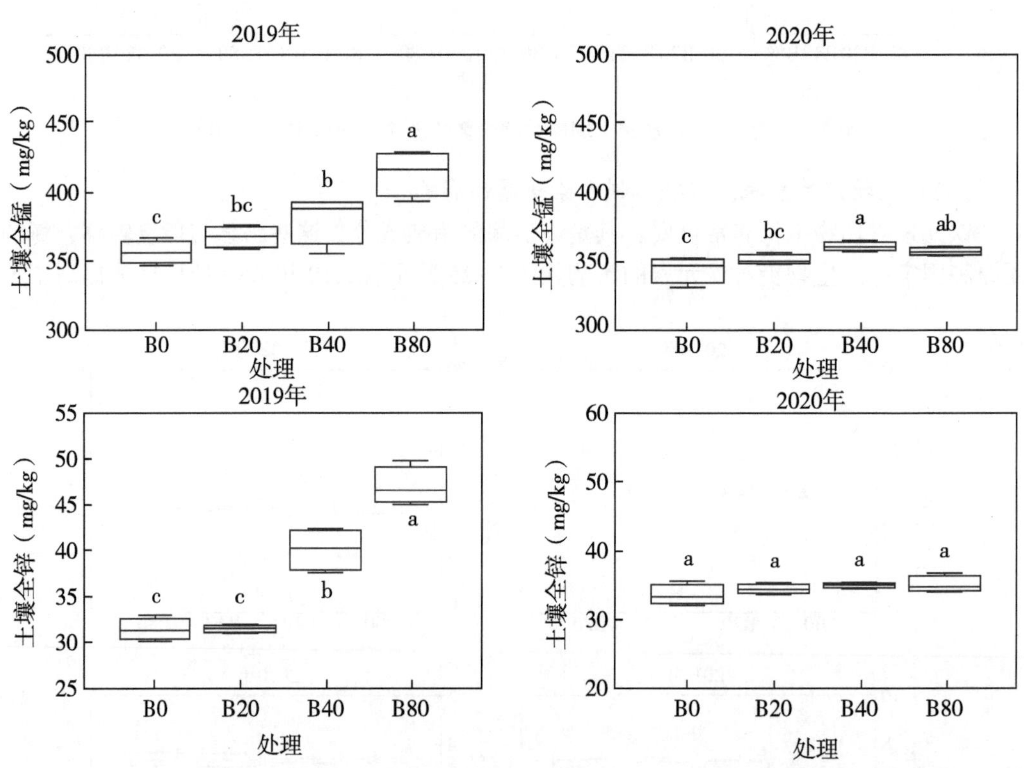

图 2-26　生物炭对盐碱土壤全锰、全锌含量的影响（2019 年和 2020 年玉米成熟期）

锌元素是植物生长必不可少的微量营养元素之一，对于促进某些代谢反应至关重要。施生物炭第一年对土壤锌含量影响较大，B80、B40 处理均较 B0 处理显著提高了土壤锌含量，分别提高了 49. 44%、27. 61%。第二年生物炭对土壤锌的促进作用减弱，各处理间无显著性差异，但 B20、B40、B80 处理较 B0 处理土壤锌含量均略有增加，分别提高了 2. 56%、4. 25%、4. 46%。

(14) 生物炭和年份对盐碱土壤化学指标影响的双因素方差分析

表 2-3 为生物炭和年份对土壤化学指标影响的双因素方差分析。生物炭因素对土壤 pH 值($P<0.001$)、阳离子交换量($P<0.001$)、碱化度($P<0.001$)、交换性钾、交换性钠($P<0.001$)均非常显著，这说明生物炭对盐碱土壤化学性质有显著作用。年份因素对土壤 pH 值($P<0.001$)、碱化度、交换性钾($P<0.001$)、交换性钠($P<0.001$)均表现为显著，说明年份也是影响土壤化学性质的关键因素。但生物炭与年份互作的效应对土壤化学指标均无显著性影响。

表 2-3 生物炭和年份对盐碱土壤化学指标影响的双因素方差分析（*P* 值）

因素	pH 值	阳离子交换量	碱化度	交换性钾	交换性钠
B	<0.001	<0.001	<0.001	0.033	<0.001
Y	<0.001	0.568	0.025	<0.001	<0.001
B×Y	0.769	0.631	0.709	0.101	0.104

注：B 为生物炭因素；Y 为年份因素；B×Y 为生物炭和年份互作。

(15) 生物炭和年份对盐碱土壤养分影响的双因素方差分析

表 2-4 是生物炭和年份对土壤养分影响的双因素方差分析。研究结果表明生物炭因素对土壤有机碳（SOC）、全氮（TN）、全磷（TP）、有效磷（AP）、全钾（TK）、速效钾（AK）、锰（Mn）、锌（Zn）均有极显著影响。年份对土壤有机碳（SOC）、全氮（TN）、碱解氮（AN）、速效钾（AK）、铁（Fe）、镁（Mg）、锰（Mn）、锌（Zn）均有极显著影响。但生物炭和年份的互作仅对全氮（TN）、全磷（TP）、速效钾（AK）、铁（Fe）、锰（Mn）、锌（Zn）有极显著影响。

表 2-4 生物炭和年份对盐碱土壤养分影响的双因素方差分析（*P* 值）

因素	*P* 值										
	SOC	TN	AN	TP	AP	TK	AK	Fe	Mg	Mn	Zn
B	<0.001	<0.001	0.092	<0.001	<0.001	<0.001	<0.001	0.012	0.443	<0.001	<0.001
Y	<0.001	<0.001	0.001	0.043	0.283	0.831	<0.001	<0.001	<0.001	<0.001	<0.001
B×Y	0.188	<0.001	0.963	0.040	0.444	0.872	0.005	0.024	0.638	0.001	<0.001

注：SOC 为有机碳；TN 为全氮；AN 为碱解氮；TP 为全磷；AP 为有效磷；TK 为全钾；AK 为速效钾；Fe 为铁；Mg 为镁；Mn 为锰；Zn 为锌；B 为生物炭因素；Y 为年份因素。B×Y 为生物炭和年份互作。

2.3.2 生物炭对盐碱土壤酶活性的影响

2.3.2.1 生物炭对盐碱土壤脱氢酶活性的影响

如图 2-27 可知，2019 年和 2020 年玉米生长全生育期中，土壤脱氢酶（DHA）活性表现为生物炭处理（B20、B40、B80）均高于 B0 处理，同时不同生育期土壤 DHA

活性变化为先升高后降低，且两年总体变化趋势一致。2019 年土壤 DHA 活性在玉米生长拔节期表现出显著差异，其中 B80 处理显著高于 B0 处理，提高了 42.59%，B40、B20 处理较 B0 处理也有一定提高，但无显著性差异。玉米生长吐丝期，B80、B40 处理显著高于 B0 处理，分别提高了 39.12%、36.05%。到玉米生长灌浆期，3 个施炭处理的土壤 DHA 活性均表现出显著高于对照，B20、B40、B80 处理的土壤 DHA 活性分别是 B0 的 2.00 倍、2.00 倍、2.11 倍，但三者之间差异不显著。到玉米生长成熟期，土壤 DHA 活性总体上有所下降，但施炭处理仍显著高于对照处理，其中 B40、B80、B20 处理的土壤 DHA 活性是 B0 处理的 1.49 倍、3.34 倍、2.26 倍。

2020 年，土壤 DHA 活性在玉米生长拔节期、吐丝期、灌浆期各处理变化趋势一致，土壤 DHA 活性大小依次为：B40>B80>B20>B0（图 2-27）。其中 B40 处理在这 3 个生育期中均显著高于其 B0 处理，DHA 活性是对照的 2.15~3.05 倍。B80 处理土壤 DHA 活性在玉米生长吐丝期、灌浆期表现出显著高于 B0 处理。一直到玉米生长成熟期，生物炭处理对土壤 DHA 活性的优势始终保持很高水平。

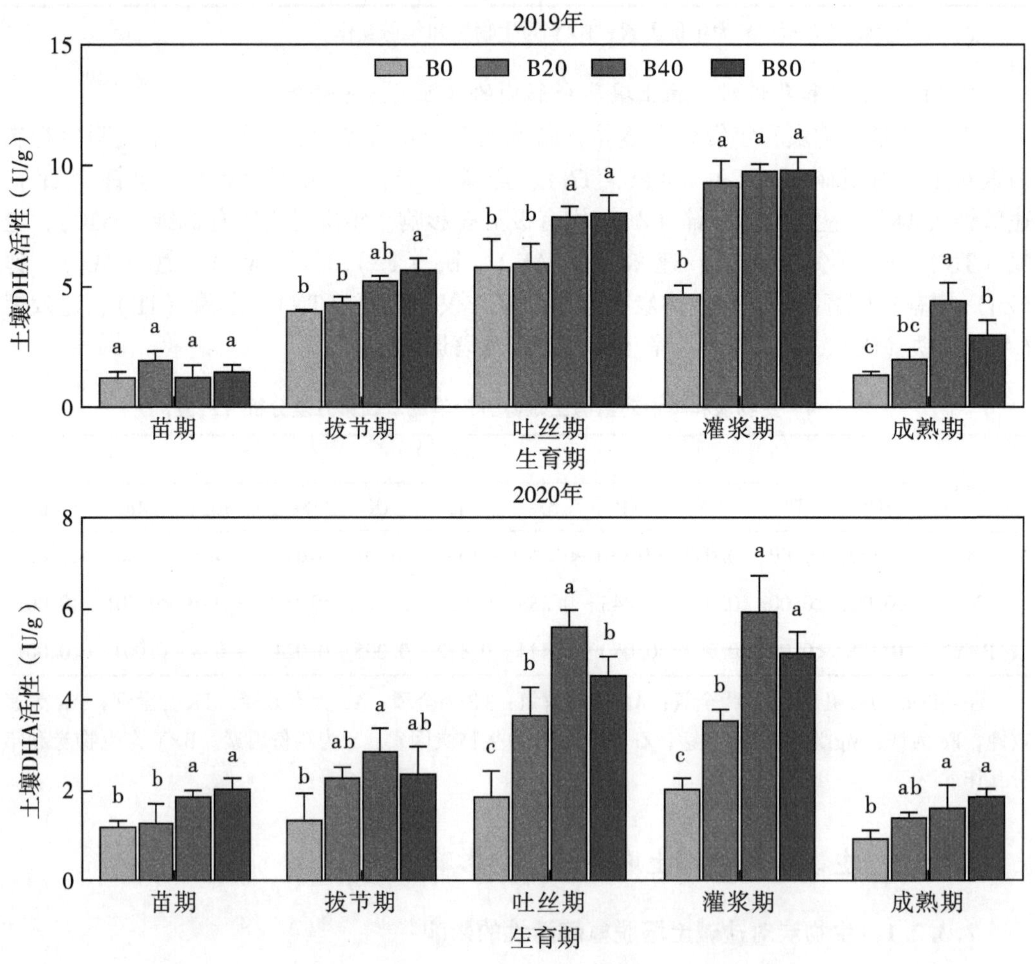

图 2-27　生物炭对盐碱土壤脱氢酶活性的影响（2019 年和 2020 年）

综上所述，添加生物炭增加土壤脱氢酶活性，两年不同时期数据显示，B40 处理对土壤脱氢酶活性促进最显著。

2.3.2.2 生物炭对盐碱土壤 β-葡萄糖苷酶活性的影响

从图 2-28 可知，生物炭处理 B20、B40、B80 均提高了土壤 β-葡萄糖苷酶（BG）活性。2019 年从玉米生长苗期开始一直到灌浆期，施炭处理的土壤 BG 活性一直显著高于对照，且维持在较稳定的水平。到玉米生长成熟期，土壤 BG 活性提高，其中 B40 处理显著高于 B0 处理，提高了 39.54%。施生物炭的第二年，土壤 BG 活性仍表现为生物炭处理高于对照处理，且活性相对稳定，这与上一年土壤 BG 活性变化趋势基本一致。在玉米成熟期 B40 处理土壤 BG 活性显著高于 B0 处理，提高了 28.84%。

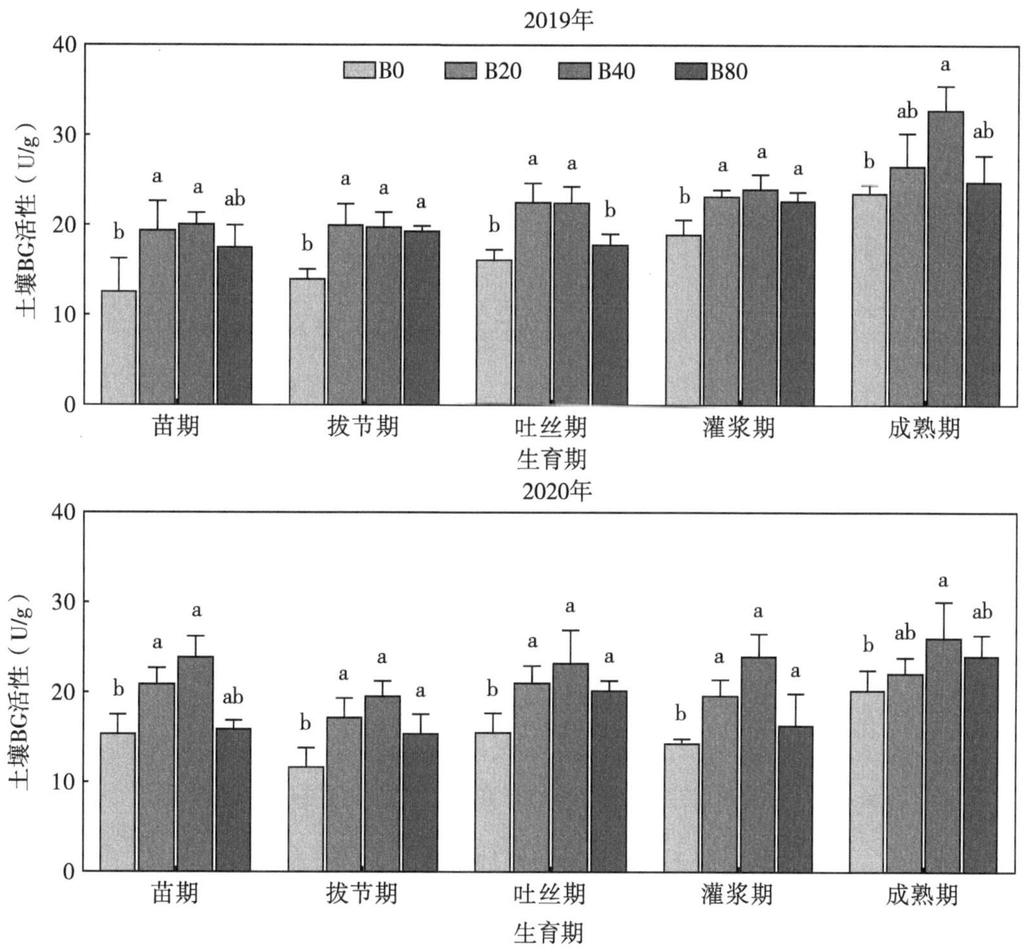

图 2-28 生物炭对盐碱土壤 β-葡萄糖苷酶活性的影响（2019 年和 2020 年）

2.3.2.3 生物炭对盐碱土壤过氧化氢酶活性的影响

由图 2-29 可知，两年中施生物炭的各处理土壤过氧化氢酶（CAT）活性较对照均有一定提高。2019 年玉米植株生长吐丝期，B80 处理的土壤过氧化氢酶活性较 B0 处理显著提高，且这种促进作用随着生育期发展更加明显，到玉米生长灌浆期 B80、B40、B20 处理的土壤过氧化氢酶活性较 B0 处理分别提高了 7.60%、4.00%、4.80%；直到玉米生长成熟期，土壤过氧化氢酶一直保持较高活性。2020 年各时期各处理土壤过氧化氢酶活性相对较稳定，仅在玉米成熟期表现为生物炭处理的土壤过氧化氢酶显著高于对照，B20、B40、B80 处理较 B0 处理分别提高了 25.00%、24.37%、22.78%。

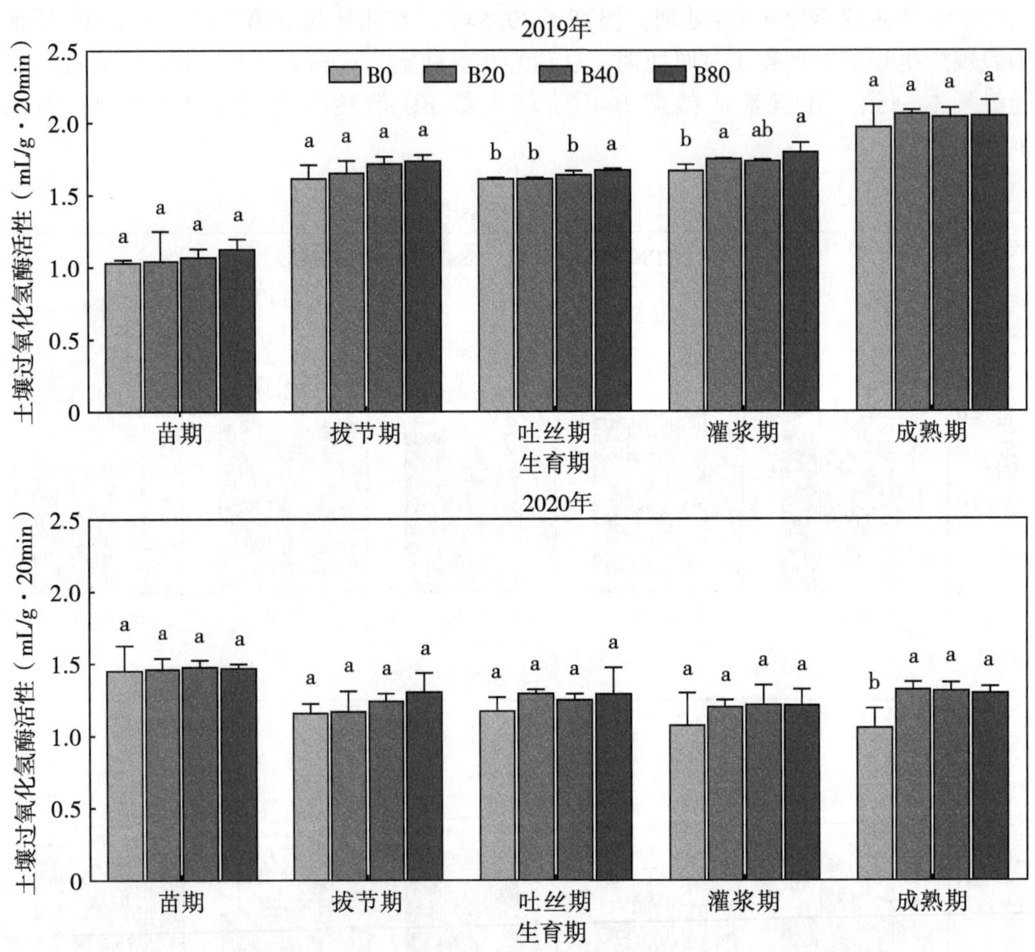

图 2-29　生物炭对盐碱土壤过氧化氢酶活性的影响（2019 年和 2020 年）

2.3.2.4　生物炭对盐碱土壤蔗糖酶活性的影响

从图 2-30 可知，两年间玉米生长全生育期内，土壤蔗糖酶（INV）活性随着生育期进程的发展均表现为先逐渐升高后略有降低的趋势。施生物炭处理的土壤蔗糖酶活性均高于对照。2019 年玉米生长后期（灌浆期至成熟期），B20、B40、B80 处理的土壤蔗糖酶活性表现出显著高于 B0 处理，各处理两个时期分别提高了 21.58%、30.99%、28.45%，11.45%、12.63%、17.37%。同样 2020 年生育后期（灌浆期至成熟期），施生物炭各处理的土壤蔗糖酶活性也表现出显著高于对照，平均提高了 6.22%，8.08%。

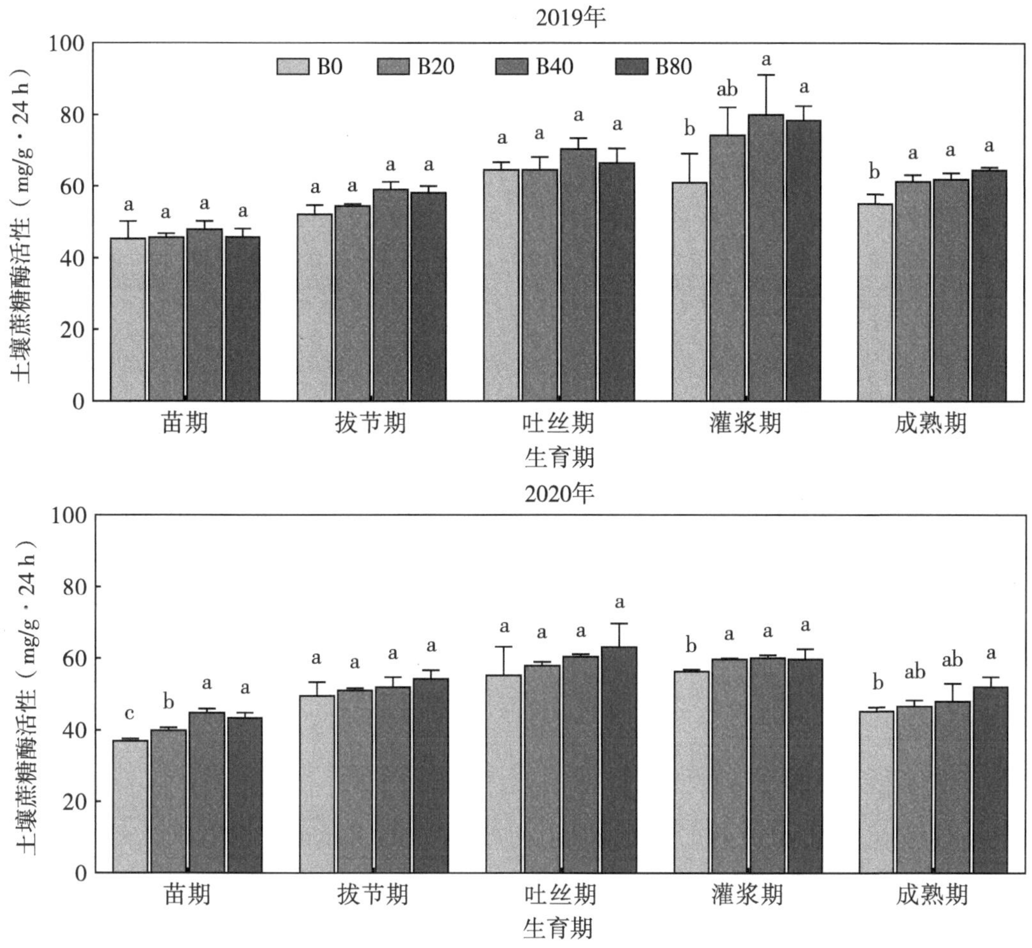

图 2-30 生物炭对盐碱土壤蔗糖酶活性的影响（2019 年和 2020 年）

2.3.2.5 生物炭对盐碱土壤脲酶活性的影响

由图 2-31 发现生物炭添加后土壤脲酶（UR）活性均有不同程度的提高，但在玉米不同生育期各处理土壤脲酶活性变化较复杂，表现不尽一致。比较两年各生育期土壤脲酶活性发现，2019 年土壤脲酶活性高于 2020 年。2020 年施生物炭的 3 个处理间无显著性差异，但都明显高于对照。整个生育期 B20、B40、B80 处理土壤脲酶活性较 B0 处理分别提高了 2.26%~17.62%、10.28%~52.54%、6.07%~30.51%。生物炭不同施用量在不同时期对土壤脲酶活性的影响存在一定差异，其中 B40 处理对土壤脲酶活性促进作用最好。

2.3.2.6 生物炭对盐碱土壤碱性磷酸酶活性的影响

生物炭对土壤碱性磷酸酶（PME）的影响如图 2-32 所示，在玉米生在苗期各处理间土壤碱性磷酸酶活性无显著性差异，但到玉米生长拔节期，施生物炭处理的土壤碱性磷酸酶活性均表现为显著高于对照，其活性大小分别为 B40>B80>B20>B0，且施炭处理

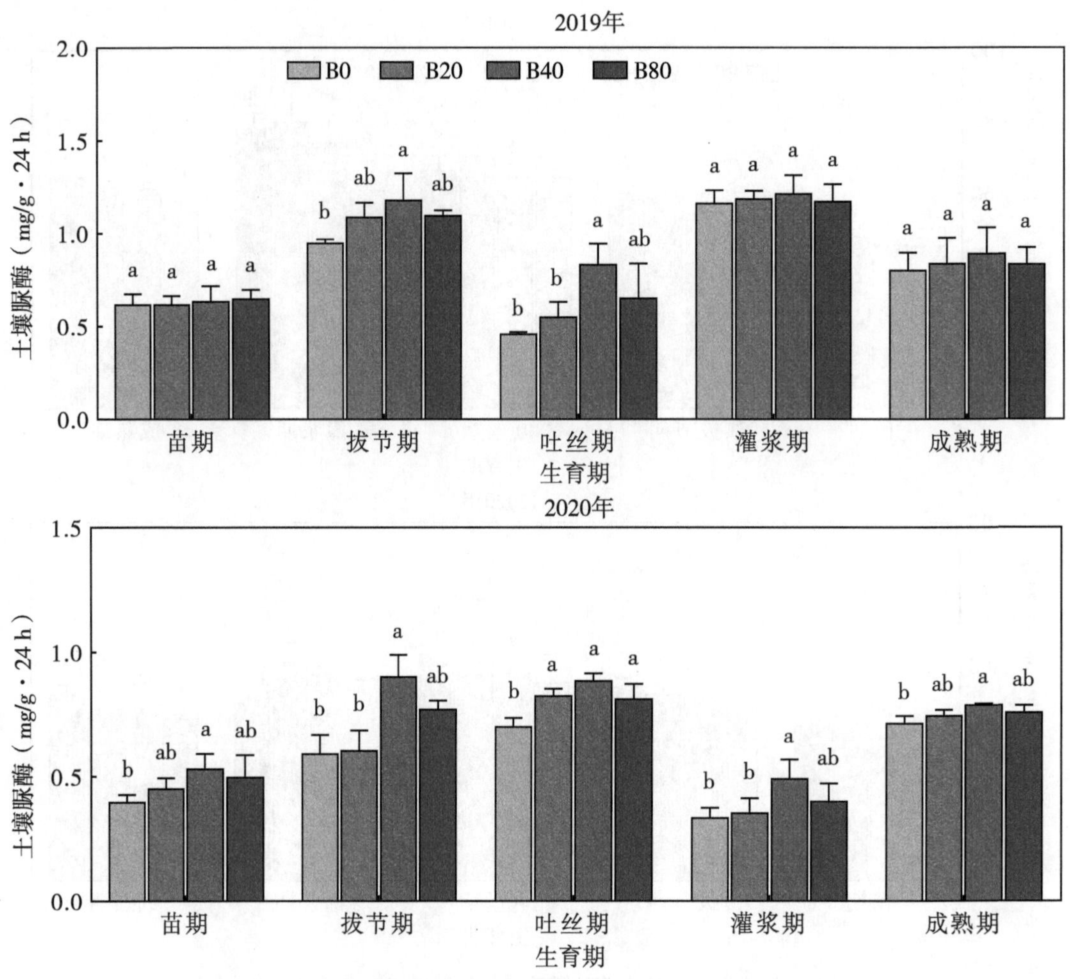

图 2-31　生物炭对盐碱土壤脲酶活性的影响（2019 年和 2020 年）

间也表现出显著差异性。同时随着生育进程的推进，这种差异逐渐缩小。在玉米生长灌浆期，施生物炭的 3 个处理间无显著性差异，但都显著高于对照。到玉米生长成熟期，各处理土壤碱性磷酸酶活性均有提高，但处理间均无显著性差异。

2020 年土壤碱性磷酸酶活性在各生育期变化较平稳。玉米生长苗期、吐丝期、灌浆期各处理间土壤碱性磷酸酶活性无显著性差异。玉米生长拔节期和成熟期，施生物炭处理土壤碱性磷酸酶活性均显著高于对照，B20、B40、B80 处理较 B0 处理分别提高了 4. 16%、22. 98%、13. 07%，4. 65%、17. 16%、5. 53%。

2. 3. 2. 7　生物炭和年份对盐碱土壤酶活性影响的双因素方差分析

由表 2-5 生物炭和年份对盐碱土壤酶活性影响的双因素分析可知，生物炭对土壤脱氢酶、土壤蔗糖酶有极显著（$P<0.001$）影响，对土壤 β-葡萄糖苷酶、土壤碱性磷酸酶、土壤过氧化氢酶有显著（$P<0.05$）影响。年份也是显著影响土壤脱氢酶活性、β-葡萄糖苷酶、碱性磷酸酶、蔗糖酶、过氧化氢酶、脲酶的关键因素。但生物炭和年

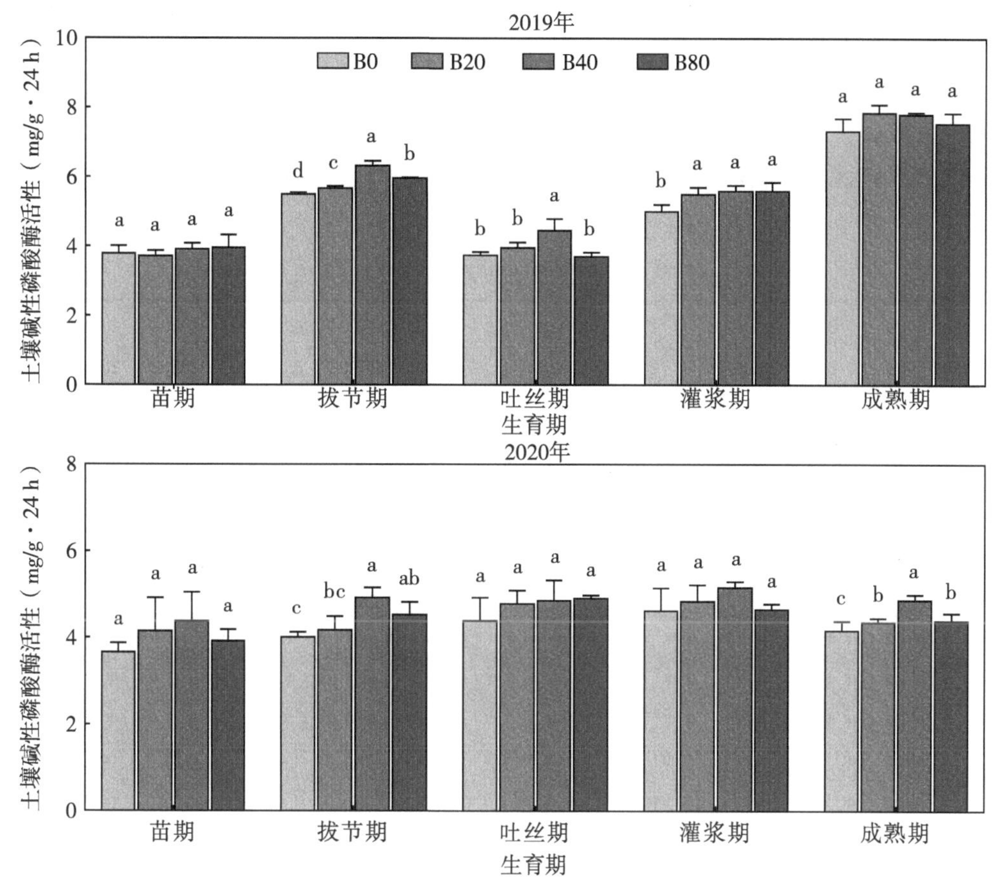

图 2-32 生物炭对盐碱土壤碱性磷酸酶活性的影响（2019 年和 2020 年）

份互作仅对土壤脱氢酶活性影响显著（P<0.05）。

表 2-5 生物炭和年份对盐碱土壤酶活性影响的双因素方差分析（P 值）

因素	P 值					
	脱氢酶	β-葡萄糖苷酶	碱性磷酸酶	蔗糖酶	过氧化氢酶	脲酶
B	<0.001	0.002	0.002	<0.001	0.013	0.452
Y	<0.001	0.004	<0.001	<0.001	<0.001	0.020
B×Y	0.001	0.339	0.205	0.381	0.294	0.994

注：B 为生物炭因素；Y 为年份因素；B×Y 为生物炭和年份互作。

2.3.2.8 土壤酶活性与土壤理化性质相关性分析

综合两年土壤酶活性和土壤理化性质之间的相关性分析发现（表 2-6），土壤 DHA 活性与土壤碱化度（ESP）呈极显著负相关，与土壤有机碳（SOC）、土壤有效磷（AP）呈显著正相关。土壤 β-葡萄糖苷酶（BG）活性、碱性磷酸酶（PME）活性均与土壤 ESP 呈显著负相关，且土壤 PME 与 AP 表现为显著正相关。土壤蔗糖酶

(INV) 活性在施炭第一年与土壤参数相关性较高，其与土壤 ESP 极显著负相关，同时土壤蔗糖酶与土壤有机碳（SOC）、全氮（TN）、有效磷（AP）、全钾（TK）、速效钾（AK）均呈显著正相关；施炭第二年土壤蔗糖酶仍与土壤碳、氮、磷、钾养分相关性较高。土壤过氧化氢酶（CAT）活性和土壤脲酶（UR）活性表现为在施炭第二年与土壤参数相关性较高，二者均与 ESP 呈显著负相关，与土壤团聚体稳定率（WSAR）、全磷（TP）、全钾（TK）呈显著正相关。

表 2-6　土壤酶活性和土壤参数之间的相关性分析

酶		pH 值	CEC	ESP	WSAR	SOC	TN	AN	TP	AP	TK	AK
2019 年	DHA	-0.499	0.617*	-0.738**	0.741**	0.578*	0.739**	0.440	0.128	0.630*	0.443	0.384
	BG	-0.503	0.480	-0.606*	0.513	0.148	0.537	0.575	0.209	0.475	0.019	-0.131
	PME	-0.613*	0.493	-0.691*	0.145	0.057	0.327	-0.356	0.029	0.604*	-0.056	-0.015
	INV	-0.750**	0.702*	-0.788**	0.498	0.678*	0.800**	0.087	0.544	0.637*	0.604*	0.700*
	CAT	-0.610*	0.183	-0.268	-0.170	0.316	0.439	0.173	0.670*	0.243	-0.013	0.222
	UR	-0.028	-0.244	-0.067	0.614*	0.049	0.218	0.621*	-0.265	0.292	0.410	0.195
2020 年	DHA	-0.579*	0.450	-0.763**	0.463	0.683*	0.499	0.261	0.897**	0.603*	0.711**	0.661*
	BG	-0.416	0.690*	-0.684*	0.263	0.276	0.299	0.336	0.366	0.396	0.269	0.461
	PME	-0.621*	0.480	-0.601*	0.489	0.092	0.241	0.708**	0.572	0.665*	0.357	0.136
	INV	-0.328	0.355	-0.552	0.498	0.629*	0.627*	0.138	0.807**	0.325	0.683*	0.643*
	CAT	-0.674*	0.396	-0.656*	0.692*	0.420	0.073	0.469	0.774**	0.652*	0.692*	0.368
	UR	-0.675*	0.540	-0.675*	0.683*	0.465	0.078	0.672*	0.662*	0.494	0.644*	0.377

注：DHA 为土壤脱氢酶；BG 为土壤 β-葡萄糖苷酶；PME 为土壤碱性磷酸酶；INV 为土壤蔗糖酶；CAT 为土壤过氧化氢酶；UR 为土壤脲酶；CEC 为阳离子交换量；ESP 为碱化度；WSAR 为水稳性团聚体稳定率；SOC 为有机碳；TN 为全氮；AN 为碱解氮；TP 为全磷；AP 为有效磷；TK 为全钾；AK 为速效钾；表中数值为相关系数，* 代表 $P<0.05$；** 代表 $P<0.01$。下同。

2.3.3　生物炭对盐碱土壤细菌群落结构的影响

本试验对 4 个处理（B0、B20、B40、B80）拔节期和灌浆期的 24 个样品进行 Illumina Miseq 高通量测序分析，测序结束后去除了 barcode、两端引物、部分低质量序列，数据统计分析前进行了抽平，每个样品平均获得36 205条序列。平均检测到 37 个细菌 Phylum，105 个细菌 Class，290 个细菌 Order，495 个细菌 Family，939 个细菌 Genus，2 080个细菌 Species，8 744个细菌 OTU。

2.3.3.1　生物炭对盐碱土壤细菌相对丰度的影响

（1）生物炭对土壤细菌门水平相对丰度的影响

高通量测序获得的数据在 97%相似性水平上进行分类，所有处理共检测到 37 个细菌门，其中丰度较高的优势菌门有：变形菌门（Proteobacteria）平均相对丰度为

35.16%，酸杆菌门（Acidobacteria）平均相对丰度 20.26%，放线菌门（Actinobacterial）平均相对丰度 16.66%，绿弯菌门（Chloroflexi）平均相对丰度 9.86%。4 个菌门平均相对丰度共占 81.94%（图 2-33）。

施用生物炭处理（B20、B40、B80）对两个采样时期土壤细菌各门类相对丰度有不同程度影响（$P<0.05$）。Proteobacteria 相对丰度在拔节期表现为 B80 处理显著高于 B0 处理，到玉米生育灌浆期生物炭的促进作用增加，B80、B40、B20 处理土壤变形菌门相对丰度均表现为显著高于 B0 处理，分别提高了 24.58%、14.37%、17.51%。生物炭对 Acidobacteria 相对丰度的影响为玉米生长拔节期 3 个施炭处理均显著低于对照，B20、B40、B80 处理较 B0 处理显著降低了 36.02%、21.30%、25.10%，到玉米生长灌浆期 B20、B40 处理抑制作用有所缓解，仅 B80 处理的酸杆菌门相对丰度较 B0 处理显著降低。生物炭对放线菌门（Actinobacterial）相对丰度的影响在两个采样时期不尽一致。在玉米生长拔节期，生物炭的施用对土壤放线菌门有一定抑制作用，其中 B40 处理显著低于 B0 处理。但在玉米生长灌浆期这种抑制作用消失，反而略有正向影响。生物炭对玉米生长拔节期土壤 Chloroflexi 相对丰度有抑制作用，其中 B80、B40、B20 处理土壤绿弯菌门相对丰度较 B0 处理降低了 20.62%、8.43%、9.92%。到玉米生长灌浆期，生物炭对土壤绿弯菌门相对丰度的抑制作用减弱，各处理间无显著性差异（图 2-33）。

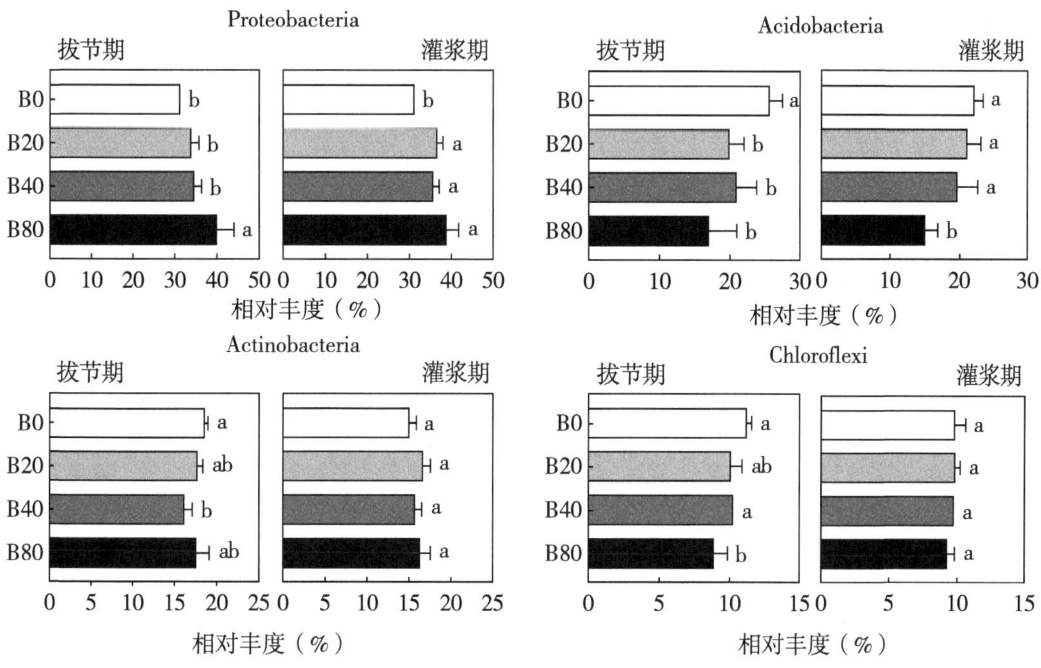

图 2-33　生物炭对土壤主要细菌门水平相对丰度的影响

除此之外，各处理土壤中丰度较高的优势菌门还有：芽单孢菌门（Gemmatimonadetes）平均相对丰度占 6.35%，拟杆菌门（Bacteroidetes）平均相对丰度 4.86%，Patescibacteria 平均相对丰度 1.26%，己科河菌门（Rokubacteria）平均相对丰度 1.04%，浮霉菌门（Planctomycetes）平均相对丰度 0.85%，硝化螺旋菌门（Nitrospirae）平均相对丰度 0.73%。

施生物炭处理（B20、B40、B80）对两个采样时期 Gemmatimonadetes、Bacteroidetes、Patescibacteria、Nitrospirae 相对丰度均有促进作用。其中 B80 处理的 Gemmatimonadetes 相对丰度在两个时期分别较 B0 提高了 27.16%、12.02%。B40、B80 处理 Bacteroidetes 相对丰度较 B0 平均提高了 25.20%、23.11%。B20、B40、B80 处理的 Patescibacteria 相对分度在灌浆期分别提高了 25.92%、13.12%、19.52%。Nitrospirae 相对丰度受生物炭影响也较显著，在灌浆期，B20、B40、B80 处理的 Nitrospirae 相对丰度分别提高了 21.43%、46.41%、42.13%。生物炭对 Planctomycetes 相对丰度有抑制作用，在两个采样时期，生物炭均显著降低了 Planctomycetes 相对丰度，B20、B40、B80 处理分别较 B0 处理平均降低了 37.80%、25.06%、32.41%。同时在盐碱土中还检测出 Rokubacteria，生物炭对其相对丰度略有促进（图 2-34）。

（2）生物炭对土壤细菌纲水平相对丰度的影响

Illumina Miseq 高通量测序共获得 105 个细菌纲，各处理中主要优势细菌纲为（附表 1）：放线菌纲（Actinobacteria）、芽单胞菌纲（Gemmatimonadetes）、拟杆菌纲（Bacteroidia）、还有变形菌门（Proteobacteria）的不同纲，比如 α-变形菌（Alphaproteobacteria）、γ-变形菌（Gammaproteobacteria）、δ-变形菌（Deltaproteobacteria）等。各处理相对丰度分别为：放线菌纲 14.94%~18.53%、芽单胞菌纲 5.56%~7.15%、拟杆菌纲 3.92%~5.40%。从表中我们还发现 α-变形菌相对丰度最高，占 18.48%~24.73%，且施生物炭对其有显著促进作用，B20、B40、B80 处理较 B0 处理分别提高了 14.64%、8.90%、29.68%。γ-变形菌、δ-变形菌相对丰度也表现出与 α-变形菌一致的响应。生物炭增加了 γ-变形菌、δ-变形菌相对丰度，尤其是 B40、B80 处理表现较显著。

（3）生物炭对土壤细菌属水平相对丰度的影响

高通量测序共获得 939 个细菌属，各处理中鞘氨醇单胞菌属（*Sphingomonas*）、酸杆菌亚群 6（*Subgroup* 6）、芽单孢菌属（*Gemmatimonadaceae*）、微枝形杆菌属（*Microvirga*）、溶杆菌属（*Lysobacter*）、硝化螺旋菌属（*Nitrospira*）为细菌优势属，所有样品中它们的相对丰度分别为 7.87%~12.14%、7.82%~13.51%、2.78%~3.68%、1.09%~1.60%、0.91%~1.36%、0.47%~0.91%，远高于其他细菌属。

如图 2-35，生物炭各处理（B20、B40、B80）对优势细菌属相对丰度有不同程度的影响。拔节期生物炭处理对 *Subgroup* 6 有显著的抑制作用，但灌浆期生物炭处理的抑制作用减弱。生物炭对 *Sphingomonas*、*Gemmatimonadaceae*、*Microvirga*、*Lysobacter*、*Nitrospira* 均有促进作用，且两个时期变化趋势基本一致。其中 B20、B40、B80 处理 *Sphingomonas* 相对丰度较 B0 处理平均提高了 19.92%、14.46%、43.55%。B20、B40、B80 处理 *Gemmatimonadaceae* 相对丰度较 B0 处理平均提高了 9.36%、13.62%、27.24%。Lysobacter 相对丰度的变化表现为 B40、B80 处理显著高于 B0 处理，分别平均提高了 25.86%、30.68%。生物炭对 *Nitrospira* 相对丰度在灌浆期影响较显著，B20、B40、B80 处理较 B0 处理分别增加了 21.10%、46.35%、42.21%。

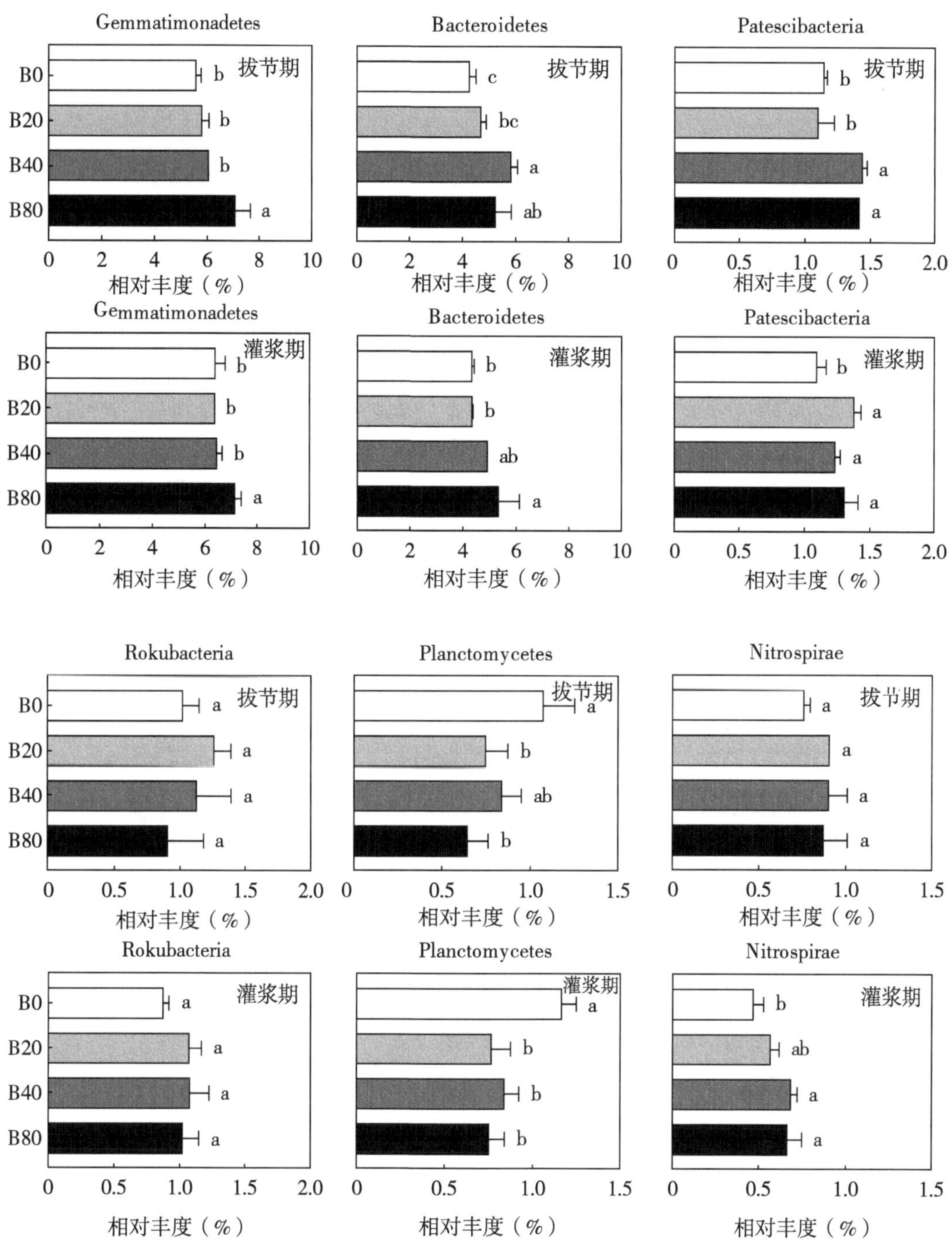

图 2-34　生物炭对相对丰度较低细菌门水平的影响

（4）生物炭对土壤细菌 OTU 水平相对丰度的影响

在 OTU 水平上，24 个样品共检测出 8 744 个 OTU（97%相似度水平）。附表 2 为所有样品中平均相对丰度大于 0.3%的 OTU。各处理主要的优势 OTU 有 OTU8940、

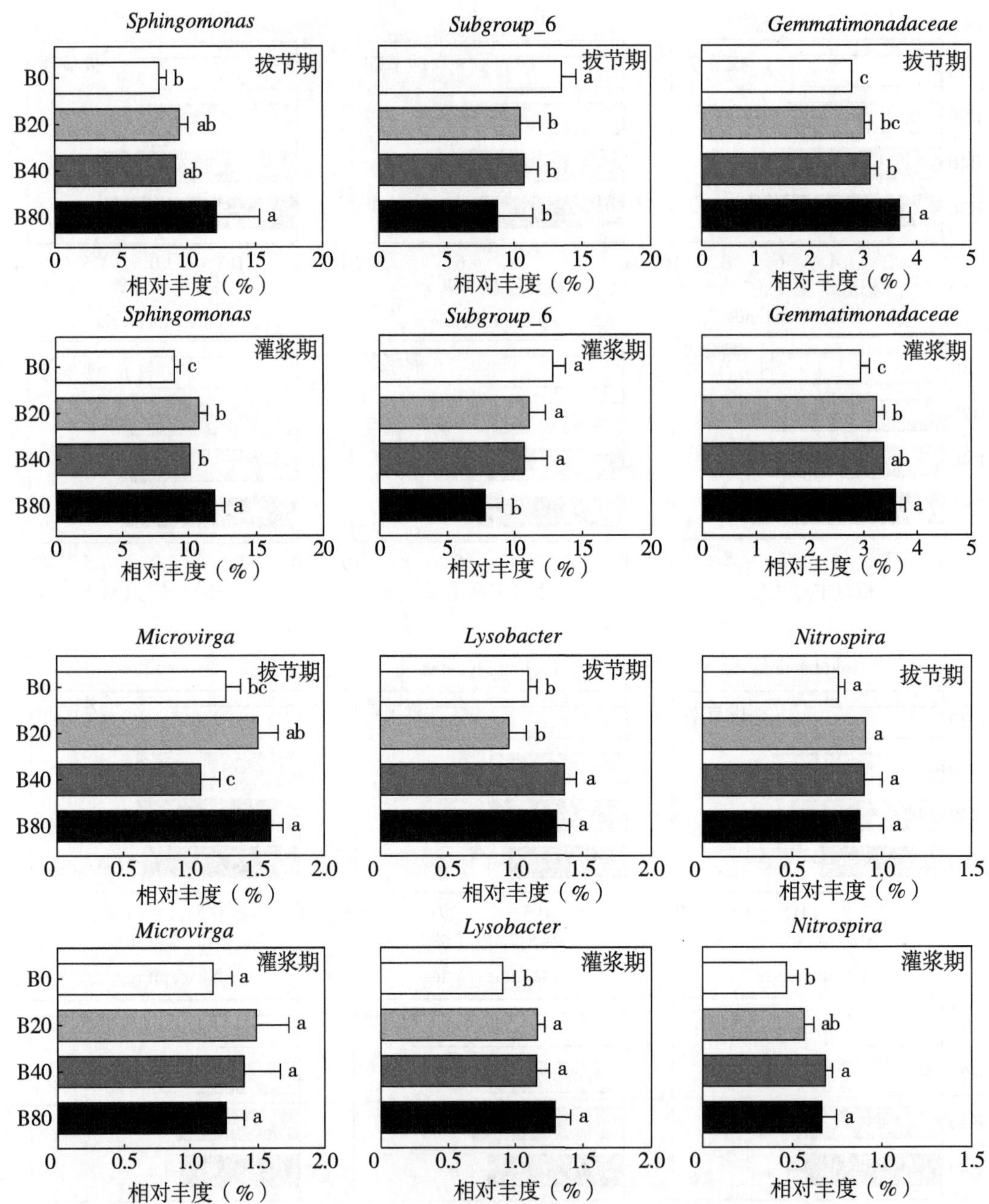

图 2-35　生物炭对土壤细菌属水平相对丰度的影响

OTU7454、OTU4021、OTU5779，它们的相对丰度分别为 2.33%～3.53%、1.93%～3.04%、2.05%～2.87%、0.72%～1.15%。在 NCBI 上 BLAST 比对发现它们均属于变形菌门（Proteobacteria），生物炭处理（B20、B40、B80）对这些优势 OTU 有显著的促进作用。还有 OTU9211、OTU3443 的相对丰度也较大，分别为 0.98%～1.43%、0.52%～1.14%。经比对他们均属于 Actinobacterial，生物炭对这些 OTU 的相对丰度有

不同程度的抑制，但整体变化不大。还有一些 OTU 相对丰度略小，但施生物炭处理表现出对其有显著的增加或降低趋势，如 OTU2216（相对丰度 0.60%~0.91%）、OTU4316（相对丰度 0.47%~0.81%）均为 Gemmatimonadetes，生物炭对其两个时期的相对丰度均有显著增加；OTU6778（相对丰度 0.46%~1.13%）为 Acidobacteria，施生物炭降低了其相对丰度；OTU921（相对丰度 0.32%~0.61%）为 Nitrospirae，生物炭对其相对丰度略有增加；OTU2701（相对丰度 0.30%~0.76%）为 Chloroflexi，生物炭处理显著降低了其拔节期相对丰度，但灌浆期的相对丰度不显著。

如图 2-36，对优势 OTU 在 95%置信区间进行生物炭处理 B20、B40、B80 与对照 B0 处理的比较分析。虚线左侧的 OTU 相对丰度随着生物炭的施用而逐渐降低，虚线右侧的 OTU 相对丰度随着施炭量而持续增加。OTU8940、OTU4021、OTU5779 表现为随着生物炭施用量的增加其相对丰度有增加的趋势。OTU3443、OTU6778 表现为随着施炭量的增加其相对丰度逐渐减小的趋势。综上所述，生物炭对变形菌门、放线菌门的相关 OTU 影响较大，且不同 OTU 对生物炭不同施用量的响应也存在差异。

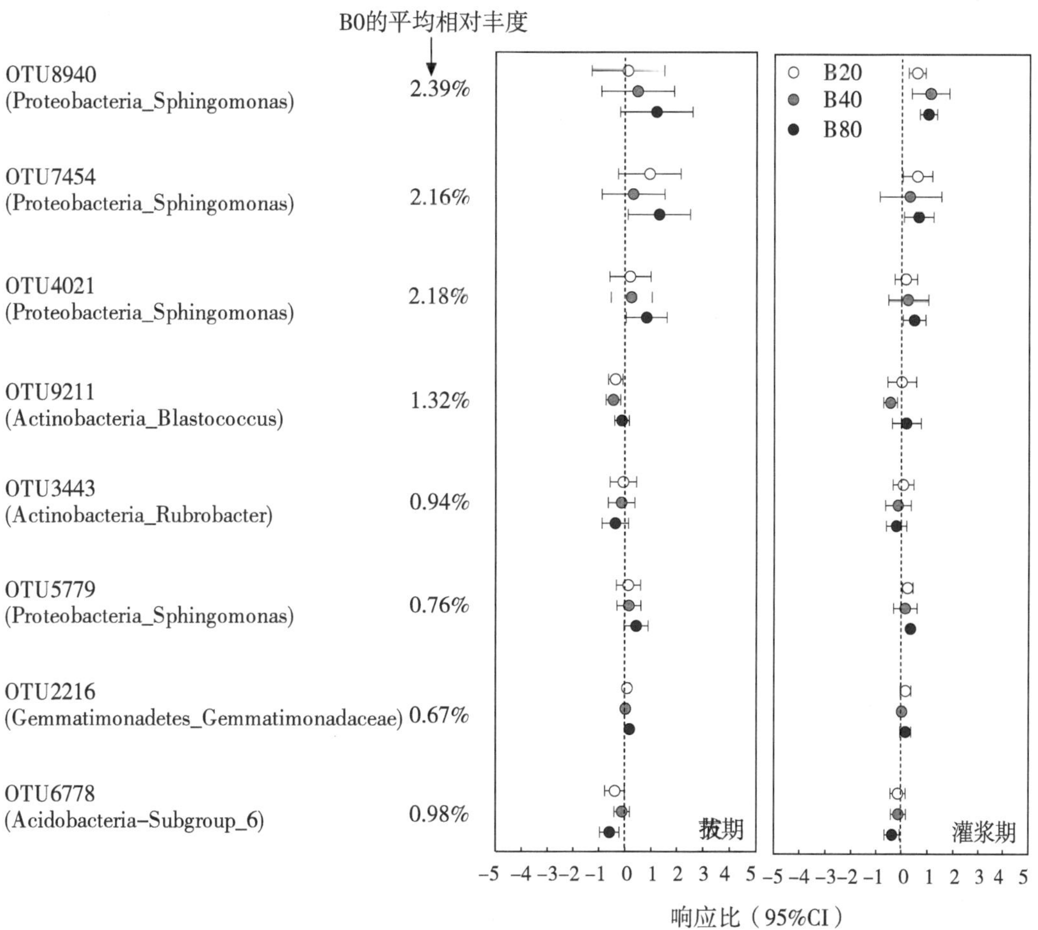

图 2-36 细菌 OTU 相对丰度对施用生物炭与 C0 处理比较的响应分析（95%置信区间）

2.3.3.2　生物炭对盐碱土壤细菌 α 多样性的影响

如图 2-37 可知，Shannon 指数为土壤微生物群落多样性指数，在玉米生长拔节期、灌浆期，不同施用量生物炭（B20、B40、B80）对土壤细菌 Shannon 指数无显著性差异影响。Chao 1 estimator 为土壤微生物群落丰富度指数，B80、B40、B20 处理与 B0 处理无显著差异，但施生物炭处理的 Chao 1 estimator 有增加趋势。

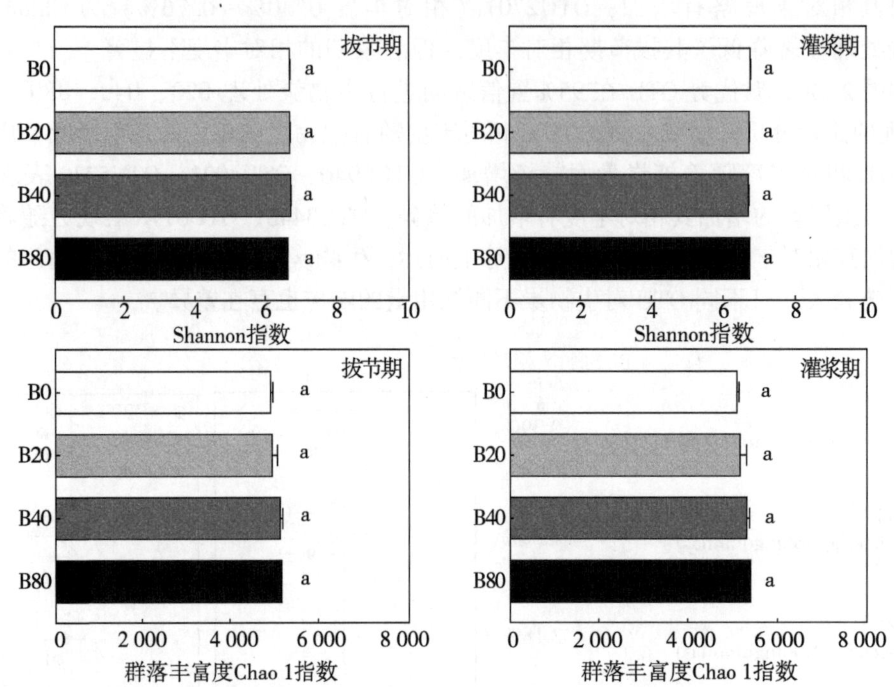

图 2-37　生物炭对土壤细菌 Alpha 多样性的影响

2.3.3.3　生物炭对盐碱土壤细菌 β 多样性的影响

（1）生物炭对盐碱土壤细菌群落结构的影响

由图 2-38 可知，Stress 值为 0.101，表明土壤细菌群落结构图有一定的解释意义。施用生物炭对细菌群落的变异有显著的贡献，且组间差异显著大于组内差异。在基于 Bray-Curtis 距离的非度量多维尺度分析（NMDS）图中，NMDS1 轴通过生物炭添加明显区分细菌群落结构，而 NMDS2 轴主要区分不同时期的细菌群落。同时我们发现，对照处理两个时期的土壤群落结构变化较大，而施生物炭各处理两个时期的土壤群落结构变化较小较平稳。这说明生物炭缓解了涝害（灌浆期前大量密集降雨造成短时涝害，彩图 1）对土壤细菌群落结构的改变，为细菌生存活动提供了稳定居所和避难机会。

（2）盐碱土壤细菌群落结构变化的驱动因素

玉米生长拔节期环境因素对土壤细菌群落结构的 RDA 分析结果表明，RDA1 轴解释了细菌群落结构变异的 59.83%，RDA2 轴解释了细菌群落结构变异的 6.60%。AN、AP、SOC、WSAR、Moisture 与施生物炭 B40、B80 处理一起位于第一排序轴正向，而 Bulk density、pH 值和 B0 处理一起位于第一排序轴负向。Constrained-P 检验显示，SOC

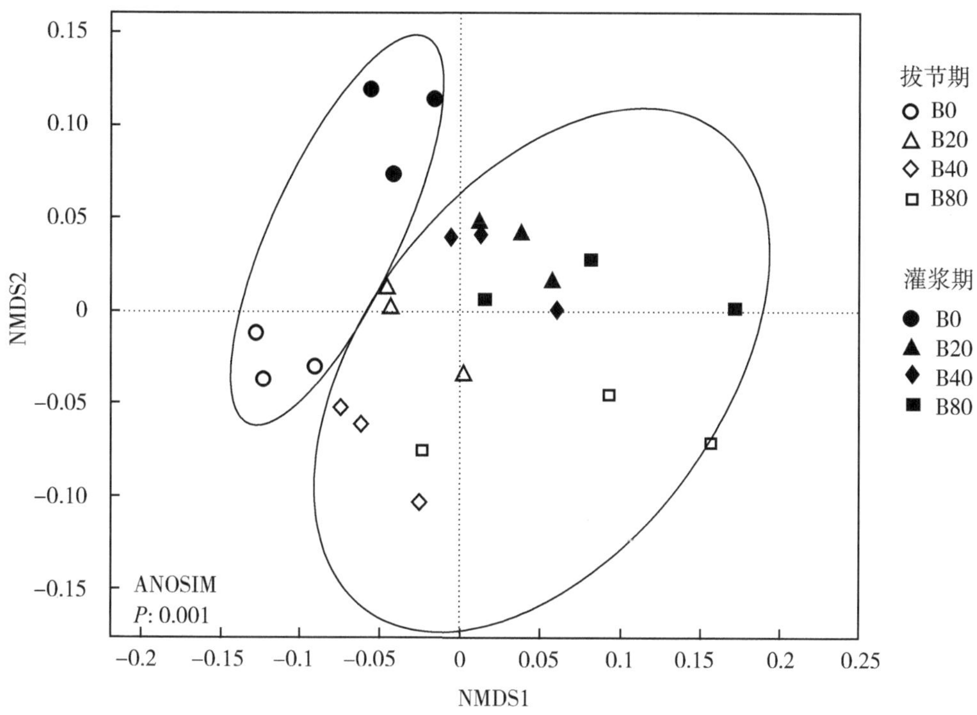

图 2-38　生物炭对土壤细菌群落结构的影响

显著改变了细菌群落结构，解释了整个细菌群落的 42.4%。其次是土壤 pH 值对细菌群落解释度相对较高。

在玉米生长灌浆期环境因素对土壤细菌群落结构的 RDA 分析显示，RDA1 轴解释了细菌群落结构变异的 49.20%。AN、AP、WSAR 与 B20、B40 处理一起位于第二排序轴负向，而 pH 值、Bulk density、Moisture 和 B0 处理一起位于第一排序轴负向。与拔节期环境因素和土壤细菌群落结构的关系不同的是灌浆期土壤 Moisture 与施生物炭处理呈负相关。Constrained-P 检验显示，SOC、Moisture 对细菌群落结构有极显著影响，分别解释了整个细菌群落的 41.3%、35.8%。其次是 Bulk density、AP 对细菌群落结构也有显著影响，分别解释了整个细菌群落的 25.5%、25.4%。而此时土壤 pH 值对细菌群落的影响降低（图 2-39，表 2-7）。

(3) 盐碱土壤细菌 OTU 与环境因子的相关分析

对 OTU 分类水平总丰度前 20 的物种与环境因子进行 spearman 相关性分析发现（彩图 3），OTU921、OTU2216、OTU2592、OTU3443、OTU4762、OTU5052、OTU5398、OTU5779、OTU5972、OTU6778、OTU9041 受环境因子影响较大。OTU4021、OTU7454、OTU8858、OTU8940 仅受有机碳显著影响。土壤含水量（Moisture）、容重（BD）、pH 值、有机碳（SOC）、有效磷（AP）、团聚体稳定率（WSAR）、碱解氮（AN）与土壤真菌群落存在显著或极显著相关。因此生物炭改变了土壤理化性质，进而影响了土壤细菌群落结构。

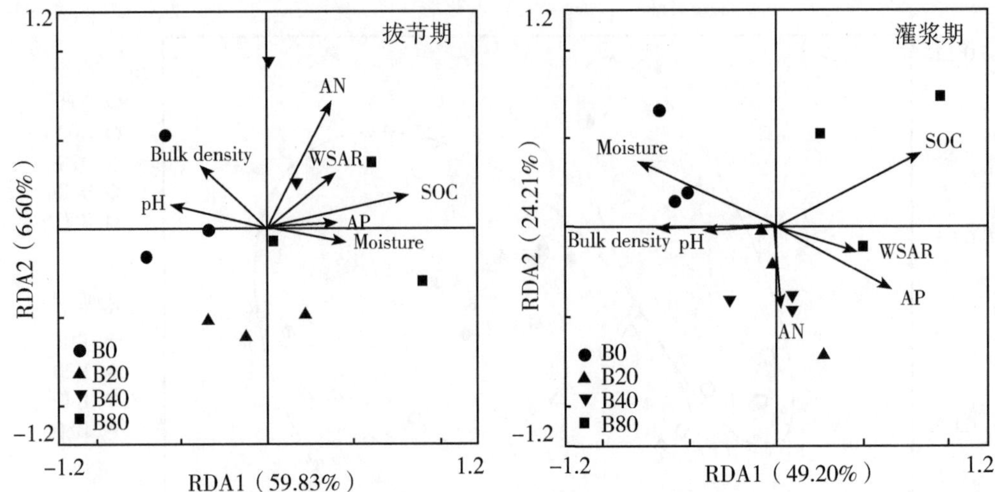

图 2-39　基于细菌群落组成（优势 OTU 水平数据）的冗余分析（RDA）的排序

表 2-7　用蒙特卡罗排序法检验了不同变量对土壤细菌群落组成的贡献和意义

变量	土壤细菌群落结构（拔节期）			土壤细菌群落结构（灌浆期）		
	解释度（%）	pseudo-*F* 值	*P*	解释度（%）	pseudo-*F* 值	*P*
SOC	42.4	7.4	0.002**	41.3	7.0	0.002**
pH 值	21.3	2.7	0.092	11.7	1.3	0.266
Moisture	13.5	1.6	0.202	35.8	5.6	0.002**
AP	13.3	1.5	0.230	25.4	3.4	0.016*
AN	11.8	1.3	0.264	8.0	0.9	0.482
WSAR	11.7	1.3	0.216	15.8	1.9	0.146
Bulk density	10.4	1.2	0.348	25.5	3.4	0.034*

注：* $P<0.05$；** $P<0.01$。

2.3.4　生物炭对盐碱土壤真菌群落结构的影响

本试验对 4 个处理（B0、B20、B40、B80）拔节期和灌浆期的 24 个样品进行 Illumina Miseq 高通量测序分析，测序结束后去除了 barcode、两端引物、部分低质量序列，数据统计分析前进行了抽平，获得各样本有效序列均为62 081条。检测得到 13 个真菌门、35 个真菌纲、78 个真菌目、183 个真菌科、347 个真菌属、545 个真菌种、1 857 个 OTU。

2.3.4.1　生物炭对盐碱土壤真菌相对丰度的影响

（1）生物炭对土壤真菌门水平相对丰度的影响

Illumina Miseq 高通量测序获得的数据在 97%相似性水平上进行分类，各处理共检测到 13 个真菌门，其中优势菌门有子囊菌门（Ascomycota），相对丰度为 64.91%～83.28%、担子菌门（Basidiomycota），相对丰度为 4.61%～22.11%、被孢霉门（Mortierellomycota），相对丰度为 8.07%～12.57%，3 个门相对丰度共占 93.27%～98.10%（图 2-40）。

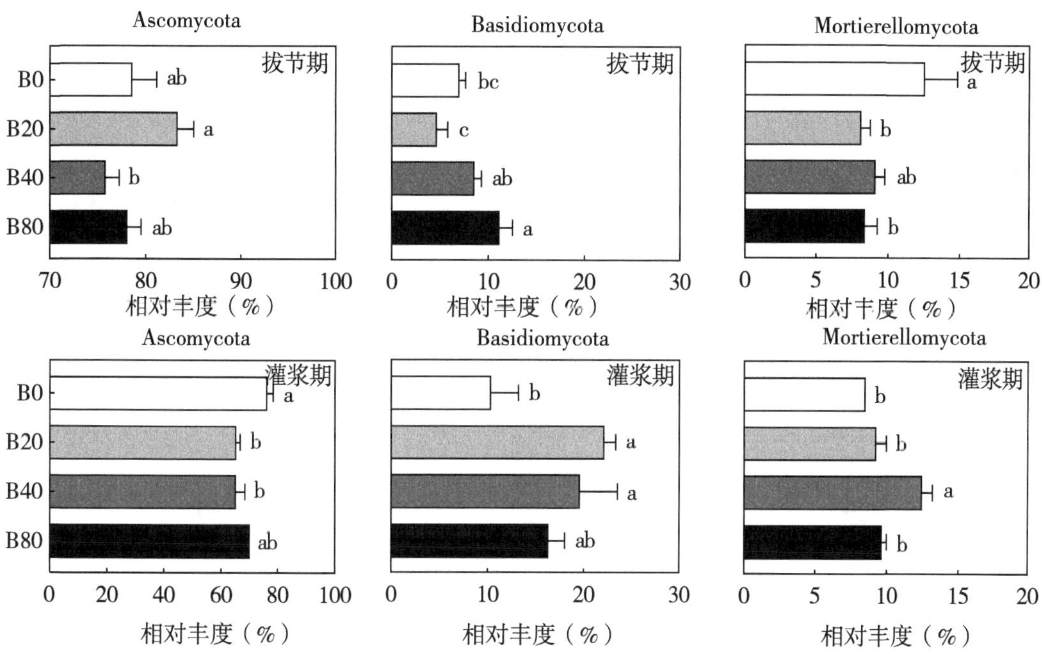

图 2-40　生物炭对土壤真菌门水平相对丰度的影响

总体来看，生物炭施用后土壤中三大真菌门类相对丰度在两个采样时期 4 个处理之间有显著性变化（$P<0.05$）。施用生物炭 3 个处理（B20、B40、B80）的子囊菌门（Ascomycota）相对丰度在两个时期均表现为较对照降低，尤其在灌浆期表现出显著性降低，B20、B40 处理分别较 B0 处理降低了 7.19%、7.05%。担子菌门（Basidiomycota）相对丰度在两个时期均表现为施生物炭的处理较对照增加或显著增加。但被孢霉门（Mortierellomycota）相对丰度在两个时期表现不一致，在玉米生长拔节期，3 个施生物炭处理（B20、B40、B80）较对照显著降低，但玉米生长灌浆期却表现出施生物炭处理的被孢霉门相对丰度高于对照（图 2-40），其中 B40 处理表现出显著高于 B0 处理。

（2）生物炭对土壤真菌属水平相对丰度的影响

Illumina Miseq 高通量测序共获得 347 个真菌属，各处理中久浩酵母菌属（*Guehomyces*）、被孢霉属（*Mortierella*）、葡萄孢属（*Botryotrichum*）为真菌优势属，所有样品中它们的相对丰度分别为 3.73%～18.11%、8.07%～12.57%、6.16%～27.04%，远高

于其他真菌属。

生物炭施用对优势真菌属的相对丰度有显著影响，其中生物炭（B20、B40、B80）对久浩酵母菌属（*Guehomyces*）、葡萄孢属（*Botryotrichum*）相对丰度在玉米生长拔节期和灌浆期均有促进作用，增加或显著增加了其相对丰度。被孢霉属（*Mortierella*）相对丰度在两个时期表现却不一致，在玉米生长拔节期，生物炭的施入导致被孢霉属相对丰度均减少，但玉米生长灌浆期，其在生物炭的作用下相对丰度又有增加趋势（图 2-41）。

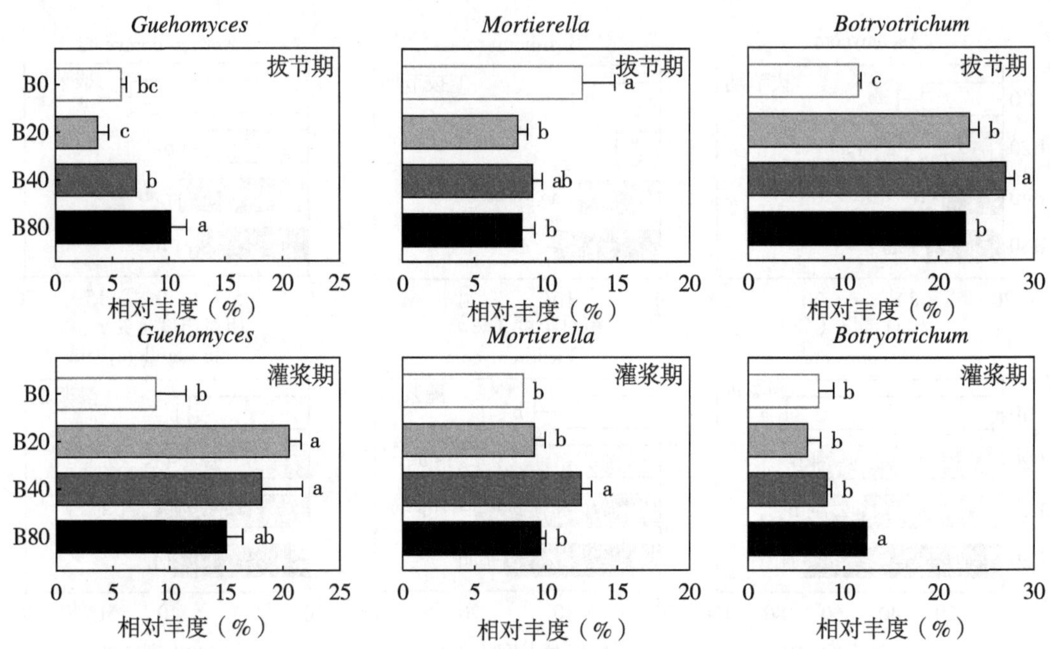

图 2-41　生物炭对土壤主要真菌属水平相对丰度的影响

除上述优势真菌受生物炭施用影响外，还有一部分真菌属相对丰度发生了显著变化。各生物炭处理（B20、B40、B80）对镰刀菌属（*Fusarium*），赤霉病菌（*Gibberella*），丛赤壳科未分类属（*unclassified_Nectriaceae*）均有一定程度的降低趋势，且两个时期表现基本一致（图 2-42）。

还有一些丰度小于1%的真菌属，在施用生物炭后出现了显著性的变化。如腐质霉属（*Humicola*）、枝孢属（*Cladosporium*）、链格孢属（*Alternaria*）、黑附球菌属（*Epicoccum*）均表现为施入生物炭的 B20、B40、B80 处理较 B0 处理显著降低其相对丰度，且两个时期趋势一致（图 2-43）。尤其是施生物炭后土壤中链格孢属（*Alternaria*）和黑附球菌属（*Epicoccum*）几乎消失。

(3) 生物炭对土壤真菌 OTU 水平相对丰度的影响

在 OTU 水平上，24 个样品共检测到1 857个 OTU（97%相似度水平），其中约 40 个 OTU 的相对丰度大于 0.5%，且在每个样品中均检测到（附表 3）。其中 OTU2259、OTU702、OTU606、OTU385、OTU1051、OTU109 为优势 OTU，其相对丰度分别占

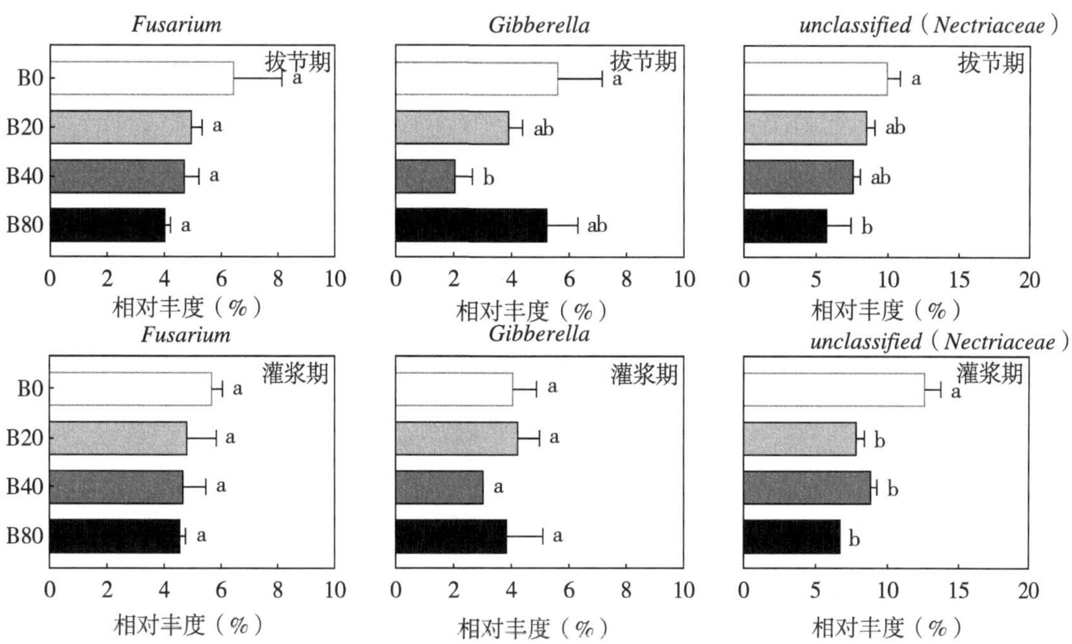

图 2-42 生物炭对相对丰度较高真菌属水平的影响

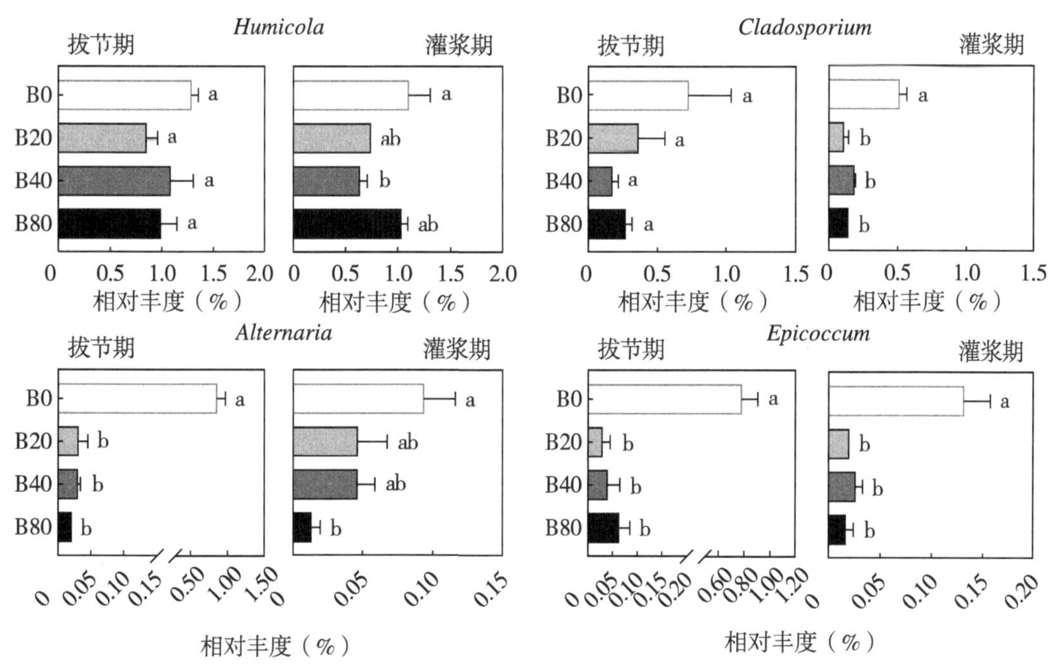

图 2-43 生物炭对相对丰度较低真菌属水平的影响

5.76%～26.39%、5.22%～9.39%、2.80%～14.95%、4.71%～8.79%、2.33%～9.88%、3.23%～6.97%。且分别属于子囊菌门（Ascomycota）、担子菌门（Basidiomycota）、被孢霉门（Mortierellomycota）。

对其进行方差分析（图 2-44）发现，各处理在拔节期相对丰度有显著差异变化的 OTU 有 7 个，包括 OTU2259，OTU385，OTU1639，OTU2312，OTU1285，OTU498，OTU706。灌浆期相对丰度有显著差异变化的 OTU 有 3 个，分别是 OTU2259，OTU385，OTU335。

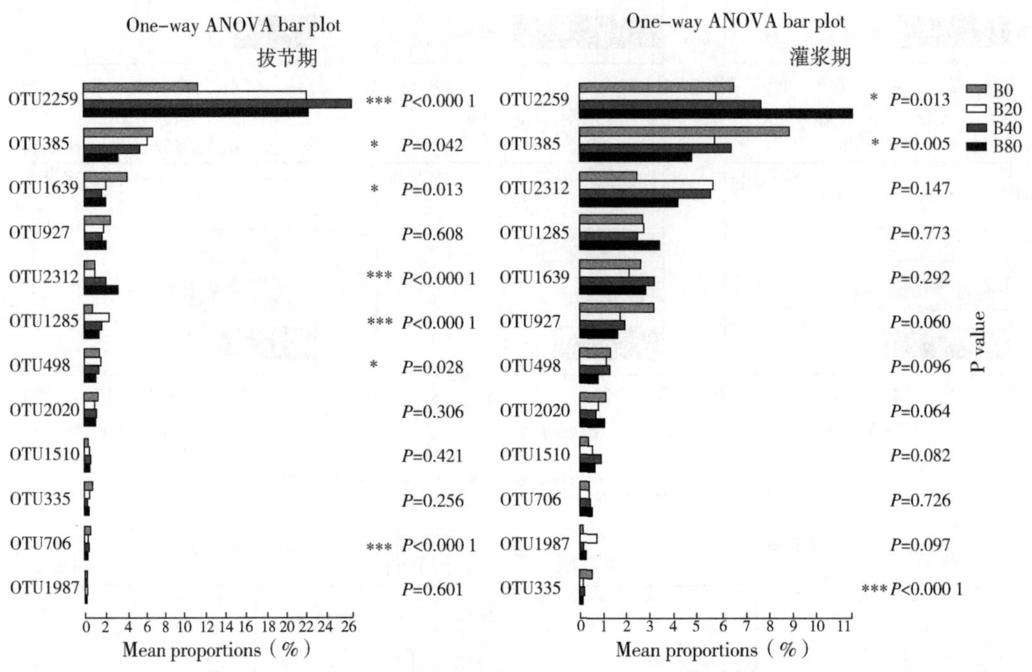

图 2-44 生物炭对土壤真菌 OTU 水平相对丰度的影响

在两个采样时期，OTU 相对丰度变化趋势一致的有 9 个，对这些 OTU 进行了 BLAST 比对（表 2-8）发现，其中有 7 个 OTU 属于子囊菌门（Ascomycota），OTU385、OTU927、OTU498、OTU335、OTU2020 的相对丰度表现为添加生物炭有降低趋势，而 OTU2259，OTU1285 的相对丰度表现为相反趋势。还有两个 OTU 表现出添加生物炭其相对丰度增加，分别是 OTU2312，鉴定为担子菌门（Basidiomycota）普兰久浩酵母菌属（*Guehomyces_pullulans*），OTU1510 鉴定为被孢霉门（Mortierellomycota）被孢霉菌属（*Mortierella_hyalina*）。综上所述，生物炭施用对子囊菌门的相关菌属影响较大，并且对不同菌属影响存在差异。

表 2-8 施生物炭后相对丰度明显变化的 OTUs 的 BLAST 结果与变化情况

OTU 数量	一致性	存取编码	变化		NCBI 分类	
			拔节期	灌浆期	真菌门	属_种
OTU2259	100%	MH899168. 1	+	+	Ascomycota	Botryotrichum
OTU1285	97%	MH624340. 1	+	+	Ascomycota	unclassified（Order_Pezizales）
OTU385	100%	MT453272. 1	-	-	Ascomycota	Fusarium

（续表）

OTU数量	一致性	存取编码	变化		NCBI 分类	
			拔节期	灌浆期	真菌门	属_种
OTU927	100%	MT447543. 1	-	-	Ascomycota	Fusarium
OTU498	100%	MF453275. 1	-	-	Ascomycota	Fusarium
OTU335	100%	MT361092. 1	-	-	Ascomycota	Cladosporium_delicatulum
OTU2020	100%	KU705826. 1	-	-	Ascomycota	Humicola_nigrescens
OTU2312	100%	KT809116. 1	+	+	Basidiomycota	Guehomyces_pullulans
OTU1510	100%	MT003063. 1	+	+	Mortierellomycota	Mortierella_hyalina

注：“+” 和 “-” 分别表示该 OTU 的相对丰度随生物炭的施用而升高或降低。

2. 3. 4. 2　生物炭对盐碱土壤真菌 α 多样性的影响

由图 2-45 可知，在玉米生长拔节期和灌浆期，施生物炭 B20、B40、B80 处理土壤真菌多样性 Shannon 指数较 B0 处理均显著降低，拔节期和灌浆期分别降低了 9. 29%、8. 02%、6. 96%和 6. 14%、5. 17%、6. 29%，且不同施用量处理间无显著性差异。土壤真菌丰富度 Chao1 指数仅在灌浆期表现出施生物炭的 3 个处理显著低于对照，分别降低

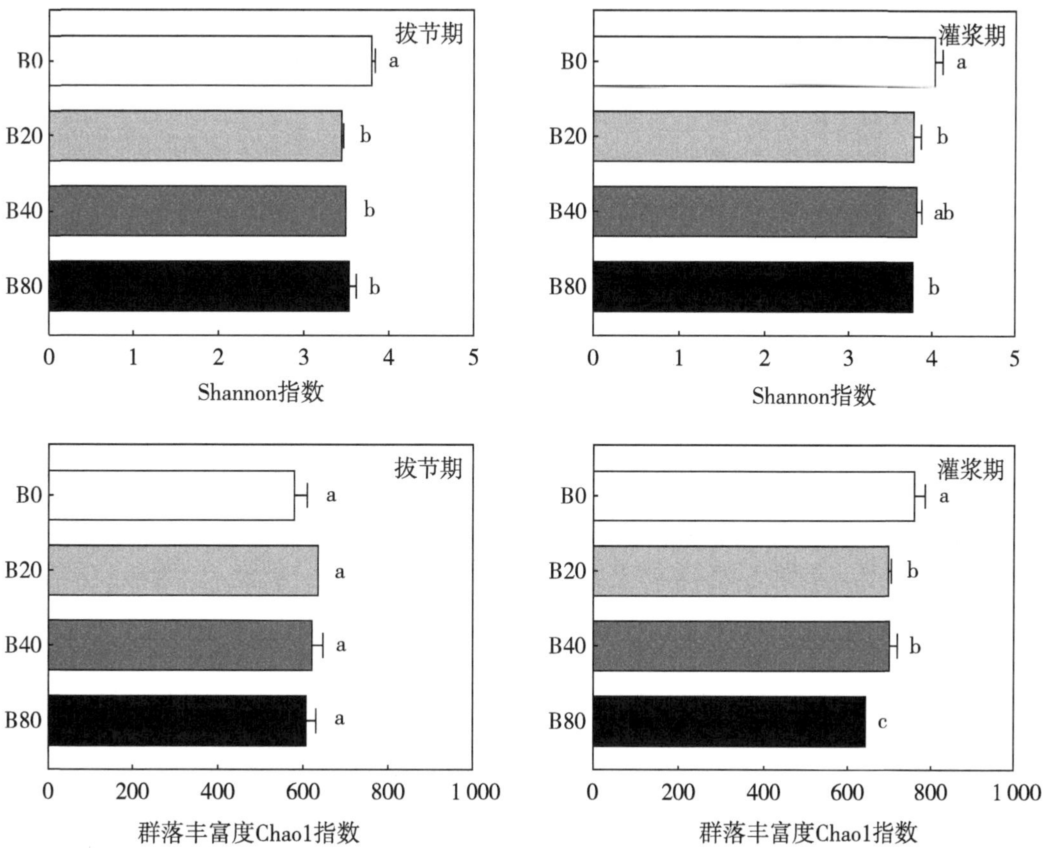

图 2-45　生物炭对土壤真菌 Alpha 多样性的影响

了 8.13%、7.81%、15.49%。

2.3.4.3 生物炭对盐碱土壤真菌 β 多样性的影响

(1) 生物炭对盐碱土壤真菌群落结构的影响

真菌群落的 β 多样性表明生物炭添加对真菌群落的变异有显著的贡献，stress 值为 0.135，表示图形有一定的解释意义。组间差异显著大于组内差异。在基于 Bray-Curtis 距离的非度量多维尺度分析（NMDS）图中（图 2-46），NMDS1 轴主要区分不同时期的真菌群落，而 NMDS2 轴通过生物炭添加明显区分真菌群落结构。

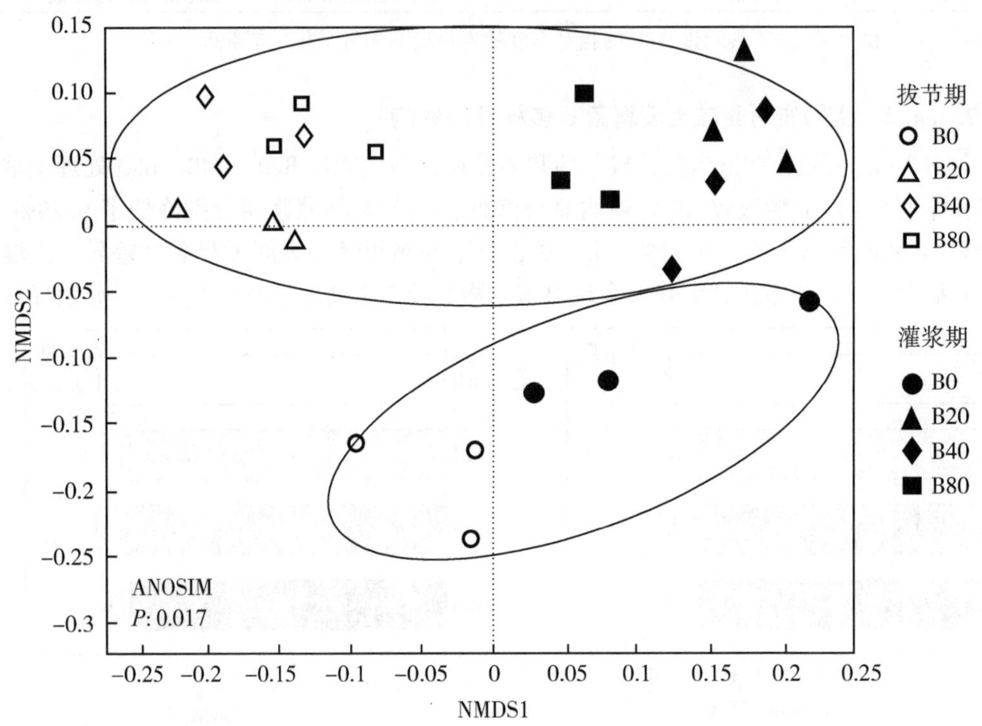

图 2-46 生物炭对土壤真菌群落结构的影响

(2) 盐碱土壤真菌群落结构变化的驱动因素

在玉米生长拔节期环境因素对土壤真菌群落结构的 RDA 分析显示，两轴共解释了真菌群落结构变异的 58.88%。AN、AP、SOC、WSAR、Moisture 与施生物炭 B40、B80 处理一起位于第一排序轴负向，而 Bulk density、pH 和 B0 处理一起位于第一排序轴正向。Constrained-P 检验显示，pH 值、SOC 显著改变了真菌群落结构，分别解释了整个真菌群落的 32.0%、27.6%。

在玉米生长灌浆期环境因素对土壤真菌群落结构的 RDA 分析显示，两轴共解释了真菌群落结构变异的 47.37%。AN、AP、SOC、WSAR 与施生物炭处理（B40、B80）一起位于第一排序轴负向，而 pH 值、Bulk density、Moisture 和 B0 处理一起位于第一排序轴正向。这和拔节期环境因素与土壤真菌群落结构的关系基本一致。但不同的是灌浆期土壤 Moisture 与施生物炭处理呈负相关，这可能是由于灌浆期雨水较大，地表形成短时涝害，施生物炭的土壤孔隙度增大，雨水下渗较快，因而土壤含水量减小。Constrained-P 检验显示，SOC、Moisture 对真菌群落结构有较大影响，分别解释了整个真菌群落的 20.4%、18.7%（图 2-47，表 2-9）。

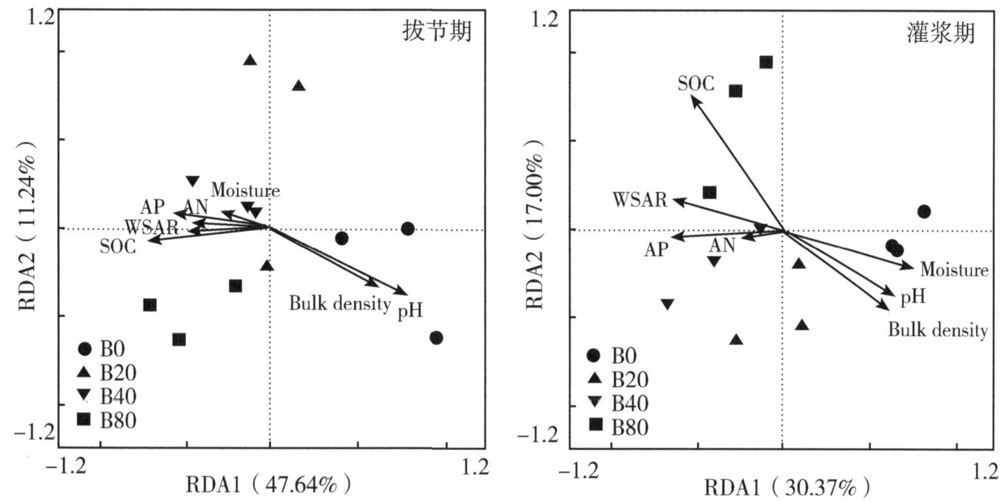

图 2-47 基于真菌群落组成（优势 OTU 水平数据）的冗余分析（RDA）的排序

因此，我们认为真菌群落结构对土壤环境较敏感，尤其是土壤有机碳、pH 值、Moisture 对群落解释度较高。当土壤含水量（Moisture）大于饱和含水量时，其也成为影响真菌群落结构变化的关键因子之一，同时削弱了 pH 值对真菌群落结构变化的影响。

（3）盐碱土壤真菌 OTU 与环境因子的相关分析

对 OTU 分类水平总丰度前 20 的物种与环境因子进行 spearman 相关性分析发现（彩图 4），OTU109、OTU385、OTU1285、OTU1498、OTU2259、OTU2262、OTU2312 受环境因子影响较大。容重（BD）、土壤含水量（Moisture）、pH 值、团聚体稳定率（WSAR）、有机碳（SOC）、碱解氮（AN）、有效磷（AP）与土壤真菌群落存在显著或极显著相关。因此，施用生物炭改变了土壤理化性质，进而改变了土壤真菌群落结构。

表 2-9 用蒙特卡罗排序法检验了不同变量对土壤真菌群落组成的贡献和意义

变量	土壤真菌群落结构（拔节期）			土壤真菌群落结构（灌浆期）		
	解释度（%）	pseudo-*F* 值	*P*	解释度（%）	pseudo-*F* 值	*P*
pH 值	32.0	4.7	0.006**	16.7	2.0	0.106
SOC	27.6	3.8	0.012*	20.4	2.6	0.036*
Bulk density	20.7	2.6	0.056	16.6	2.0	0.118

（续表）

变量	土壤真菌群落结构（拔节期）			土壤真菌群落结构（灌浆期）		
	解释度（%）	pseudo-*F* 值	*P*	解释度（%）	pseudo-*F* 值	*P*
AP	19.1	2.4	0.056	14.7	1.7	0.130
WSAR	14.3	1.7	0.176	13.4	1.5	0.164
AN	12.8	1.5	0.204	5.1	0.5	0.760
Moisture	7.7	0.8	0.510	18.7	2.3	0.048*

注：* 表示 $P<0.05$；** 表示 $P<0.01$。

2.3.4.4 生物炭对盐碱土壤真菌功能预测分析

利用 FUN Guild 推断真菌功能群组成的变化（彩图 5）。FUN Guild（Fungi Functional Guild）是一款通过微生态 guild 对真菌群落进行分类分析的工具，其基于目前已经发表的文献或权威网站数据，对真菌进行功能分类。根据 FUN Guild 获得了样本中真菌的功能分类及各功能分类在不同样本中的丰度信息。在各样本中有 20%左右的真菌未知，且施入生物炭后未知真菌的相对丰度增加，这些有待进一步深入研究。同时，施入生物炭后内生真菌（Endophyte）、木质腐生真菌（Wood Saprotroph）的相对丰度也显著增加。但施入生物炭后一类 Undefined Saprotroph（没有被定义的腐生营养型真菌）的相对丰度明显降低。同时，植物病原菌（Plant Pathogen）的相对丰度也显著降低，这对耕作土壤环境非常有利。而且还发现低施用量的生物炭促进外生菌根（Ectomycorrhizal）的形成，但高剂量的生物炭处理其相对丰度却降低，这有待进一步研究。

2.3.5 生物炭对玉米生长发育的影响

2.3.5.1 生物炭对玉米根系生长发育的影响

（1）生物炭对玉米苗期根系生长的影响

作物根系是吸收和代谢的重要器官。根系从土壤中吸收水分、养分、无机盐、矿质元素等供作物生长发育。图 2-48 为生物炭对玉米苗期根系生长的影响，研究结果表明施生物炭对根长、根系投影面积、根系表面积均有促进作用，B20 处理的根长、根系投影面积、根系表面积分别比 B0 处理提高 49.59%、36.21%、36.23%，处理间差异达到显著水平。但根系平均直径、根体积处理间差异未达显著水平。

（2）生物炭对玉米拔节期根系生长的影响

生物炭对玉米拔节期根系生长的影响如图 2-49 所示，B20 处理玉米根长、根系投影面积、根系表面积、根系平均直径、根系体积均与 B0 处理差异未达显著水平。B40 处理对玉米根系投影面积、根系表面积较 B0 处理有显著促进作用，分别提高了 13.23%、13.23%；对根系平均直径、根系体积略有促进但未达显著。B80 处理较 B0 处理对根长、根系投影面积、根系表面积有增加趋势，但对根系平均直径、根系体积有降低趋势。

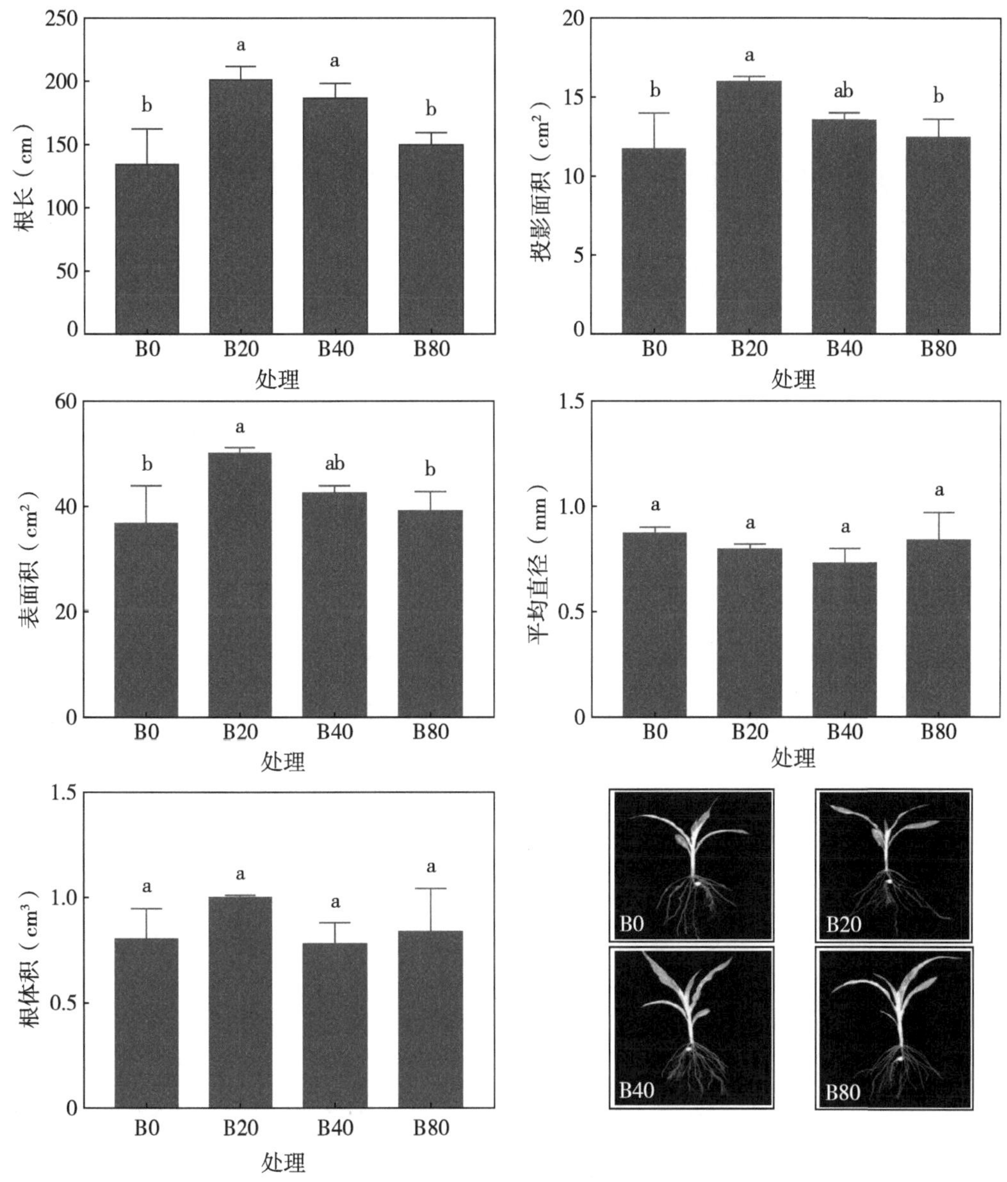

图 2-48　生物炭对玉米苗期根系生长的影响（2019 年）

（3）生物炭对玉米吐丝期、灌浆期、成熟期根系生长的影响

玉米吐丝期、灌浆期、成熟期根系生长定位扫描情况见彩图 6。从图中可以直观地看出随着玉米生育进程的发展，根系量逐渐增加。尤其 B40 处理玉米根系生长极为茂盛。从图 2-50 也可以看出，B40 处理的根长、根系表面积、根系体积均为最大，显著高于 B0 处理。其次是 B20 处理的根长、根系表面积、根系体积较大，均高于 B0 处理。但施生物炭处理的根系直径均低于对照，这可能是生物炭处理根系生长旺盛，细根较多导致平均直径降低。

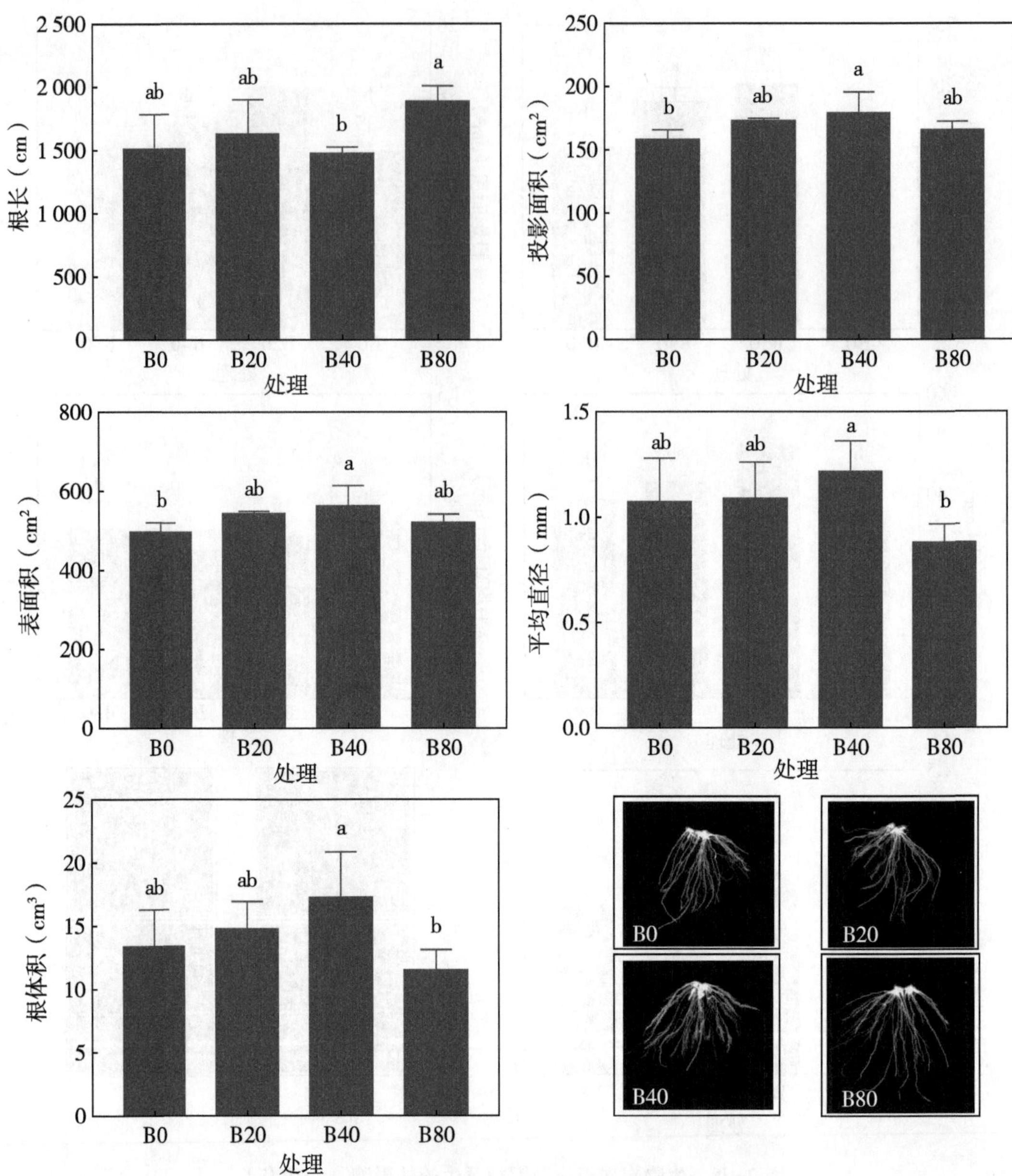

图 2-49　生物炭对玉米拔节期根系生长的影响（2019 年）

2.3.5.2　生物炭对玉米植株生长发育的影响

(1) 生物炭对玉米植株开花前后干物质积累的影响

生物炭对玉米植株吐丝期（开花期）、成熟期植株干物质积累的影响见图 2-51。可以看出 2019 年生物炭对玉米吐丝期植株干物质积累有不同程度促进作用，其中 B40 处理植株干物质量最大，较 B0 处理提高了 16.39%，其中叶片、茎秆干物质量较 B0 处理叶片、茎秆干物质量分别提高了 14.06%、22.47%。成熟期生物炭处理植株干物质的积

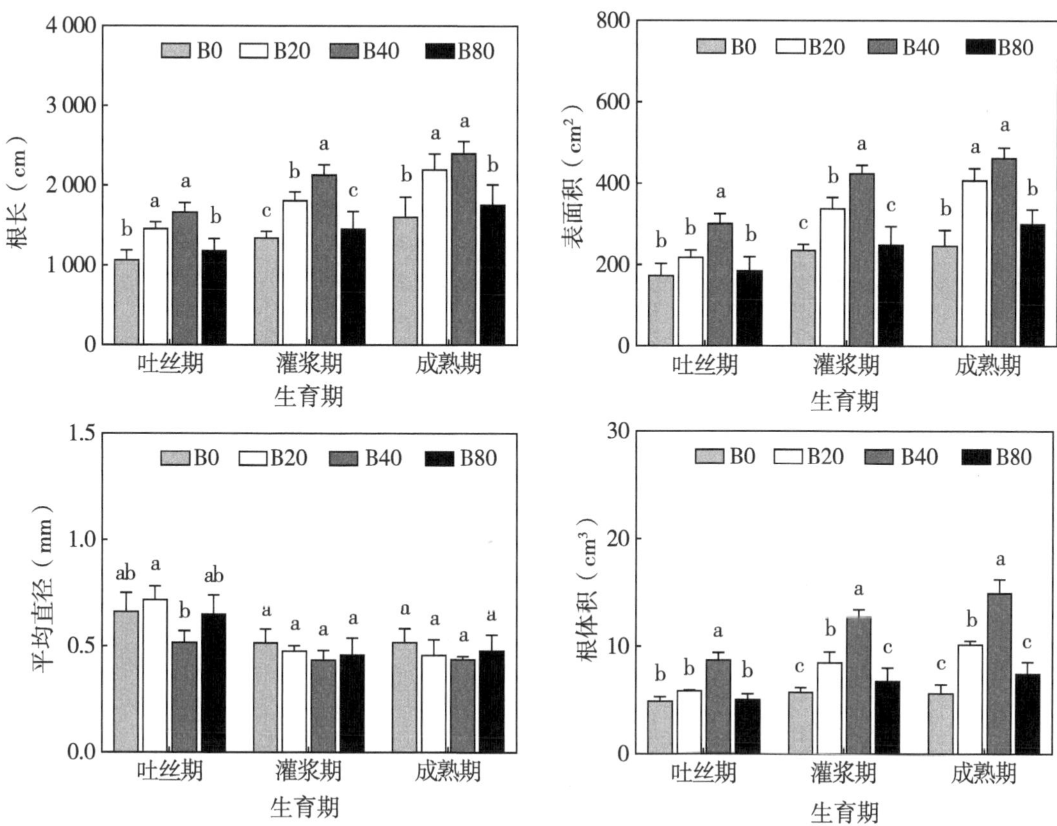

图 2-50 生物炭对玉米吐丝期、灌浆期、成熟期根系生长的影响（2019 年）

累均显著高于对照，干物质积累量表现为 B40>B20>B80 处理，B20、B40、B80 分别较 B0 处理提高了 17.27%、21.44%、6.09%。其中 B40 处理植株叶片、茎秆、叶鞘、籽粒分别比 B0 处理提高 14.25%、32.98%、15.09%、23.42%。

施生物炭第二年，生物炭各处理植株干物质积累量均显著高于对照，在吐丝期 B20、B40、B80 处理植株干物质量显著高于 B0 处理，整体上分别提高了 36.60%、53.06%、51.73%。成熟期，B40、B80 处理植株干物质量显著高于 B0 处理，与 B0 处理相比，分别提高了 56.45%、56.57%，B40 与 B80 处理间差异未达显著水平，其中植株茎秆干物质积累和籽粒干物质积累贡献较大。B20 处理植株干物质积累量也显著高于 B0 处理，整体提高了 39.66%。

（2）生物炭对玉米开花前后营养器官干物质转运及对籽粒干物质积累的影响

由表 2-10 可知，生物炭对玉米开花前后干物质转运及对籽粒干物质积累的影响在 2019 年和 2020 年表现基本一致。玉米产量构成中，大部分来自花后干物质积累。生物炭显著提高了花后干物质积累量（DMA），2019 年 B20、B40、B80 处理较 B0 处理显著提高了 29.79%、32.97%、31.89%，2020 年 B20、B40、B80 处理花后干物质积累（DMA）较 B0 处理也显著升高，分别提高了 51.45%、73.33%、68.34%。干物质积累对籽粒干物质的贡献主要为花后作用较大，平均占 85.88%。施生物炭均显著提高了花

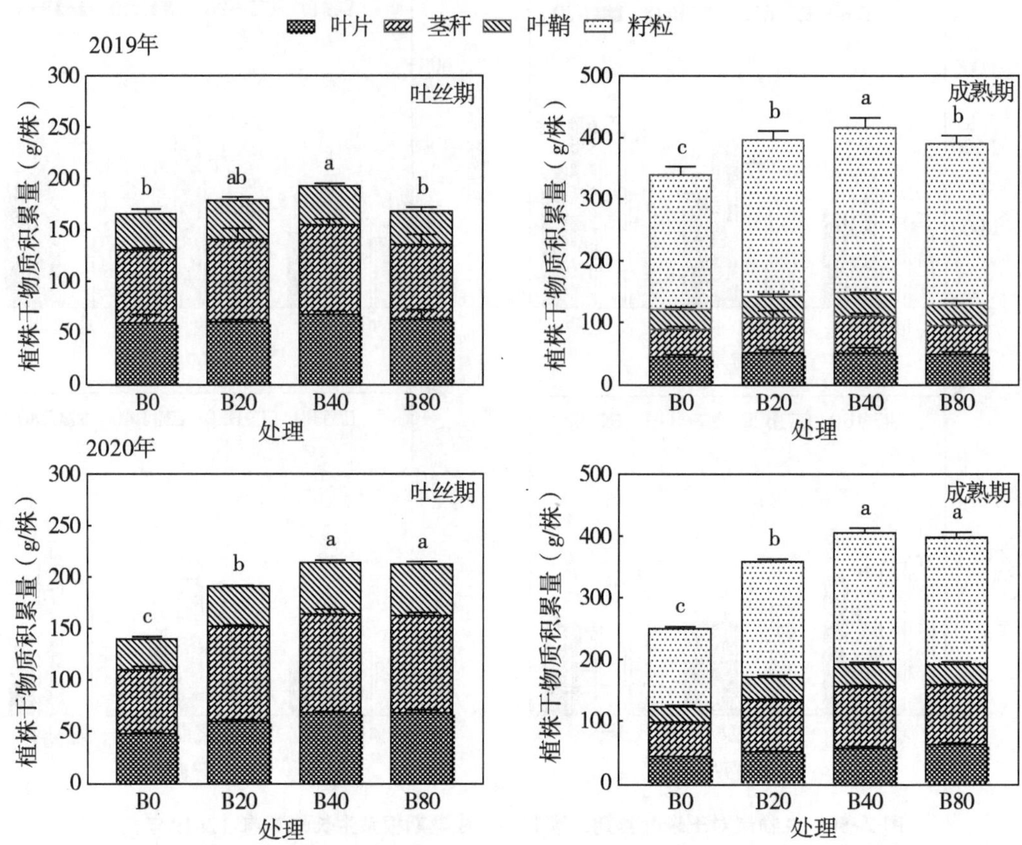

图 2-51　生物炭对玉米植株开花前后干物质积累的影响（2019 年和 2020 年）

后干物质积累对籽粒干物质的贡献率（DMAC），施炭 3 个处理差异不显著，2019 年、2020 年分别较对照平均提高了 8.83%、3.72%。

表 2-10　生物炭对玉米开花前后营养器官干物质转运及对籽粒干物质积累的影响（2019 年和 2020 年）

年份	处理	花前			花后	
		干物质转运量（g/株）	干物质转运率（%）	干物质转运对籽粒干物质积累贡献率（%）	干物质积累量（g/株）	干物质积累对籽粒干物质贡献率（%）
2019 年	B0	49.32±2.11a	29.62±0.63a	22.65±0.27a	168.50±7.54b	77.35±0.27b
	B20	39.72±3.76a	22.43±2.91bc	15.32±1.01b	218.70±6.47a	84.68±1.01a
	B40	39.05±5.39a	20.24±2.40c	14.94±2.35b	224.05±4.98a	85.15±0.16a
	B80	46.38±4.79a	27.54±1.54ab	17.28±1.85b	222.23±5.89a	82.72±1.85a

（续表）

年份	处理	花前			花后	
		干物质转运量（g/株）	干物质转运率（%）	干物质转运对籽粒干物质积累贡献率（%）	干物质积累量（g/株）	干物质积累对籽粒干物质贡献率（%）
2020年	B0	16. 69±0. 21b	11. 95±0. 22a	13. 14±0. 24a	110. 44±1. 49c	86. 86±0. 24b
	B20	19. 04±0. 54ab	9. 97±0. 31b	10. 22±0. 32b	167. 26±2. 41b	89. 78±0. 32a
	B40	21. 38±0. 59a	9. 99±0. 18b	10. 04±0. 19b	191. 55±3. 99a	89. 96±0. 19a
	B80	19. 38±1. 45ab	9. 13±0. 65b	10. 46±0. 80b	185. 92±5. 43a	89. 54±0. 80a

注：B0、B20、B40 和 B80 分别表示生物炭施用量为 0 t/hm^2、20 t/hm^2、40 t/hm^2、80 t/hm^2。下同。

2.3.5.3 生物炭对玉米籽粒灌浆特性的影响

（1）生物炭对玉米籽粒灌浆积累动态的影响

如图 2-52 可知，玉米籽粒干重在吐丝后 21～56 d 呈“先快后慢”的变化趋势。吐丝后 21～42 d 为速增期，灌浆进程加快；吐丝 42 d 以后为缓增期，籽粒干重增加减缓至趋于稳定。随着时间增加，灌浆进程的推进，玉米籽粒干重差异逐渐增

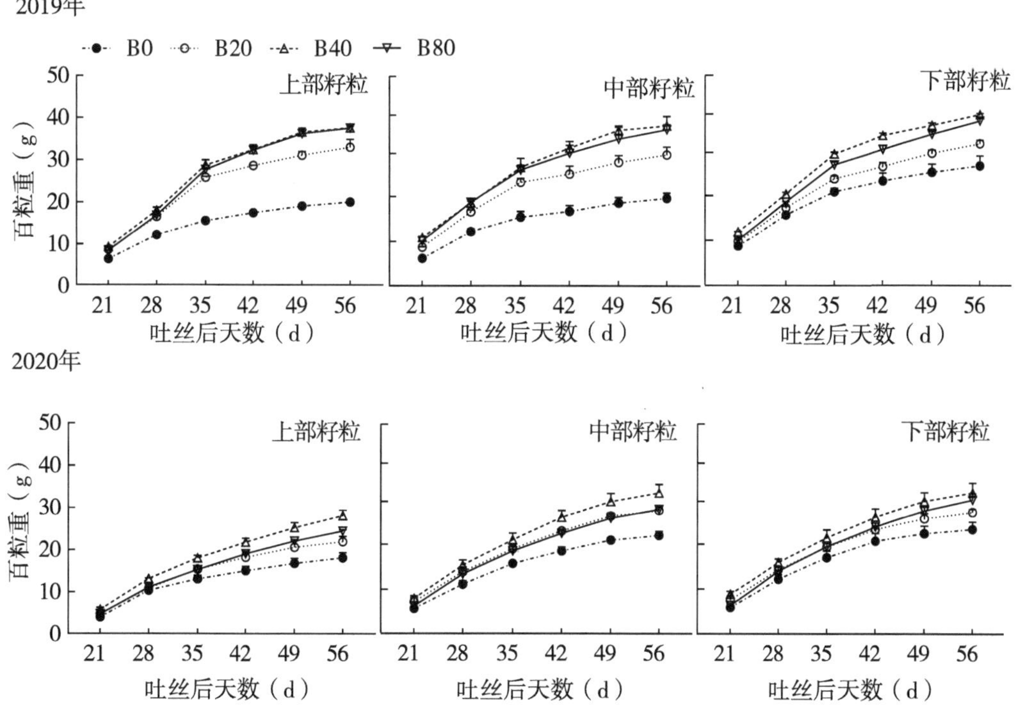

图 2-52 生物炭对玉米籽粒灌浆积累动态的影响（2019 年和 2020 年）

大。比较不同部位玉米籽粒干重积累发现，两年中玉米籽粒干重下部>中部>上部。比较不同处理间发现，生物炭处理对玉米籽粒干重积累动态变化均高于对照处理，从大到小为 B40>B80>B20>B0，且两年趋势基本一致。因此生物炭有利于玉米灌浆期籽粒干重的积累。

(2) 生物炭对玉米籽粒灌浆拟合方程的影响

表 2-11，表 2-12 为利用 Logistic 方程对玉米籽粒灌浆过程进行拟合，得到不同部位、不同处理籽粒灌浆拟合方程及决定系数（R^2），R^2均大于 0.99，说明方程拟合较好，可以用其对籽粒灌浆速率进行分析。各处理的最大灌浆速率出现日（Tmax）、灌浆速率最大时生长量（Wmax）、最大灌浆速率（Gmax）与理论粒重趋势基本一致。生物炭处理的最大灌浆速率出现日较对照平均提高了 1.65 d。B20、B40、B80 处理灌浆速率最大时生长量较 B0 处理分别提高了 24.73%、47.19%、39.76%。生物炭处理的灌浆活跃期（P）明显高于对照处理，尤以 2020 年 B40、B80 处理灌浆活跃期最长，均达 50 d 以上。

表 2-11 玉米籽粒灌浆拟合方程及籽粒灌浆参数（2019 年）

粒位	处理	籽粒灌浆拟合方程		籽粒灌浆参数			
				最大灌浆速率出现日（d）	灌浆速率最大时生长量（g/百粒）	最大灌浆速率［g/（d·百粒）］	灌浆活跃期（d）
上部	B0	$W=19.83/(1+36.23e^{-0.14t})$	$R^2=0.9957$	25.64	9.92	0.69	42.86
	B20	$W=32.80/(1+60.95e^{-0.15t})$	$R^2=0.9961$	27.40	16.40	1.23	40.00
	B40	$W=39.35/(1+55.15e^{-0.14t})$	$R^2=0.9957$	28.64	19.68	1.38	42.86
	B80	$W=38.59/(1+70.11e^{-0.14t})$	$R^2=0.9976$	30.36	19.30	1.35	42.86
中部	B0	$W=20.44/(1+39.25e^{-0.14t})$	$R^2=0.9916$	26.21	10.22	0.72	42.86
	B20	$W=30.77/(1+44.70e^{-0.14t})$	$R^2=0.9948$	27.14	15.39	1.08	42.86
	B40	$W=40.04/(1+30.88e^{-0.12t})$	$R^2=0.9988$	28.58	20.02	1.20	50.00
	B80	$W=37.27/(1+36.97e^{-0.13t})$	$R^2=0.9975$	27.77	18.64	1.21	46.15
下部	B0	$W=28.36/(1+33.78e^{-0.14t})$	$R^2=0.9973$	25.14	14.18	0.99	42.86
	B20	$W=33.74/(1+30.57e^{-0.13t})$	$R^2=0.9961$	26.31	16.87	1.10	46.15
	B40	$W=43.00/(1+32.79e^{-0.13t})$	$R^2=0.9989$	26.85	21.50	1.40	46.15
	B80	$W=39.83/(1+34.47e^{-0.12t})$	$R^2=0.9960$	29.50	19.92	1.19	50.00

表 2-12 玉米籽粒灌浆拟合方程及籽粒灌浆参数（2020 年）

粒位	处理	籽粒灌浆拟合方程		籽粒灌浆参数			
				最大灌浆速率出现日（d）	灌浆速率最大时生长量（g/百粒）	最大灌浆速率［g/（d·百粒）］	灌浆活跃期（d）
上部	B0	$W=17.65/(1+57.97e^{-0.14t})$	$R^2=0.9757$	29.00	8.83	0.62	42.86
	B20	$W=22.03/(1+54.60e^{-0.14t})$	$R^2=0.9935$	28.57	11.02	0.77	42.86
	B40	$W=28.93/(1+35.87e^{-0.12t})$	$R^2=0.9884$	29.83	14.47	0.87	50.00
	B80	$W=25.33/(1+39.25e^{-0.12t})$	$R^2=0.9906$	30.58	12.67	0.76	50.00
中部	B0	$W=23.77/(1+41.26e^{-0.13t})$	$R^2=0.9969$	28.62	11.89	0.77	46.15
	B20	$W=30.27/(1+34.81e^{-0.12t})$	$R^2=0.9968$	29.58	15.14	0.91	50.00
	B40	$W=34.75/(1+33.45e^{-0.12t})$	$R^2=0.9971$	29.25	17.38	1.04	50.00
	B80	$W=30.32/(1+39.65e^{-0.12t})$	$R^2=0.9933$	30.67	15.16	0.91	50.00
下部	B0	$W=25.05/(1+57.97e^{-0.14t})$	$R^2=0.9982$	29.00	12.53	0.88	42.86
	B20	$W=29.53/(1+32.79e^{-0.12t})$	$R^2=0.9976$	29.08	14.77	0.89	50.00
	B40	$W=34.92/(1+26.05e^{-0.11t})$	$R^2=0.9977$	29.64	17.46	0.96	54.55
	B80	$W=32.70/(1+40.45e^{-0.12t})$	$R^2=0.9929$	30.83	16.35	0.98	50.00

（3）生物炭对玉米籽粒灌浆速率的影响

如图 2-53 所示，玉米籽粒灌浆速率呈单峰曲线变化，吐丝后 21~28 d 灌浆速率呈直线上升，达到最大；吐丝 28~56 d，灌浆速率逐渐下降。在吐丝后 21 d，各处理灌浆速率差异不明显；吐丝后 28 d，施生物炭处理的灌浆速率峰值明显高于对照处理，

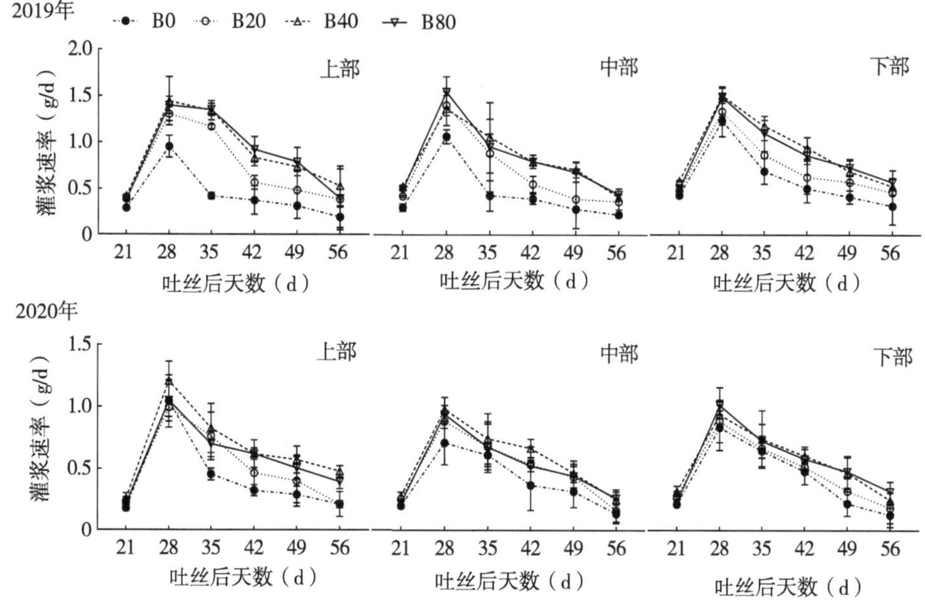

图 2-53 生物炭对玉米籽粒灌浆速率的影响（2019 年和 2020 年）

B20、B40、B80 处理较 B0 处理两年平均提高了 17.04%、28.03%、27.94%；吐丝后 35 d，生物炭处理的灌浆速率缓慢降低，但对照处理的灌浆速率急剧下降。因此随着灌浆进程推进，生物炭处理的灌浆速率较对照差异加大。由此可见，生物炭能提高玉米籽粒灌浆速率，促进灌浆期籽粒干物质积累。

2.3.6 生物炭对玉米养分吸收的影响

2.3.6.1 生物炭对玉米根系、叶茎鞘、籽粒中碳、氮、磷、钾的影响

由图 2-54 可知，施生物炭能够增加玉米根系、叶茎鞘、籽粒中全碳含量，其中根

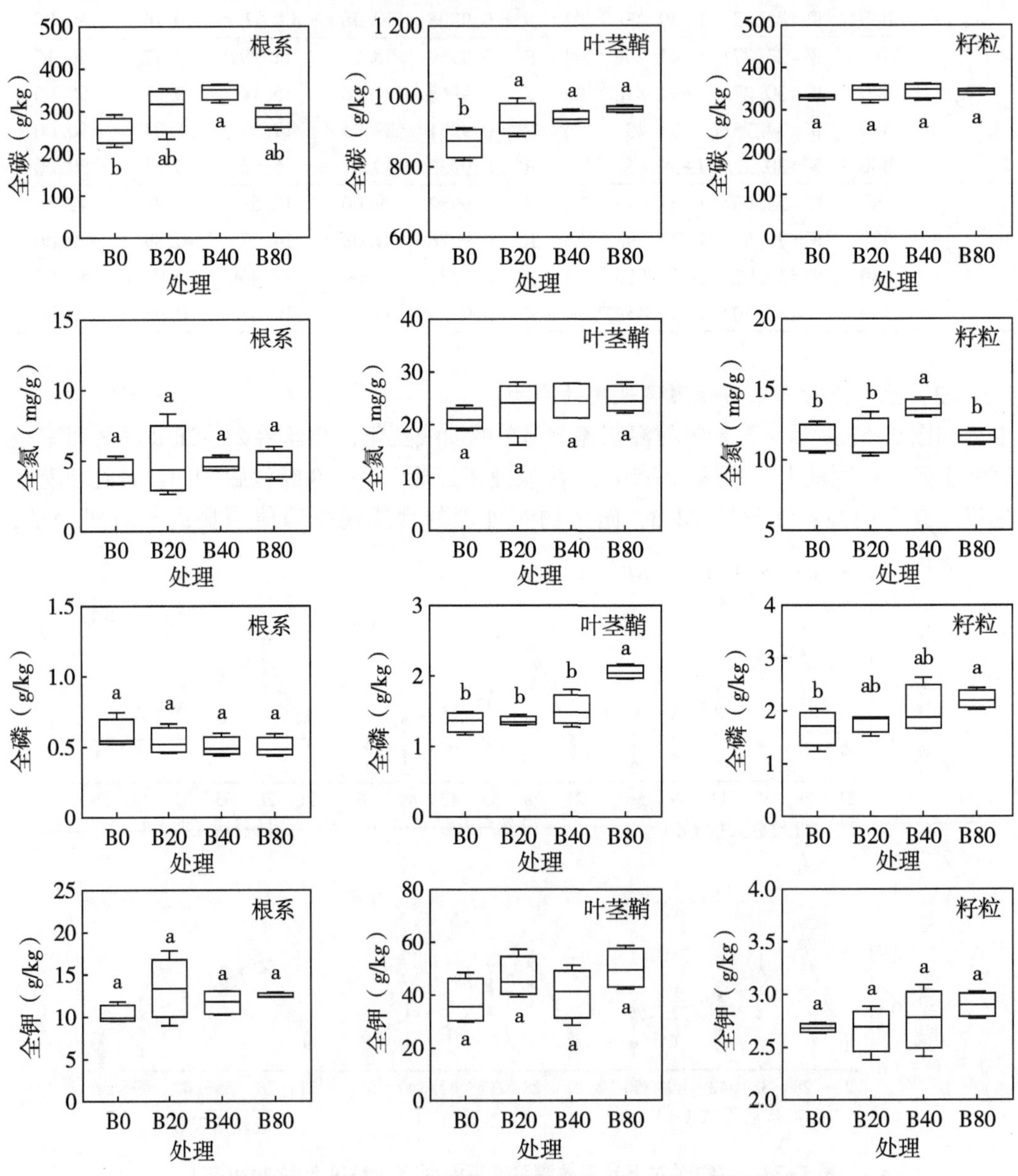

图 2-54　生物炭对玉米根系、叶茎鞘、籽粒中碳、氮、磷、钾的影响（2019 年）

系碳和植株碳含量受生物炭影响较大。生物炭处理能够增加根系、叶茎鞘、籽粒全氮含量，其中B40处理籽粒中全氮比B0处理含量高，处理间差异达到显著水平。生物炭能够促进叶茎鞘、籽粒全磷含量，B40处理和B80处理叶茎鞘、籽粒磷含量分别较B0处理提高12.22%、20.21%和52.37%、32.22%，处理间差异达到显著水平。不同生物炭处理增加了玉米根系、叶茎鞘、籽粒中全钾含量，但处理间差异未达显著水平，且不同施用量在不同部位表现不尽相同。综上，施炭B40处理促进全碳在根系和叶茎鞘中显著增加，促进全氮在玉米籽粒中显著积累。B80处理促进全碳在叶茎鞘中显著增加，促进全磷在玉米叶茎鞘和籽粒中显著积累。

2.3.6.2 生物炭对玉米根系、叶茎鞘、籽粒中镁、铁、锰、锌的影响

由图2-55可知，生物炭对玉米根系、叶茎鞘、籽粒中镁、铁含量的影响基本一

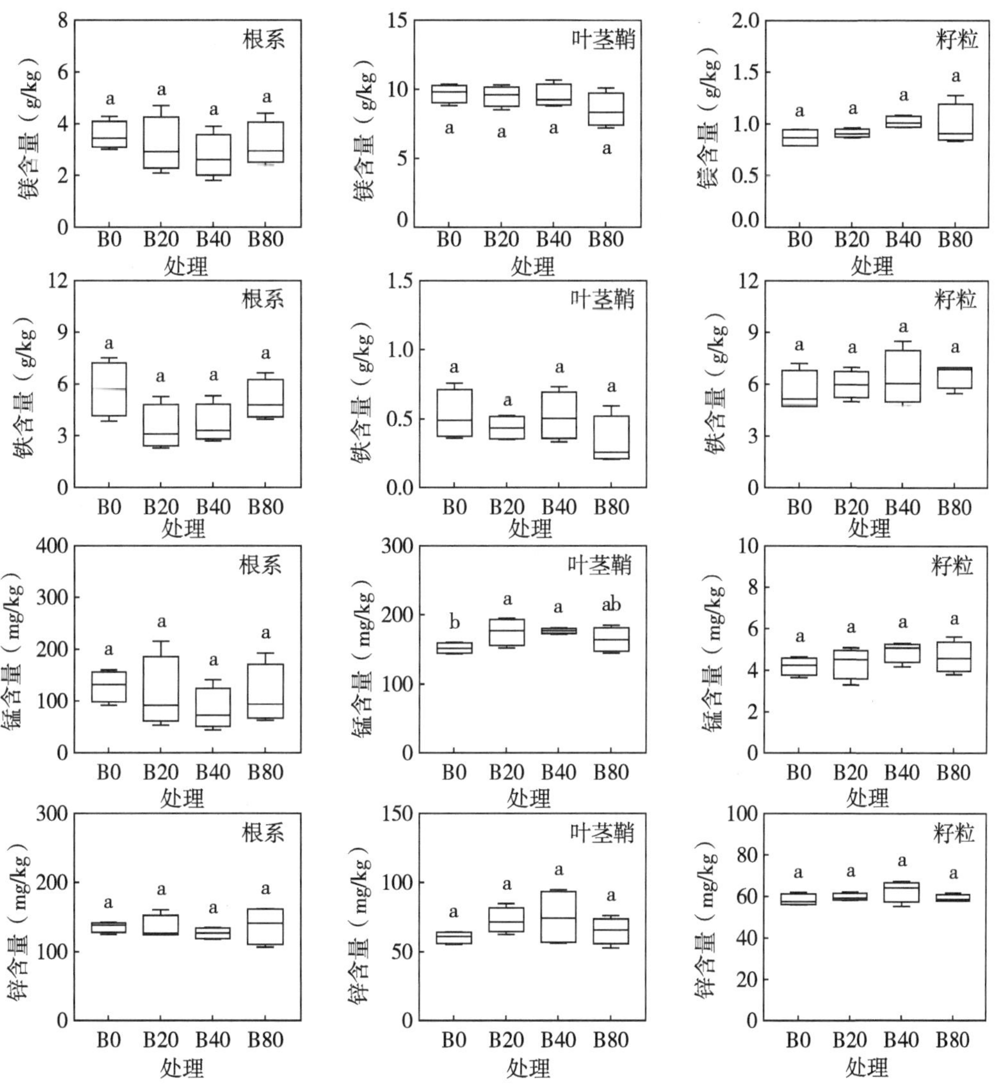

图2-55 生物炭对玉米根系、叶茎鞘、籽粒中镁、铁、锰、锌的影响（2019年）

致，均表现为生物炭降低了成熟期玉米根系和叶茎鞘中镁、铁含量，但增加了籽粒中镁、铁含量。这可能是施生物炭促进了根系和植株中镁、铁养分向籽粒中转移。其中B20、B40、B80处理籽粒中铁含量较B0处理提高了7.88%、14.16%、17.91%。生物炭降低了根系中锰、锌含量，提高了叶茎鞘和籽粒中锰、锌含量。尤其是叶茎鞘中的锰含量较高，施生物炭处理表现出显著高于对照，B20、B40、B80处理较B0处理分别提高了15.56%、16.51%、8.18%，这为籽粒中锰含量的积累提供了丰富的来源。生物炭对叶茎鞘和籽粒中锌含量的影响与锰相似，施生物炭提高了叶茎鞘中锌含量，B20、B40、B80处理较B0处理分别提高了20.13%、23.99%、7.64%，这也是导致施炭处理籽粒中锌含量增加的原因。

2.3.7 生物炭对玉米产量性状及品质的影响

2.3.7.1 生物炭对玉米品质的影响

施用生物炭改变了玉米籽粒品质，且不同施用量对品质的影响不同。由图2-56可知，生物炭增加了玉米籽粒粗蛋白含量，两年中B40处理玉米籽粒粗蛋白含量均显著

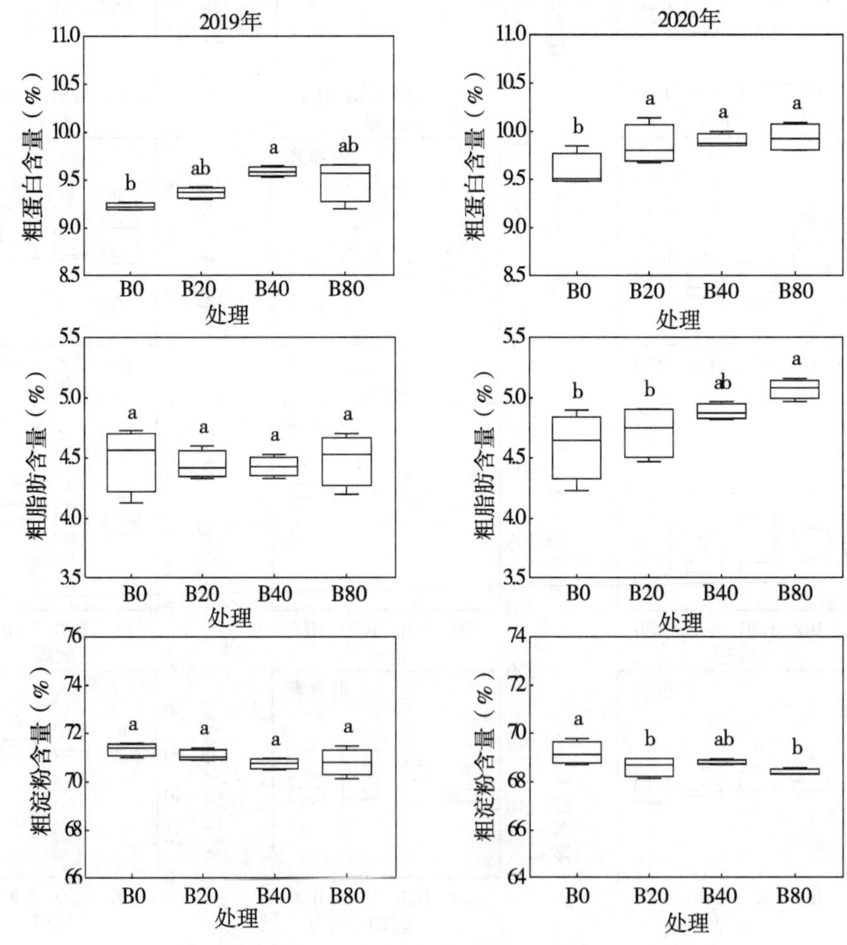

图2-56 生物炭对玉米品质的影响（2019年和2020年）

高于 B0 处理，分别提高了 3.93%、3.29%。B80、B20 处理在 2020 年也表现为较 B0 处理显著增加，分别提高了 3.65%、2.79%。施用生物炭对玉米粗脂肪含量的影响仅 2020 年 B80 处理表现为显著高于 B0 处理，提高了 10.21%，其他处理间无显著性差异。生物炭对玉米粗淀粉含量有降低趋势，2019 年各处理间无显著性差异，2020 年 B20、B80 处理玉米粗淀粉含量显著低于 B0 处理，分别降低了 0.81%、1.14%，B40 处理玉米粗淀粉含量与 B0 处理无显著性差异。

2.3.7.2 生物炭对玉米产量性状的影响

表 2-13 为生物炭对玉米产量性状的影响，试验结果表明，生物炭显著降低了玉米秃尖长、增加了行粒数、提高了百粒重。两年中生物炭处理较对照秃尖长平均降低了 13.41%、18.36%。生物炭处理增加了玉米行粒数，两年分别较对照平均提高了 4.68%、4.11%。生物炭对玉米百粒重有显著促进作用，其中 2019 年 B40 处理较 B0 处理显著增加，提高了 9.90%；B80 处理较 B0 处理提高了 8.16%。2020 年 B40、B80 处理的百粒重分别比 B0 处理提高 13.21%、16.53%。因此，生物炭对玉米产量性状有一定促进作用。

表 2-13 生物炭对玉米产量性状的影响（2019 年和 2020 年）

年份	处理	穗长（cm）	秃尖长（cm）	穗行数	行粒数	百粒重（g）
2019 年	B0	22.14±0.33a	1.54±0.04a	15.77±0.19b	39.43±0.43b	36.76±0.65b
	B20	22.44±0.46a	1.39±0.03b	16.30±0.15a	41.10±0.49ab	37.83±1.05ab
	B40	22.76±0.52a	1.30±0.03b	16.80±0.20a	41.63±0.62a	40.40±0.90a
	B80	22.37±0.19a	1.31±0.02b	16.53±0.07a	41.10±0.80ab	39.76±1.34ab
2020 年	B0	22.27±0.34a	1.67±0.09a	16.39±0.20a	42.42±0.13b	34.97±0.73b
	B20	22.47±0.19a	1.54±0.03ab	16.44±0.29a	43.86±0.19a	38.43±1.96ab
	B40	22.80±0.50a	1.22±0.11c	16.78±0.22a	44.08±0.59a	39.59±1.03a
	B80	22.59±0.10a	1.33±0.08bc	16.89±0.59a	44.55±0.40a	40.75±1.76a

2.3.7.3 生物炭对玉米产量的影响

由图 2-57 可知，生物炭对玉米产量有不同程度促进作用。2019 年和 2020 年 B20、B40、B80 处理玉米产量分别比对照增加 3.52%、21.66%、12.80%，2.95%、27.43%、20.75%，其中 B40 处理两年均和 B0 处理间差异达到显著水平。B80 处理在施炭第二年产量显著高于 B0 处理。

2.3.7.4 土壤微生态环境和玉米产量的相关性

彩图 7 为土壤微生态环境各指标与玉米产量的相关性结构图。在生物炭作用下玉米产量的提高与土壤微生态环境改善密切相关。其中，玉米产量与土壤碱化度（ESP）呈极显著负相关（$P<0.01$），与土壤 pH 值呈显著负相关（$P<0.05$）。玉米产量与土壤碱解氮（AN）、速效钾（AK）含量、土壤脱氢酶（DHA）活性、脲酶（UR）活性、蔗

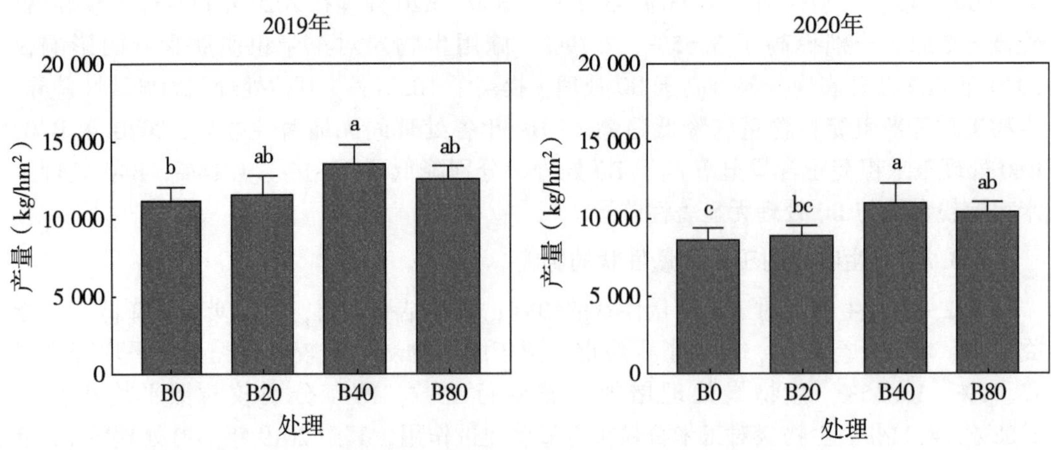

图 2-57　生物炭对玉米产量的影响（2019 年和 2020 年）

糖酶（INV）活性呈显著正相关（$P<0.05$）。同时，土壤细菌变形菌门（Proteobacteria）、硝化螺旋菌门（Nitrospirae）、拟杆菌门（Bacteroidetes）相对丰度与产量也表现出显著正相关（$P<0.05$）。

2.4　讨论

2.4.1　生物炭对盐碱土壤理化性质的影响

盐碱土自身理化性质较差，具体表现为土壤容重大，孔隙度小，渗透性差，通气状况不良，pH 值和碱化度很高。施入生物炭可以改善盐碱土壤理化特性。本研究结果表明，施入生物炭显著降低了土壤容重，增加了土壤孔隙度，且随着生物炭施用量的增多，容重逐渐降低，孔隙度逐渐升高，且两年趋势基本一致。这可能是生物炭的密度相对较小，且疏松多孔的结构特征，改善了盐碱土壤通透性，施炭量越多通透性越好，因此土壤容重与施炭量成负相关，土壤孔隙度与施炭量呈正相关（李文雪，2018）。学者们在不同质地土壤上施用生物炭的研究几乎均显示土壤容重降低，土壤孔隙度增加，但变化幅度因生物炭性质、土壤质地而异（Alghamdi，2018）。生物炭对土壤含水量有显著影响，且与降水量密切相关。本研究结果表明，正常气候条件下（2019 年吐丝期前和 2020 年灌浆期前），生物炭处理（B20、B40、B80）的土壤含水量均高于对照（B0），这可能是由于施入生物炭土壤孔隙度增加，土壤水分固持能力增大（王道源，2015）。然而随着雨季的到来，多次强降水导致土壤表层积水发生短时涝害，田间持水量接近土壤饱和含水量，盐碱土壤膨胀、分散、透水透气受阻，待地表水分褪去后盐碱土壤耕层含水量仍保持很高，很难恢复到对作物生长适宜的含水量。施生物炭缓解了这一现象，生物炭施入促进了土壤颗粒的重新排列和土壤孔隙的形成，改善了土壤团粒结构，进而使土壤导水率增加，土壤水分渗透性提高，水分更容易入渗到土壤深层，此种情况下耕层土壤含水量相对降低。生物炭对土壤水分的调节功能缓解了涝害对土壤的破坏及对植物根系的损害。刘德福等（2020）在松嫩平原盐碱土上的研究与我们的结论相似，其认为生物炭显著提高了盐碱土壤在非稳定入渗和稳定入渗阶段渗透量，且渗透速率随生物炭施入量的增加而增加。盐碱土壤渗透性能的提高，不仅可以降低盐碱土壤渗透压，缓解盐碱胁迫，同时能有效降低降雨过程中的地表径流，提高半干旱区农业水资源利用率意义重大。

土壤三相比是土壤中固相、液相、气相的相对比值。三相比的分配影响着土壤结构及根系分布。本研究试验地属半干旱区盐碱化土壤，土壤年蒸发量远大于降水量，土壤三相比所占份数为固相>气相>液相。研究发现施入生物炭降低了土壤固相比，提高了土壤液相、气相比，实现了固、液、气三相的重新分配。生物炭对土壤三相结构距离（STPSD）和广义土壤结构指数（GSSI）也有一定优化，尤其是玉米生育后期耕层土壤物理结构更趋向理想状态。这是由于生物炭多孔特性改善了土壤结构，增加了土壤孔隙度，同时降雨给土壤补充了足够的水分，使气相、液相比例较平均。有研究表明土壤固、液、气三相比为 50：25：25 为较理想的土壤结构（白伟等，2020）。施生物炭处理较接近这一比值，尤其是 B40 处理土壤物理结构更趋向理想化。良好的土壤环境对土壤微生物生存活动、玉米根系发育、养分转移、玉米灌浆建成提供了保障。魏永霞等人与我们有相似的研究结论（魏永霞等，2018）。生物炭对田间试验作物全生育期土壤温度变化监测的研究较少，本研究采用纽扣式土壤温度实时记录仪，每 1 h 记录一次土壤温度，数据统计结果显示，玉米生长前期生物炭对土壤温度的影响不大，但随着光照时间和大气温度的增加，播种 75d 后各处理的土壤温度有明显变化，其中 B20 处理土壤日均温度最高，其次是 B40 处理土壤温度较高，而 B80 处理的土壤日均温度低于不施生物炭的对照。这表明施入适量生物炭对土壤有增温保温作用，但过高的施用量（80 t/hm^2）可能导致土壤孔隙增大增多，降低了土壤温度。然而对于生物炭调节土壤温度的机理还有待进一步研究。

土壤团聚体是土壤结构的基础。盐碱化土壤团聚结构较差，湿时泥泞、干时坚硬。生物炭的应用改善了土壤团聚体结构。本研究结果表明，在玉米生长全生育期内，施入生物炭均可以提高土壤>0. 25mm 粒径水稳性团聚体含量、土壤团聚体平均重量直径（MWD）和几何平均直径（GMD），且两年趋势基本一致。同时 B40 处理土壤水稳性团聚体稳定率一直维持很高，施炭第一年较未施炭处理土壤团聚体稳定率平均提高了 11. 25%，第二年平均提高了 15. 32%。乔治等（2017）的相关研究结论与本研究结论一致，其认为生物炭对土壤团聚体的促进作用可能的原因是：一方面生物炭强大的吸附能力，能够吸附土壤中小粒径物质，形成土壤团聚体有机—无机复合体，进而促进大团聚体形成；另一方面施入生物炭显著提高了土壤有机碳含量，有利于增强土壤微生物活性，微生物代谢产生的胶结物质随之增多，促进土壤大团聚体形成，提高土壤团聚体稳定性。

土壤 pH 值是衡量土壤盐碱化的关键指标之一。本研究发现，土壤 pH 值受生物炭的响应较敏感，在施生物炭初期，土壤 pH 升高，这是由于施入的生物炭本身呈碱性引起。但随着雨季的来临，降水量增加导致施生物炭的土壤 pH 值逐渐减小，其中施用量 40 t/hm^2（B40）、80 t/hm^2（B80）变化较敏感。生物炭对土壤 pH 值的影响较复杂，大多数学者将生物炭应用在酸性土壤上发现生物炭由于自身碱性提高了土壤 pH 值；但部分学者将生物炭用于改良盐碱土的研究表明，生物炭对盐碱土壤的 pH 调控可能是由于生物炭中 Ca^{2+}、Mg^{2+}被土壤胶体吸附，释放了 H^+，或是由于生物炭刺激了产酸微生物的繁殖，导致土壤 pH 值降低。然而盐碱土中 Na^+的浸出是引起 pH 值降低不可忽视的关键因素，生物炭自身携带的盐基离子可与土壤胶体中的 Na^+发生置换，同时降雨加速了土壤中 Na^+的淋洗。本研究也发现施生物炭处理土壤中交换性 Na^+降低。但研究发现交换性 K^+含量显著增加，且随着施炭量的增加逐渐增大，同时土壤中阳离子交换量（CEC）也随着施炭量的增加而增加。这可能是生物炭含有丰富的有机官能团，强大的吸附能力给土壤带来更多的电荷，从而提高了土壤中阳离子交换能力。土壤碱化度（ESP）是指示土壤盐碱程度的另一重要指标。本研究结果表明施入生物炭降低了土壤碱化度，施炭第一年平均降低了 15.26%，第二年平均降低了 16.48%。生物炭使土壤碱化度降低的原因可能是因为土壤中 Na^+的减少或是土壤阳离子交换量增加导致。比较两年土壤化学指标发现，施炭第二年土壤 pH 值、碱化度（ESP）、交换性 Na^+均较第一年略低。这说明生物炭对土壤盐碱化的改良有长期持续效应。生物炭降低土壤盐碱化的程度与生物炭性质、生物炭 pH 值、土壤 pH 值、降水量等密切相关。

土壤养分是指由土壤提供的作物生长所必需的营养元素，如 C、N、P、K、Fe、Mg、Mn、Zn。其含量状况是土壤肥力的重要指示。我们研究发现，随着生物炭施用量增多，土壤有机碳含量增加，两个生长季中施生物炭的 B20、B40、B80 处理分别较 B0 处理土壤有机碳平均提高了 11.68%、19.71%、34.29%，9.89%、18.23%、31.12%，第二年生物炭对土壤有机碳含量的增加较第一年减弱。这与大量学者认为生物炭对土壤有机碳含量的提高有促进作用的结论一致（Saifullah et al.，2018）。土壤有机碳含量的增加可归因于生物炭本身含有丰富的碳，能通过自身分解影响土壤有机质或腐殖质含量；或是生物炭提高土壤微生物活性，促进土壤有机质形成。同时生物炭高度的芳香化结构特征，在土壤环境中形成了具有较高稳定性的有机碳库，其逐渐分解，对土壤作用时间持续较长（Zhou et al.，2011）。

总结两年研究结果我们还发现，在玉米生长全生育期，生物炭对土壤全氮含量有显著提高，且随着生物炭施用量增加，土壤全氮含量升高。施炭第一年，不同施用量的 B20、B40、B80 处理较 B0 处理土壤全氮均有显著提高，分别平均增加了 9.25%、13.90%、19.34%。施炭第二年，生物炭对土壤全氮的影响减弱，但 B20、B40、B80 处理仍较 B0 处理平均提高了 3.93%、5.82%、7.99%。其原因除生物炭自身带入部分氮素外，还可能是由于生物炭的施用提高了土壤有机质含量，合理的碳氮比有利于提高土壤微生物活性，促进有机质矿化，从而释放出更多的氮。但随着年份土壤全氮下降，除自然因素影响外，可能与土壤有机质逐渐减少致使其他土壤组分变化有关（Deenik et al.，2010）。尚杰等（2015）研究结果表明，受土壤碳、氮变化的影响，生物炭显著影响土壤碳氮比，且不同年份间也存在显著差异，这与我们的结论基本一致。土壤碱解氮也称土壤有效氮，反映土壤内氮素供应情况。本研究发现，施生物炭对土壤碱解氮作用不大，尤其是施炭第一年土壤碱解氮无显著性变化，这可能是一方面土壤有机碳矿化过程会消耗一定的速效氮，降低土壤中氮的有效性；另一方面生物炭为微生物提供更多的营养和栖息地，促进土壤氮功能微生物群的丰度和活性，提高有机态氮的矿化，增加土壤碱解氮含量（刘领等，2021）。

磷的有效性是碱化土壤限制植物生长的原因之一。本研究发现，施入生物炭可以提高土壤全磷及有效磷含量。其中施炭第一年初期，土壤磷素对生物炭响应十分敏感，B20、B40、B80 处理较 B0 处理全磷含量分别提高了 8.75%、15.82%、12.79%，有效磷含量分别提高了 6.37%、8.25%、10.83%。这可能是生物炭施入土壤带入了大量磷素。生物炭施用被认为是保持土壤磷素供应的重要方法，其在高温裂解时激活了自身部分磷素，使得生物炭中有效磷含量增加（Chintala et al.，2014；DeLuca et al.，2009）。随着玉米生育进程的推进，施生物炭处理的土壤全磷、有效磷含量一直维持很高水平。这可能是生物炭通过改善土壤理化性质和微生物生存环境影响磷素转化，土壤中溶磷菌丰度增加，磷酸酶活性提高，将不易利用的磷向可吸收利用的磷转化；或是生物炭施入土壤减少磷素淋溶，使得磷素可利用性提高（靖彦等，2013；Jin et al.，2016）。这验证了才吉卓玛等（2013）的研究结果。

生物炭对钾素的影响非常显著，分析两年数据发现土壤全钾、速效钾含量随着生物炭施用量的增加而增大，且各施炭处理间也表现出显著差异。B80 处理土壤全钾、速效钾均显著高于 B40、B20、B0 处理；B40 处理全钾、速效钾显著高于 B20、B0 处埋，且 B80、B40 处理对土壤钾素连续两年补给充足。产生这种结果最可能的原因是生物炭自身含有大量的钾素直接代入土壤发挥作用；同时生物炭改善土壤性质进而提高了钾的有效性，促进缓效钾向速效钾转化（Zeng et al.，2013）。孔祥清等（2018）在草甸盐碱土中添加秸秆生物炭试验发现，土壤速效钾含量显著升高。李明等（2015）研究也表明，在水稻土中添加生物炭后，土壤速效钾含量与对照相比增加 281.80%。但也有的研究不相一致，如曹雪娜（2017）在沈阳日光温室加入 30 t/hm^2、90 t/hm^2玉米秸秆生物炭后，发现土壤全钾含量增加，但是增加作用并不明显。这可能与不同生物炭的来源及土壤质地各异有关。

土壤中微量元素（铁、镁、锰、锌）是作物生长发育必需的营养元素。本研究发现碱化土壤中施入生物炭提高了土壤铁含量，且在施炭第一年提高幅度较大，随着生物炭施用量的增多而增大。土壤铁元素含量的增多，促进了某些酶的作用及生物化学反应发生。镁是构成叶绿素的主要矿质元素，直接影响着植物的光合作用。我们研究发现，生物炭对土壤镁含量虽没有显著影响，但两年均有增加趋势。锰元素是植物酶系统的一部分，能够激活植物代谢反应发生。两年研究均表明，生物炭对土壤锰含量有促进作用，且施炭第一年土壤锰含量增加显著，B80、B40 处理较 B0 处理分别提高了 16.14%、6.94%；到第二年 B80、B40 处理对土壤锰的促进作用仍持续，二者分别较 B0 处理提高了 3.71%、4.77%。土壤锌含量受生物炭的影响仅在施炭第一年表现出显著差异，随着施炭量增加，锌含量增大。尤其是 B40、B80 处理分别较 B0 处理提高了 27.61%、49.44%。总之，我们认为碱化土壤养分对生物炭响应敏感。产生这种结果的原因可能是生物炭灰分元素中含有大量的矿质元素补充到土壤中，促进了土壤全量养分元素的增加（Tsai et al.，2012；刘宁，2014；Xiao et al.，2014）。但对于铁、镁、锰、锌元素的有效性及其对作物生长代谢发挥的作用还有待进一步深入研究。

2.4.2 生物炭对盐碱土壤酶活性的影响

土壤酶是土壤新陈代谢的重要驱动力，是土壤微生物活动的产物，其活性反映土壤生物化学反应活跃程度、土壤微生物活性、土壤养分循环状况，是评价土壤质量的重要参数（王智慧等，2019）。通常盐碱土壤酶活性较低，施用生物炭能够改善土壤微生物生存和繁殖，调节土壤酶活性，改善土壤养分。

土壤脱氢酶（DHA）在催化土壤有机质脱氢反应中发挥作用，土壤 DHA 活性反映土壤活性微生物量及对有机物的降解活性，可作为评价土壤生物化学反应的重要指标（Tischer et al.，2015）。研究发现，土壤 DHA 活性对生物炭的施入有积极的响应，尤其是 B40、B80 两个处理全生育期均显著高于 B0 处理，且两年趋势一致，但施炭第二年土壤 DHA 活性总体降低。这可能是生物炭提高了有机质的含量，为微生物的繁衍提供了能源物质，丰富了脱氢酶的来源，同时生物炭改善土壤微环境降低了外部环境对土壤脱氢酶的扰动。郭婷（2018）研究认为浅耕耕作方式下施用生物炭有助于土壤脱氢酶活性增加。唐裙瑶（2017）认为土壤脱氢酶活性大小还受生物炭粒径大小影响，随着生物炭粒径的减小脱氢酶活性增大。研究还发现，土壤 DHA 和土壤碱化度呈极显著负相关（$P<0.01$），和土壤有机碳含量呈显著正相关（$P<0.05$），这表明生物炭改善了碱化土壤性质，土壤脱氢酶含量的增加也为土壤有机碳、土壤养分含量显著增加提供了途径。

土壤 β-葡萄糖苷酶（BG）活性是参与土壤碳循环的一类重要酶，其活性变化与土壤有机碳呈正相关（Fayez et al.，2019）。本研究也有类似的结论，施生物炭显著增加了土壤 BG 活性。施炭第一年从玉米生长苗期一直到成熟期，施炭处理土壤 BG 活性一直显著高于对照，且维持在较稳定水平，但 3 个处理间差异不大。施炭第二年，生物炭对土壤 BG 活性有持续促进作用，其中整个生育期 B40 处理土壤 BG 活性均表现出最高的趋势。从双因素方差分析也可看出，生物炭和年份对土壤 BG 活性均有显著（$P<0.01$）影响。这与郭婷（2018）的研究结论不一致，其认为浅耕和深耕耕作配合生物炭施用均有利于提高 20~40 cm 土壤 BG 活性，但对表层 0~20 cm 土壤 BG 活性均有抑制作用。土壤 BG 酶活性对生物炭的响应不同可能因生物炭种类、土壤质地而异。

土壤过氧化氢酶（CAT）作用是促过氧化氢的分解，有利于防止它对生物体的毒害作用。过氧化氢酶活性与土壤有机质含量、微生物数量有关，可表示土壤腐殖化强度和有机质积累程度（陈心想等，2014）。本研究两年中施生物炭的各处理土壤过氧化氢酶活性较对照均为增加趋势，且相对较稳定。在第二年成熟期，施炭的 B20、B40、B80 处理较 B0 处理表现出显著性，分别提高了 25.00%、24.37%、22.78%。这一结论与大多数学者的结论一致，其都认为生物炭改善了土壤环境，促进了微生物繁殖代谢，进而提高了土壤过氧化氢酶活性（王颖，2019）。生物炭和年份的双因素方差分析表明，生物炭对土壤过氧化氢酶活性有显著（$P<0.01$）影响，年份对土壤过氧化氢酶有极显著（$P<0.001$）影响。在施炭第二年土壤过氧化氢酶活性与土壤参数相关性较高，其与土壤碱化度呈显著负相关（$P<0.05$），与土壤团聚体稳定率、全磷、全钾呈显著正相关（$P<0.05$）。

土壤蔗糖酶（INV）活性被认为可以直接反应土壤肥力水平，其对土壤中易溶解性营养物质起调节作用，比如促进糖类水解、加速土壤碳素循环等（Makoi et al.，2008）。本研究发现两年试验中土壤蔗糖酶变化趋势一致，均表现为随着生育进程的推进，土壤蔗糖酶活性有先升高后降低的趋势。生物炭处理对土壤蔗糖酶活性均有促进作用，且土壤蔗糖酶活性随着生物炭施入量增多而增大。双因素方差分析也证明了生物炭和年份对土壤蔗糖酶的正效应。通过土壤蔗糖酶与土壤养分的相关性分析发现，土壤蔗糖酶与土壤碱化度呈显著负相关，与土壤有机碳、全氮、有效磷、速效钾均呈显著正相关（$P<0.05$）。这也验证了黄哲等（2017）在内蒙古河套盐碱地上开展生物炭改良研究的结论，其认为生物炭施用量改善土壤性质，提高土壤蔗糖酶活性，增加土壤碳、氮、磷、钾养分含量。

土壤脲酶（UR）是参与土壤氮素循环的重要水解酶，其活性高低反映土壤对氮素的利用情况（张毅博等，2018；王奕然，2020）。本研究中施炭第一年各生育期不同处理土壤脲酶变化差异较大，其中吐丝期生物炭处理土壤脲酶显著高于对照，但此时期土壤脲酶含量均偏小，这可能是降雨导致土壤含水量过大，限制了土壤脲酶活性。这一现象在施炭第二年灌浆期（大量降雨）也有体现。但施炭第二年土壤脲酶变化趋势基本一致，均表现为生物炭处理土壤脲酶高于对照，且 B40 处理较 B0 处理显著提高了10.28%～52.54%。这可能是由于土壤盐分和 pH 值降低导致土壤脲酶活性增强。前人的研究也表明土壤脲酶活性与土壤含盐量和碱化度呈负相关（Nourbakhsh et al.，2004；Tripathi et al.，2006）。通过相关性分析发现，土壤脲酶与土壤碱解氮呈显著正相关（$P<0.05$）。这表明土壤碱解氮含量的增加是由于土壤脲酶活性增强引起（何秀峰等，2020）。

土壤碱性磷酸酶是一类催化土壤有机磷分解转化，参与磷代谢的酶（Masto et al.，2013）。本研究发现土壤碱性磷酸酶活性对生物炭响应在不同生育时期表现不尽相同。随着生物炭在土壤中作用时间的延长，对土壤结构的改善更趋向合理化，土壤微生物也更适应新的环境，土壤酶作用逐渐显现。在施炭第二年成熟期，施生物炭处理的土壤碱性磷酸酶活性均显著高于对照，且各处理间表现出显著性差异，B40 处理最高，较 B0 处理提高了 17.16%，B20、B80 处理次之，较 B0 处理分别提高了 4.65%、5.53%。Lu et al.（2015）在华中平原盐碱土上开展的试验也表明，施生物炭可以提高土壤碱性磷酸酶活性。还有研究认为土壤有效磷含量受碱性磷酸酶活性影响，二者呈正相关关系（Criquet et al.，2014）。我们的相关性分析也证实了这一点，土壤碱性磷酸酶活性与土壤有效磷含量呈正相关（$P<0.05$）。这可能是生物炭施入土壤中代入了大量的磷素或是生物炭降低了土壤碱化度，激发了土壤磷酸酶产生，增强了土壤磷的有效性转化，进而提高了土壤有效磷含量（冯慧琳等，2021）。

2.4.3 生物炭对盐碱土壤细菌群落结构的影响

近年来，生物炭对土壤微生物多样性的研究引起了学者们广泛关注。本研究发现不同施用量生物炭对土壤细菌群落 α 多样性无显著性影响，但土壤细菌不同门、属相对丰度对生物炭响应敏感。研究中施用生物炭增加了变形菌门（Proteobacteria）、放线菌门（Actinobacteria）、拟杆菌门（Bacteroidetes）、芽单胞菌门（Gemmatimonadetes）、Patescibacteria、硝化螺旋菌门（Nitrospirae）相对丰度。Proteobacteria 是玉米根际土中含量最丰富的类群，相关研究表明在农业土壤中 Proteobacteria 可以利用复杂的有机化合物和植物残体作为碳源和氮源（Spain et al.，2009）。本研究也表明 Proteobacteria 的相对丰度对生物炭有正向选择，且随着施炭量增加而增大。Actinobacteria 也能促进土壤中植物残体的分解，同时能够作为土壤养分供给来源在氮素循环中发挥一定作用（Christianl et al.，2008）。我们也观察到生物炭处理后土壤中 Actinobacteria 相对丰度显著增加，这也可能解释了土壤 AN 的增加。Bacteroidetes 适合生长在土壤有机碳较高的土壤环境中，是有机碳矿化的主要贡献者，含碳丰富的生物炭施入后，导致土壤中 Bacteroidetes 丰度明显增加（韩光明，2013）[242]。本研究也有一致的结果，随着施炭量的增加，Bacteroidetes 相对丰度逐渐增大。Gemmatimonadetes 是土壤中一类促生菌和生防菌（Canbolat et al.，2006；Kolton et al.，2011），有学者研究表明 Gemmatimonadetes 的丰度和磷代谢密切相关（Oteino et al.，2015；Zaidi et al.，2009）。生物炭处理土壤 AP 显著增加可能是 Gemmatimonadetes 丰度增加导致。Nitrospirae 对土壤中氮循环有重要作用，能够参与氮硝化，减少亚硝酸盐在土壤中过度积累（Daims et al.，2015）。Canfora et al.（2014）研究表明盐碱土壤在硝化细菌作用下能够产生较多的酸性物质，有助于缓解土壤盐碱危害。本研究施生物炭提高了盐碱土壤中 Nitrospirae 的相对丰度，缓解了盐碱土壤对玉米植株的胁迫。研究发现施生物炭降低了拔节期酸杆菌门（Acidobacteria）相对丰度，这可能是由于 Acidobacteria 嗜酸、寡营养特性决定（王光华等，2016）；但到玉米生长灌浆期生物炭的抑制作用减少，B40、B20 处理较 B0 处理无显著性差异，这可能是此时期施炭土壤 pH 值降低，土壤养分发生改变引起（Jenkins et al.，2010）。这与刘德福（2020）在碱化土壤上施用生物炭对大豆根际土壤微生物的影响结果不一致，产生差异的原因可能是不同来源生物炭性质不同或土壤性质各异。同时，在本试验区域检测到了己科河菌门（Rokubacteria），相对丰度 0.80%~1.26%，且施生物炭对其相对丰度有提高的趋势。己科河菌门为一类新型土壤细菌，具有多样的生物次级代谢物基因，与硝化螺旋菌门关系相关性较大（Becraft et al.，2017）。

另外，本研究中生物炭对土壤细菌鞘氨醇单胞菌属（*Sphingomonas*）有显著促进作用。*Sphingomonas* 是一类丰富的新型微生物资源，对芳香化合物有极为广泛的代谢能力，并且该菌属某些菌种能够合成有价值的胞外生物高聚物（Rong et al.，2020）。还有学者认为 *Sphingomonas* 参与土壤氮循环，具有提高植株抗氧化能力（刘德福，2020）。因此，生物炭施加后土壤细菌鞘氨醇单胞菌属相对丰度的增加可能有益于促进植物生长。此外，我们还检测到溶杆菌属（*Lysobacter*），其对生物炭响应也十分敏感，生物炭显著提高了 Lysobacter 相对丰度。有研究表明溶杆菌属是一种重要的生防细菌，该菌对多种植物病原真菌、卵菌、线虫均具有显著的拮抗作用（阎海涛，2017）。因此施用生物炭可能有利于减少病害发生，对于其机理有待进一步深入研究。

本研究还发现一些 OTUs 的相对丰度随着生物炭施用量的增加而持续升高或降低。对于变形菌门的 OTUs（OTU8940、OTU7454、OTU4021、OTU5779），大部分鉴定为 α-变形菌（Alphaproteobacteria），其相对丰度随着生物炭施用量的增加而增大。这些丰度增加的 OTUs 是变形菌门中的主要 OTU，且变形菌门的相对丰度也随着生物炭施用而增加。这与姚钦（姚钦，2017）和 Xu et al.（2016）研究结果一致，他们研究都发现细菌中变形菌门一般在营养丰富的环境中生长繁殖较快，然而施用生物炭可以提高土壤养分，进而激发变形菌门细菌的增长。

本研究发现在同一采样时期生物炭对土壤细菌群落结构影响显著，同时不同采样时期对土壤细菌群落结构也有明显影响。这与姚钦（2017）的结果一致，其证实了黑土中细菌群落结构除受采样时期影响外，还受到了生物炭施用量的显著影响。Zheng et al.（2016）也报道了一致的结果。

生物炭作为一种富碳物质在施用较短时间后，生物炭中不稳定性碳可以迅速作用于土壤微生物，促其生长（Joseph et al.，2010；Yang et al.，2019）。此外，生物炭中的一些小分子物质作为潜在的调节剂，会改变土壤微生物活性（Yang et al.，2016）。本研究发现土壤细菌群落结构对土壤环境非常敏感，尤其是土壤有机碳（SOC）极显著驱动了细菌群落结构的改变。由生物炭引起的土壤物理生境的改变也显著影响土壤细菌群落结构变化。但在不同采样时期不相一致，在玉米生长拔节期，pH 值是土壤细菌群落结构变化的重要因素；但在玉米生长灌浆期，Moisture 和 Bulk density 可以作为解释土壤细菌群落结构变化的关键因子，较大的降雨造成的短时涝害削弱了土壤 pH 值对土壤细菌群落结构的影响。总之施生物炭改善了盐碱土性质，使土壤疏松多孔，板结降低，通透性提高，养分增加（Zheng et al.，2016）。生物炭和土壤相互融合为微生物生存提供了巨大的空间，同时优良的土壤水、热、气环境和丰富的能量供应适合微生物生长发育和代谢，提高了微生物分泌酶活性，加速了相关生物化学反应发生，促进了土壤养分转化（Yao et al.，2017）。然而在经历涝害后，盐碱土壤呼吸受阻，好氧微生物活性受到抑制（韩贵清等，2011；俞冰倩，2019）。但施生物炭降低了不良自然条件对土壤扰动，土壤中活性微生物量仍很丰富，有机物降解活性仍很高，进而促进了与之相关的土壤速效养分提高。从研究中还发现，涝害发生前后两个时期，盐碱土壤细菌群落结构变化很大，但施生物炭土壤中细菌群落结构相对较近，这表明生物炭缓解了涝害对土壤细菌群落结构的改变，为细菌生存活动提供了稳定居所和避难机会。因此，施用生物炭为盐碱化土壤创造了良好的、稳定的土壤微生态环境，为玉米植株生长、产量提高奠定了基础。

2.4.4 生物炭对盐碱土壤真菌群落结构的影响

近年来，生物炭对土壤真菌群落结构的影响受到广泛关注。本研究发现，在松嫩平原盐碱化土壤上施用生物炭降低了土壤真菌 α 多样性。但这一结果与学者们的研究结果不相一致。Hu et al.（2014）在红壤中施用生物炭发现土壤真菌群落多样性降低。Yao et al.（2017）在东北黑土上施用生物炭表明土壤真菌群落多样性变化不大。阎海涛等（2018）在植烟褐土上施用生物炭的研究表明低量生物炭提高了土壤真菌 Shannon 指数，中高施用量对土壤真菌多样性指数无显著性影响。因此，生物炭对土壤真菌群落多样性的影响还因不同土壤质地、不同来源生物炭及采样时期各异。

本研究中检测到土壤优势真菌门为子囊菌门（Ascomycota）、担子菌门（Basidiomycota)、被孢霉门(Mortierellomycota),3 个门相对丰度共占 93.27%~98.10%，且均对生物炭响应十分敏感。同时，检测到以上 3 个菌门的优势属为葡萄饱属(*Botryotrichum*)、久浩酵母菌属（*Guehomyces*)、被孢霉属（*Mortierella*)。其中生物炭对久浩酵母菌属有显著促进作用。这一结果与 Yao et al. （2017）的研究结果一致，其认为久浩酵母菌属对生物炭有正向响应，且与土壤全碳呈正相关。但 Liu et al. （2015）却认为久浩酵母菌属相对丰度与土壤全碳含量呈负相关。研究结果的不一致可能是生物炭中的碳与土壤中的碳对真菌分布的影响不同。本研究另一个重要发现是生物炭对土壤镰刀菌(*Fusarium*)，赤霉病菌属（*Gibberella*）相对丰度有降低趋势。有研究表明镰刀菌属是引起作物根腐病常见的病原菌（张丽等，2014）；赤霉病又称烂穗病，可引发苗腐、茎基腐、秆腐和穗腐，对作物危害很大（刘悦等，2020）。同时，本研究发现在一些丰度小于 1%的真菌属中，也表现出生物炭对病原菌的抑制作用。如枝孢属（*Cladosporium*)、链格孢属（*Alternaria*)、黑附球菌属（*Epicoccum*）的相对丰度受生物炭影响很大，施炭后有消失的趋势。有研究表明枝孢菌、链格孢菌是植物致病菌，由其引起的病害严重危害农作物生长（高芬等，2008；王婧等，2017；单玮玉等，2017)；黑附球菌常在玉米衰弱组织或发生其他种类叶斑病的部位寄生，产生大量肉眼可见的小黑点状的病原菌分生孢子座和分生孢子梗，为害玉米正常生长（John et al.，2020)。此外，本研究在 OTU 水平上也检测出来对生物炭较敏感的 OTU，如 OTU385、OTU927、OTU498 的相对丰度随生物炭添加持续降低，鉴定其均为镰刀菌属。因此，我们研究表明施用生物炭可以减少土传病害病原菌种群，抑制植物病害的发生。然而生物炭抑制植物病害不是一个新的发现，有些学者的报道也表明生物炭可以抑制小麦根腐病（刘欢欢等，2015)、番茄枯萎病（Nerome et al.，2005)、辣椒疫病（王光飞等，2015）等。然而生物炭抑制植物病害的机制相当复杂，还有待进一步深入研究。

另外，本研究发现施用生物炭改变了土壤真菌群落结构。基于 Bray-Curtis 距离的非度量多维尺度分析显示受生物炭影响土壤真菌群落结构沿 Y 轴显著分离，但不同生物炭施用量处理间差异不明显。然而土壤真菌群落结构的变化还受采样时期影响，我们发现不同采样时期的土壤真菌群落结构随着 X 轴显著分离，且各处理变化较稳定，这说明真菌群落结构受外界环境（涝害）影响较小。这与 Yao et al. （2017）的研究结果一致。但不同的是真菌群落结构的改变受不同土壤理化因子驱动。本研究中，有机碳(SOC）是一直影响真菌群落结构变化的最关键因素。在施炭初期（拔节期)，pH 值对真菌群落改变的贡献很大，但经过大量降雨后（灌浆期)，土壤含水量成为影响真菌群落结构变化的关键因子之一，同时削弱了 pH 值对真菌群落结构变化的影响。阎海涛(2018）的研究也有一样的结论，他认为土壤有机碳、pH 值、土壤湿度与真菌群落结构关系最为密切。但也有学者认为土壤氮、磷、钾养分，镁、锌、钙等矿质元素与土壤真菌群落结构改变有关（Lucheta et al.，2016)。然而，这些研究中土壤理化特性均与生物炭添加显著相关，因此，土壤真菌群落结构的改变是由生物炭引起的土壤理化性质的改变间接驱动的。

利用 FUN Guild 推断真菌功能群组成的变化发现，施入生物炭后未知真菌的相对丰度增加，这有待进一步深入探索为更清晰的认识生物炭对土壤真菌的影响。研究还发现施入生物炭对植物病原菌（Plant Pathogen）的相对丰度显著降低，这对耕作土壤环境非常有利，减少了病害发生，保障作物健壮生长。还有一个有意思的现象是低施用量的生物炭促进外生菌根（Ectomycorrhizal）的形成，但高剂量的生物炭处理其相对丰度却降低，这有待长期深入研究。

2.4.5　生物炭对玉米生长发育的影响

根系是连接土壤和作物重要的部位。作物根系有固持植物体，吸收及输导水分、养分、矿质元素供作物生长发育的作用。其对土壤环境的变化最为敏感。本研究发现施用生物炭对各时期玉米根系生长均有促进作用，尤其从吐丝期到成熟期定位监测图可以清晰地看到生物炭处理较对照根系生长旺盛，根长、根系表面积、根系体积均高于未施生物炭的玉米根系。这可能是由于施入生物炭土壤容重降低，土壤孔隙度增加，土壤结构疏松，降低了根系延伸阻力，有利于根系伸展生长。有学者研究也表明土壤机械阻力是限制根系生长和扩散的主要因素，紧实土壤根系生长阻力较大（Bengough et al.，1990）。肖茜（2017）、蒋健（2015）的研究结果与本研究结果一致，他们都认为施用生物炭可促进玉米根系生长，提高玉米根系长度、根表面积、根系体积，促进根系水分、养分吸收，从而增加产量。Hoecker（2006）指出根长是评价根系吸收功能最主要的指标，决定着植物吸收营养的范围，长根系可以促使植物吸收更多的营养。本研究对0~60 cm 土层根系进行分析发现，生物炭刺激根系伸长，促进 20~60 cm 土层根系生长，尤其是细根大量增加。这与 Prendergast-Miller（2014）研究相似，其认为根系倾向于生长在混合生物炭的土壤中，经生物炭处理的根系所表现出来的根系伸长、尖端变细、根围扩展有利于根系吸收储存在生物炭颗粒孔隙内的养分或水分。本研究结果也表明，生物炭处理的根系平均直径均低于对照，这可能是生物炭处理后细根大量增加的原因。多土层多位点多维度的根系扩大了根系与土壤接触面积，从而获取更多的水分和养分供作物生长。然而生物炭不同添加量对作物根系生长影响不同。本研究发现，B40 处理玉米根系生长最茂盛，根长、根表面积、根系体积均最大。B80 处理玉米根系生长发育受到一定抑制。这与程效义（2016）研究一致，其认为适当的生物炭对根系伸长和生长有促进，但过高生物炭施用量降低了根系总长度和根表面积。这是由于不同生物炭添加量对土壤性质改变的程度不同，进而影响了根系与土壤颗粒的接触，改变了根系生长发育情况。

作物干物质积累是产量形成的基础。在玉米产量构成中，花前营养器官茎、叶、鞘贮藏物质的转运起到非常重要的作用，但花后干物质积累是影响籽粒产量形成的关键因素（穆心愿等，2020）。本研究发现施用生物炭显著提高了花后干物质积累量，B20、B40、B80 处理两年分别平均提高了 40.62%、53.15%、50.12%。同时施用生物炭提高了花后干物质积累对籽粒的贡献率，降低了转运对籽粒的贡献，这主要是因为生物炭增加了花后干物质的积累。这与孟繁昊（2018）的研究结果一致，其认为受生物炭影响玉米干物质积累增加及干物质积累对籽粒的贡献主要是花后作用较大。这也是生物炭处理籽粒灌浆速率提高、灌浆积累量增大的原因。本研究利用 Logistic 方程对玉米籽粒灌浆过程进行拟合发现，与对照相比，生物炭处理延长了玉米的旺盛生长期，此时玉米的干物质积累较多，籽粒灌浆活跃。程效义（2016）在棕壤上开展的研究也有类似的结论，其认为生物炭处理的玉米在籽粒灌浆后期达到较高的干物质增加速率与较高的粒重增加速率，从而获得较高的籽粒产量和收获指数。

作物干物质积累过程与植株养分吸收利用密切相关。本研究发现，施用生物炭提高了玉米植株叶茎鞘及籽粒对养分（N、P、K、Mg、Fe、Mn、Zn）的吸收。这可能是生物炭自身含有速效养分，增加了土壤养分供给，可直接被作物吸收利用；或是生物炭改善土壤性质，降低土壤碱化度，提高阳离子交换量，促进土壤养分有效性，增加植物对养分的吸收（Cheng et al.，2009）。许多学者的研究都表明，植物体营养元素的含量与生物炭施用量关系密切，适量的生物炭添加促进作物对营养元素的吸收，而过量添加可能使碳氮比过高或吸附能力过强，使得某些养分有效性降低，对作物生长产生负效应（Baronti et al.，2010）。我们研究也验证了这一结论，B80 处理植株生长及养分元素含量略低于 B40 处理。

本研究还发现，在盐碱化土壤上施用生物炭玉米秃尖长减小，穗行数、行粒数、百粒重增大，其中一次性施入 40 t/hm^{2}生物炭对连续两年玉米产量有稳定的提升。这与生物炭和土壤协同互促有关。在盐碱化土壤上，生物炭利用其疏松多孔的特性和巨大的比表面积可吸附土壤中部分盐基离子或使盐基离子 Na^+与 Ca^{2+}置换到土壤溶液中淋溶，从而导致土壤 pH 值逐年降低（Cox et al.，2001）。生物炭的固有特性与结构，不仅提高了土壤有机质含量；还通过吸附土壤酶反应底物促进了酶促反应，提高了土壤酶活性，促进了土壤氮、磷、钾元素有效转化（Czimczik et al.，2007）；生物炭还可以促进特定微生物生长，改变微生物群落结构、丰度、活性（Steinbeiss et al.，2009），然而有益微生物的大量繁殖，不仅促进土壤有效养分转化，而且还会反作用于生物炭，促进生物炭持续分解。这种良性的循环使适量的生物炭施入土壤后两年内对土壤性质均有改善，对作物产量均有提高，且随着时间的延长表现持续促进效应。国内一些学者的研究也有类似的结论（蒋健等，2015；Uzoma et al.，2011；Tang et al.，2011）。因此，施用生物炭对提高农业资源利用效率，农田土壤养分管理，实现农业节本增效、农田土壤可持续利用有重要意义。

2.5 本章小结

本文研究了不同施用量生物炭对松嫩平原盐碱化农田土壤微环境和玉米生长的影响。分析了生物炭对土壤理化性质、土壤酶活性的效应，探讨了生物炭对土壤细菌、真菌群落结构的变化，明确了生物炭促进玉米生长发育及产量增加的机理。

2.5.1 生物炭改善盐碱土壤理化性质

两年试验中，施用生物炭均降低土壤容重，增加土壤孔隙度，且生物炭施用量与容重呈负相关，与孔隙度呈正相关。生物炭对土壤含水量、pH 值有显著影响，二者与降水量关系密切。生物炭施入实现了土壤固、液、气三相比的重新分配，使土壤结构更趋向理想化。同时，施入生物炭提高了土壤>0. 25 mm 粒径水稳性团聚体含量、土壤团聚体平均重量直径（MWD）、几何平均直径（GMD）、土壤水稳性团聚体稳定率（WSAR）。生物炭施入后土壤交换性 Na^+含量、土壤碱化度（ESP）降低；土壤交换性 K^+含量、阳离子交换量（CEC）增加，且二者随着施炭量的增加逐渐增大。但生物炭过大的施用量（80 t/hm^2）对土壤日均温度积累有一定限制。施用生物炭提高了土壤有机碳、全氮、全钾、速效钾含量，且均随着生物炭施用量增加而增大，但施炭第二年这些养分的增加较第一年减弱。土壤中铁、锰、锌含量变化同样也表现出一致的趋势，在施炭第一年铁、锰、锌含量随着施炭量增加显著增加，但施炭第二年提高幅度较小。生物炭对土壤全磷及有效磷含量也有促进作用，随着玉米生育进程的推进，二者的含量一直维持很高水平，但不同施炭量处理间无显著性差异。总之，生物炭对土壤盐碱化有一定的改善，创造了良好的土壤环境，提高了土壤养分含量，为作物生长、养分吸收及产量形成提供了保障。其中以 40 t/hm^{2}生物炭施入量改善盐碱土壤理化性质效果最好。

2.5.2 生物炭提高土壤酶活性

土壤脱氢酶（DHA）活性对生物炭有积极的响应，生物炭提高了土壤 DHA 活性，但施炭第二年土壤 DHA 活性总体降低。土壤 DHA 和土壤碱化度呈极显著负相关（$P<0.01$），和土壤有机碳含量呈显著正相关（$P<0.05$）。施生物炭对玉米全生育期内土壤β-葡萄糖苷酶活性（BG）显著增加，且在施炭第二年，生物炭对土壤 BG 活性有持续促进作用，其中 B40 处理土壤 BG 活性最高。土壤过氧化氢酶活性、蔗糖酶活性受生物炭影响均有促进作用，其均与土壤碱化度呈显著负相关（$P<0.05$）。然而土壤碱性磷酸酶活性对生物炭响应在不同生育时期表现不尽相同。在施炭第二年成熟期，施生物炭处理的土壤碱性磷酸酶活性均显著高于对照，其中 B40 处理土壤碱性磷酸酶活性较 B0 处理提高了 17.16%，B20、B80 处理较 B0 处理分别提高了 4.65%、5.53%。并且土壤碱性磷酸酶活性与土壤有效磷含量呈正相关（$P<0.05$）。总之，施用生物炭提高了土壤酶活性，促进了土壤生物化学反应发生，激发了土壤养分循环，形成了良好的土壤质量。

2.5.3 土壤细菌群落结构对生物炭响应较敏感

生物炭对土壤细菌群落 α 多样性无显著性影响。但生物炭改变了土壤细菌门、纲、属、OTU 水平相对丰度，影响了细菌的群落组成。土壤细菌群落结构与土壤理化性质密切相关，其中土壤有机碳是最主要的驱动因子。土壤 pH 值是玉米生长发育前期影响土壤细菌群落结构变化的重要因素；但在玉米生育后期，土壤含水量、容重、有效磷成为解释土壤细菌群落结构变化的关键因子，较大降雨造成的短时涝害削弱了土壤 pH 值对土壤细菌群落结构的影响。同时，生物炭缓解了涝害对土壤细菌群落结构的改变，为细菌生存活动提供了稳定居所和避难机会。此外检测到溶杆菌属（*Lysobacter*）对生物炭响应十分敏感，生物炭显著提高了溶杆菌属相对丰度。其作为一种重要的生防细菌对多种植物病原真菌、卵菌、线虫均具有拮抗作用。因此，施用生物炭改善了土壤细菌群落结构可能是由土壤性质的变化间接驱动的，生物炭为盐碱化土壤创造了良好的、稳定的土壤微生态环境，为玉米植株生长、产量提高奠定了基础。

2.5.4 土壤真菌群落结构对生物炭响应敏感

在松嫩平原盐碱化土壤上施用生物炭降低了土壤真菌 α 多样性。高通量测序检测到土壤优势真菌门为子囊菌门、担子菌门、被孢霉门。同时检测到生物炭对土壤镰刀菌（*Fusarium*），赤霉病菌属（*Gibberella*）相对丰度有降低趋势。还有一些丰度小于 1%的真菌属中，如枝孢菌（*Cladosporium*）、链格孢菌（*Alternaria*）、黑附球菌属（*Epicoccum*）的相对丰度受生物炭影响有消失的趋势。因此，生物炭对病原菌相对丰度有抑制作用，减少了土传病害病原菌种群，可抑制植物病害发生。此外，土壤真菌群落结构与土壤理化性质密切相关，如土壤有机碳、pH 值、土壤含水量等，且它们均与生物炭施用高度相关。当涝害引发较大土壤含水量时，其对土壤真菌群落改变的影响大于土壤 pH 值。因此，土壤真菌群落结构的改变是由生物炭引起的一系列土壤理化性质的改变间接驱动的。

2.5.5 生物炭促进玉米生长和养分积累，提高玉米产量

生物炭改善了玉米根系建成（根长、根表面积、根体积），促进根系生长，尤其是细根大量增加。其中，生物炭施用量 40 t/hm^2玉米根系生长最茂盛，根长、根表面积、根系体积均最大。生物炭增加了花后干物质积累量，促进了籽粒灌浆速率提高，延长了玉米的旺盛生长期，提升了玉米植株及籽粒对养分（N、P、K、Mg、Fe、Mn、Zn）的吸收，进而提高了玉米产量，改善了玉米品质。其中，一次性施入 40 t/hm^2生物炭后连续两年内对土壤性质均有改善，玉米根系生长最茂盛，根长、根表面积、根系体积均为最大，植株叶茎鞘养分积累充足，籽粒灌浆活跃期长，玉米产量最高，且随着时间的延长表现持续促进效应，施生物炭第一年玉米产量较对照提高了 21.66%，第二年玉米产量提高了 27.43%。因此，施用生物炭对农业节本增效，土壤可持续利用有重要意义。

3　生物炭对盐碱地绿豆生长发育及土壤微环境的影响

3.1　引言

3.1.1　研究目的与意义

松嫩平原西部是世界三大连片苏打盐碱土分布区之一，也是我国苏打盐碱土分布的主要区域（张巍等，2009）。据 2016 年卫星遥感数据，松嫩平原盐碱化土地面积达 393.70 万 hm^2（李秀军，2000）。土壤盐碱类型多为苏打草甸碱土，土壤盐分组成以 Na_2CO_3和 $NaHCO_3$为主，这两种盐分极易溶解于水，分散性强，呈强碱性反应。且该区域地处半干旱—半湿润农牧交错区，属中温带大陆性、半干旱季风气候区，农业生态环境十分脆弱，土地盐碱化严重阻碍区域内农牧业发展（孙广友等，2016）。区域内年蒸发量是年降水量的 3.5 倍，加之土壤冻融交替造成了松嫩平原盐碱土特有的水盐运动规律（司振江等，2009）。

生物炭是废弃生物质能源物在完全或部分缺氧条件下经热解炭化形成的一种含碳丰富、性质稳定、高度芳香化的固体物质，具有多孔、较大比表面积和吸附能力强等特性，能较好地保持土壤的水分和肥力，对改善贫瘠土壤起至关重要作用（邓霞，2012）。近年来，国内外研究团队在生物炭理化特性及其改善非盐碱化土壤理化指标、提高作物养分利用率、促进土壤微生物环境、吸附土壤重金属及土壤碳汇等方面开展了大量的研究（Nlwr，2001）。生物炭独特的结构可持续影响土壤的理化性质，进而提升土壤的透气性和持水能力；生物炭表面存在大量羟基、羧基等酸性官能团，可以提高土壤中阳离子交换作用及生物炭的吸附能力，减少土壤中养分的淋失，增强土壤养分的保持能力（Abrol，1988）。同时，生物炭多孔的性质能为不同的土壤微生物群落生长提供良好的栖息环境，从而促进植物根系对养分的吸收利用，提高土壤养分利用率（Metternicht，1996）。因此，利用生物炭来改良盐碱土壤对农业生产效率提升、土壤质量改良和自然生境恢复方面具有重大意义。

绿豆［*Vigna radiate*（L.）Wilczek］属于豆科作物，其营养丰富，属高蛋白、低脂肪、中淀粉、药食同源的食用豆类作物，是理想的营养保健食品和出口创汇作物，也是松嫩平原干旱半干旱地区的主要农作物之一（于崧，2017）。因此，本研究通过大庆地区（松嫩平原）盐碱土的室内盆栽和田间微区试验，以期揭示生物炭添加对盐碱土的改良作用，明确生物炭缓解盐碱胁迫促进绿豆生长，探讨其作用机理。该研究可为苏打盐碱土的改良提供有价值的理论支持和技术指导，为秸秆循环利用打开有效途径，对于粮食稳产增产及现代化农业的可持续发展具有重大意义。

3.1.2 技术路线

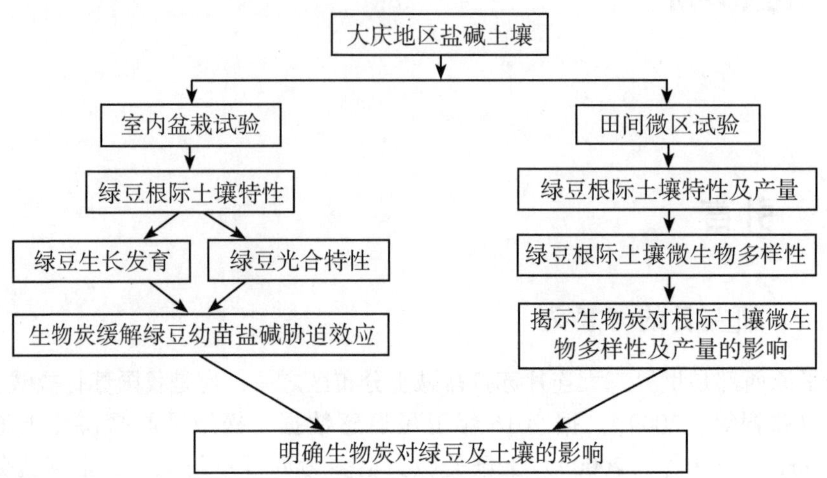

图 3-1 技术路线

3.2 材料与方法

3.2.1 试验材料

绿豆品种为‘绿丰 2 号’。

供试生物炭购于大连兴龙垦有限公司，用立式炭化炉烧制，原材料为玉米秸秆，制备温度为 400～500 ℃。基本性质：pH 值 8.34、碳 53.64%、氮 1.23%、磷 0.89%、钾 1.56%。

盆栽土壤取自黑龙江省大庆市境内，pH 值为 9.4，含盐量为 0.35% 碱解氮 26.31 mg/kg、速效磷 10.02 mg/kg、速效钾 145.67 mg/kg、有机质 16.12 g/kg。

田间试验位于大庆市大同区。土壤基本理化指标如下：碱解氮含量为 64.5 mg/kg，速效磷含量 9.87 mg/kg，速效钾含量 162.60 mg/kg，有机质含量 18.90 g/kg，pH 值为 8.45，电导率（EC）为 161μS/cm。

3.2.2 试验设计

3.2.2.1 室内盆栽试验

设置 5 个处理，即每千克盐碱土壤施入 0 g、10 g、20 g、40 g、80 g（CK、C1、

C2、C3、C4）生物炭。将土壤和生物炭过 2 mm 筛，等量装入 11.0 cm×7.5 cm×10.0 cm 的花盆中，每盆装土 1.0 kg。待 15 d 土壤稳定后播种每盆播种 9 粒种子，每个处理设置 12 盆。放于人工气候室，日间温度 26 ℃±2 ℃，夜间温度 20 ℃±2 ℃。待绿豆长到两叶一心期，每盆定苗 6 株。绿豆生长期间进行定量浇水。盆栽试验时长 30 d，在 30 d 后，对各处理进行取样，采用抖根法提取根际土壤，将土壤过 2 mm 筛，置于阴凉处风干，测定土壤理化性质及酶活性指标。

3.2.2.2　田间微区试验

试验于 2019—2020 年在黑龙江八一农垦大学航天育种基地进行。试验采用随机区组设计，设置 5 个处理，分别为 CK（无肥、无炭）、F（施肥、不施炭）、B5（施肥、施炭 5 t/hm^2）、B15（施肥、施炭 15 t/hm^2）和 B25（施肥、施炭 25 t/hm^2）。各处理 3 次重复，共 15 个处理。每小区 12 行，行长 5 m，行距 0.65 m，面积 39 m^2。生物炭与绿豆播种前一次性均匀撒施并与耕层土壤旋耕混匀。各处理基础肥料为：N 70 kg/hm^2、P_2O_5 100 kg/hm^2 和 K_2O 110 kg/hm^2。田间管理按照常规大田管理进行。分别于绿豆苗期、分枝期、结荚期和完熟期在各个处理区域进行五点取样，采样深度为 0~20 cm，装入无菌封口袋密封，土壤过 2 mm 筛，一部分放于阴凉处风干，用于测定土壤理化及酶活性指标；另一部分保存于-80 ℃冰箱，用于微生物多样性分析。在绿豆成熟期，因边际效去除周围两行，从每小区中心选取 3 行（长 1 m，行距 0.65 m）分别统计各株的单株荚数、单荚粒数、百粒重和单株产量进行计算。

3.2.3　测定方法

3.2.3.1　生长指标测定

各处理随机选取 12 株幼苗，采用便携式叶面积仪（托普 YMJ-B 叶面积仪）测量，直尺测量绿豆株高。将叶片在 105 ℃烘箱杀青 20 min 后 70 ℃烘干至恒重，测定样品的生物量。同时参照陈少瑜等（2004）的方法计算叶片相对含水量，计算公式如下。

$$RWC（\%）=［（鲜重-干重）/（饱和重-干重）］\times 100$$

3.2.3.2　植物根系测定

利用根系扫描仪（Epson Perfection V800）对绿豆根系进行扫描成像，并用 Win-RHIZO 根系分析软件进行分析。

3.2.3.3　光合特性测定

使用 Li-6400XTR 光合仪（Li-COR Inc，USA）选取植株中上部受光一致的功能叶片在 9：30—11：30 间进行测定，测定参数包括净光合速率（Pn）、气孔导度（Gs）、胞间 CO_2 浓度（Ci）和蒸腾速率（Tr），使用 OS5p 便携式脉冲调制叶绿素荧光仪测定 PSⅡ最大光化学量子产量（Fv/Fm）和各项荧光参数（*Fo*、Yield、ETR、*qP*、NPQ）。

3.2.3.4　抗氧化酶测定

超氧化物歧化酶（SOD）活性采用氮蓝四唑光化还原法测定，过氧化物酶（POD）活性采用愈创木酚法测定，过氧化氢酶（CAT）活性采用过氧化氢滴定法测定，丙二醛（MDA）含量采用硫代巴比妥酸（TBA）法测定，脯氨酸采用茚三酮比色法测定，可溶性糖采用蒽酮比色法测定，参照王学奎（2006）方法。

3.2.3.5 土壤理化性质测定

有机碳含量的测定采用重铬酸钾氧化法；土壤全氮含量采用浓硫酸—过氧化氢方法消煮，消煮液用 SKD-200 全自动凯式定氮仪测定；土壤全磷采用高氯酸消煮，钼锑抗比色法；土壤碱解氮采用氢氧化钠水解—盐酸滴定的扩散吸收法；土壤有效磷测定采用碳酸氢钠浸提—钼锑抗比色法；土壤速效钾采用醋酸铵溶液浸提，原子吸收光度法测定；土壤缓效钾采用硝酸浸提，原子吸收光度法测定；土壤 pH 值采用玻璃电极水土比为 2.5∶1 测定（鲍士旦，2005）。

3.2.3.6 土壤酶活性测定

脲酶活性、蔗糖酶活性、过氧化氢酶活性、碱性磷酸酶活性测定参照关松荫（1986）方法。

3.2.3.7 土壤盐分测定

CO_3^{2-} 和 HCO_3^- 测定采用双指示剂滴定法；Ca^{2+} 和 Mg^{2+} 测定采用 EDTA 滴定法；Na^+ 和 K^+ 测定采用火焰光度法。

3.2.3.8 土壤微生物群落测定

将存于-80 ℃土壤样品保存于干冰中送至上海美吉生物医药科技有限公司，以 Illumina MiSeq 平台进行高通量测序和分析。高通量测序数据分析均是基于上海美吉生物医药科技有限公司所提供的云服务进行，项目号为 MJ20201204080-MJ-M-20201204047。具体的数据分析软件和算法参考上海美吉生物医药科技有限公司官方网站提供的说明。

3.2.4 数据分析

用 Microsoft Excel 进行数据处理与统计分析，采用 SPSS 21.0 软件进行差异显著性检验分析。微生物数据分析基于上海美吉生物医药科技有限公司所提供的云服务进行（https：//www.i-sanger.com）。

3.3 结果与分析

3.3.1 生物炭对盆栽绿豆幼苗生长的影响

3.3.1.1 生物炭对绿豆幼苗地上生长的影响

如图 3-2，表 3-1 所示，与对照处理相比，土壤中添加生物炭促进了绿豆幼苗株高、叶面积、地上干重和叶片含水量，且随着生物炭施入量的增加均呈现上升的趋势。绿豆幼苗株高在 C2、C3 和 C4 处理与对照处理相比，分别显著提高了 22.37%、29.38%和 41.37%；叶面积变化趋势与株高变化趋势类似，C1 处理较对照相比增加 24.62%，但差异不显著，C3 和 C4 处理间差异不显著，但较对照处理相比显著增加

72.03%、97.76%；绿豆幼苗地上干重在C1处理时与对照相比增加37.5%，C3和C4处理间差异显著，较对照处理分别提高125.63%和149.87%；叶片含水量C1、C2、C3和C4处理较对照处理显著提高2.51%、5.83%、10.21%和11.09%，C3和C4处理间不显著。上述研究结果表明，盐碱土中施加生物炭能显著缓解盐碱胁迫对绿豆生长的抑制作用，并促进了绿豆幼苗地上生物量的累积，其中以C4（80 g/kg）剂量生物炭处理对其提升效果最好。

图3-2 生物炭对绿豆幼苗表型的影响

表3-1 生物炭对绿豆幼苗生长指标的影响

处理	株高（cm）	叶面积（cm^2）	地上干重（g）	叶片含水量（%）
CK	19.31±0.56c	13.41±1.14c	0.08±0.02c	72.98±0.19d
C1	20.59±1.05c	16.67±4.06bc	0.11±0.01c	74.81±0.11c
C2	23.63±0.95b	20.60±1.33b	0.16±0.00b	77.23±0.62b
C3	26.81±0.82a	23.07±2.13ab	0.18±0.01b	80.43±0.05a
C4	27.30±0.75a	26.60±2.73a	0.20±0.00a	81.07±0.07a

注：CK、C1、C2、C3、C4代表每千克盐碱土壤施入0 g、10 g、20 g、40 g、80 g生物炭，不同字母的数值在0.05水平上差异显著。下同。

3.3.1.2 生物炭对绿豆幼苗根系形态的影响

由图3-3和表3-2可知与对照处理相比，C1处理下根长，表面积，根体积，根尖数虽提高33.24%、27.60%、5.59%和31.82%，但较对照处理相比差异不显著。根长在C2、C3和C4处理时较对照处理相比显著提高84.89%、220.37%和462.21%，且不同处理间差异显著；表面积变化趋势与根长相似，在C4处理时达到最大较对照增加429.06%；根体积在C1、C2和对照处理间无显著差异，C3和C4处理间差异显著且较对照显著提高266.57%和369.18%；根尖数在C1、C2和C3处理之间不显著，C3和C4处理时较对照处理时显著增加201.01%和454.04%。结果表明，盐碱土壤中添加生物炭可促进绿豆幼苗根系生长发育，且生物炭添加量越高对根系的促进效果更为明显。

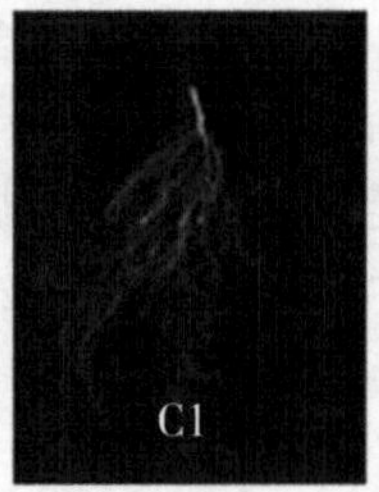

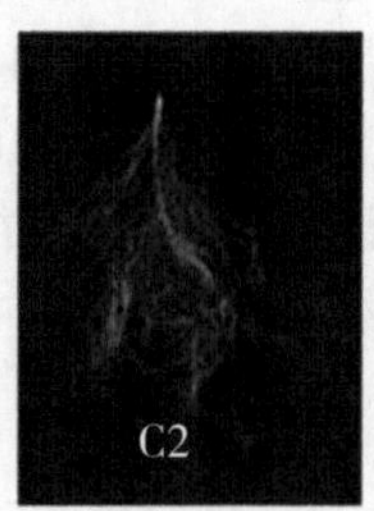

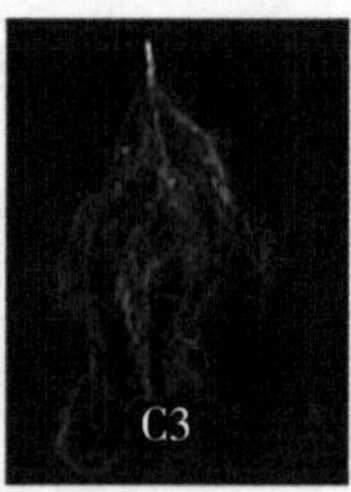

图 3-3　生物炭对绿豆幼苗根系的影响

表 3-2　生物炭对绿豆幼苗根系发育的影响

处理	根长（cm）	表面积（cm^2）	根体积（cm^3）	根尖数
CK	64. 89±5. 34e	9. 60±1. 95d	0. 114 3±0. 037 1c	198±105c
C1	86. 46±4. 01d	12. 35±0. 32cd	0. 120 7±0. 007 4c	261±64c
C2	120. 96±15. 19c	18. 48±2. 16c	0. 225 3±0. 032 6c	410±48bc
C3	207. 20±21. 11b	32. 85±4. 53b	0. 419±0. 105 2b	566±135b
C4	364. 82±53. 61a	50. 79±5. 42a	0. 536 3±0. 079a	1097±179a

3. 3. 1. 3　生物炭对绿豆幼苗光合参数的影响

由表 3-3 可知，随着生物炭添加量增加，净光合速率（Pn）、气孔导度（Gs）、胞间 CO_2 浓度（Ci）和蒸腾速率（Tr）均呈逐渐升高趋势，在 C4 处理下 Pn、Gs、Ci 和 Tr 均达到最高值，分别为 7. 15 μmol/（m^2 · s）、0. 069 μmol/（m^2 · s）、372. 98 μmol/mol 和 1. 76 μmol/（m^2 · s），Pn、Gs 和 Tr 分别较对照处理相比显著增加 118. 65%、91. 67%和 62. 96%，Ci 增加了 6. 40%。说明在土壤中添加生物炭在一定程度上能够提高绿豆幼苗光合能力，不同生物炭添加量处理表现出一定差异，其中在 C4 处理时效果较佳。

表 3-3　生物炭对绿豆幼苗光合参数的影响

处理	净光合速率［μmol/（m^2 · s）］	蒸腾速率［mmol/（m^2 · s）］	胞间 CO_2浓度（μmol/mol）	气孔导度［mol/（m^2 · s）］
CK	3. 27±0. 39c	1. 08±0. 09c	350. 54±6. 98ab	0. 036±0. 00b
C1	3. 10±0. 19c	0. 85±0. 04c	334. 15±8. 73b	0. 031±0. 00b
C2	3. 26±0. 21c	0. 97±0. 03c	339. 94±8. 11ab	0. 027±0. 01b
C3	4. 68±0. 18b	1. 55±0. 04b	370. 29±19. 82a	0. 051±0. 00ab
C4	7. 15±0. 36a	1. 76±0. 08a	372. 98±8. 66a	0. 069±0. 07a

3. 3. 1. 4　生物炭对绿豆幼苗荧光参数的影响

由表 3-4 可知，随着生物炭添加量的增加，初始荧光值（*Fo*）、PSⅡ最大光化学效率（*Fv/Fm*）、PSⅡ实际光化学效率（Yield）和光合电子传递速率（ETR）均呈升高的趋势，光化学荧光淬灭系数（*qP*）和非光化学淬灭系数（*NPQ*）变化趋势呈升高又下降趋势。*Fo*、*Fv/Fm*、Yield、ETR 均在 C4 处理时达到最大值，与对照处理相比分别增加了 6.55%、14.63%、50.15%和 23.16%，但 *Fo*、*Fv/Fm* 之间并与显著差异；*qP* 在 C1 处理时为最大值，各处理之间无显著差异，但与对照相比均显著增加；添加生物炭处理下，*NPQ* 在 C2 处理时达到最低值，C3 处理为最大值。表明生物炭处理对绿豆幼苗荧光特性影响差异较大。

表 3-4　生物炭绿豆幼苗荧光参数的影响

处理	初始荧光值	最大光化学效率	PSⅡ实际光化学效率	光合电子传递速率	光化学荧光淬灭系数	非光化学淬灭系数
CK	229±2.29a	0.615±0.008a	0.38±0.02c	32.08±0.02d	0.702±0.01b	0.039±0.00d
C1	235±1.96a	0.668±0.019a	0.44±0.03bc	34.76±0.04c	0.895±0.05a	0.128±0.03c
C2	236±1.81a	0.671±0.021a	0.52±0.01ab	37.56±0.01ab	0.845±0.02a	0.103±0.00c
C3	242±6.53a	0.694±0.026a	0.56±0.01ab	40.21±0.00a	0.850±0.01a	0.295±0.08a
C4	244±1.03a	0.705±0.015a	0.57±0.03a	40.95±0.04a	0.858±0.02a	0.196±0.06ab

3.3.1.5　生物炭对绿豆幼苗抗氧化酶活性和 MDA 含量的影响

植物应对胁迫时会引发次级氧化胁迫，产生氧化应激反应，造成体内大量 ROS 积累。植物体内生理平衡被打破，难以维持正常生长发育。超氧化物歧化酶（Superoxide Dismutase，SOD）广泛存在于动物、植物、微生物中，是机体清除活性氧的第一道防线，催化超氧化物的歧化反应，为清除 ROS 的活性酶发挥重要作用，并且协同其他抗氧化酶缓解 ROS 给植物带来的伤害。盐碱胁迫下，植物酶抗氧化系统迅速反应提高 SOD 活性水平，增强植物盐碱胁迫下的耐受性，由图 3-4 可知，添加生物炭后，SOD 活性呈不同程度提高且在 C1 处理时较对照处理提高 95.58%，SOD 活性在 C2、C3 和 C4 处理时较对照处理显著提高 261.90%、297.43%、254.75%，但处理间差异不显著，过氧化氢酶与超氧化物歧化酶具有协同作用，是生物演化过程中建立起来的生物防御系统的关键酶之一，C1、C2、C3 和 C4 处理分别较对照处理提高 127.3%、183.2%、166.7%和 171.9%。POD 也是植物体内抗氧化酶系统的重要组成部分，它能催化有毒物质的分解，其活性高低能反映植物受害的程度。添加生物炭后，POD 活性也呈不同程度提高，POD 活性在 C1 和 C2 处理之间较对照处理无显著变化，在 C4 处理时较对照处理显著提高了 111.15%。丙二醛（MDA）是膜脂过氧化的产物之一，其含量能够了解反应膜脂过氧化的损伤程度。盐碱土中添加生物炭缓解了盐碱胁迫诱导的膜脂过氧化，继而使 MDA 的积累量显著降低，C2、C3 和 C4 各处理间差异不显著，C4 较对照相比显著下降 28.83%，且下降趋势趋于平坦。结果表明，添加生物炭后有效缓解因盐碱胁迫产生的 ROS 伤害，利于作物生长。

3.3.1.6　生物炭对绿豆幼苗渗透调节物的影响

在渗透调节中，可溶性糖含量和脯氨酸含量的变化均有重要作用。由图 3-5 可知，

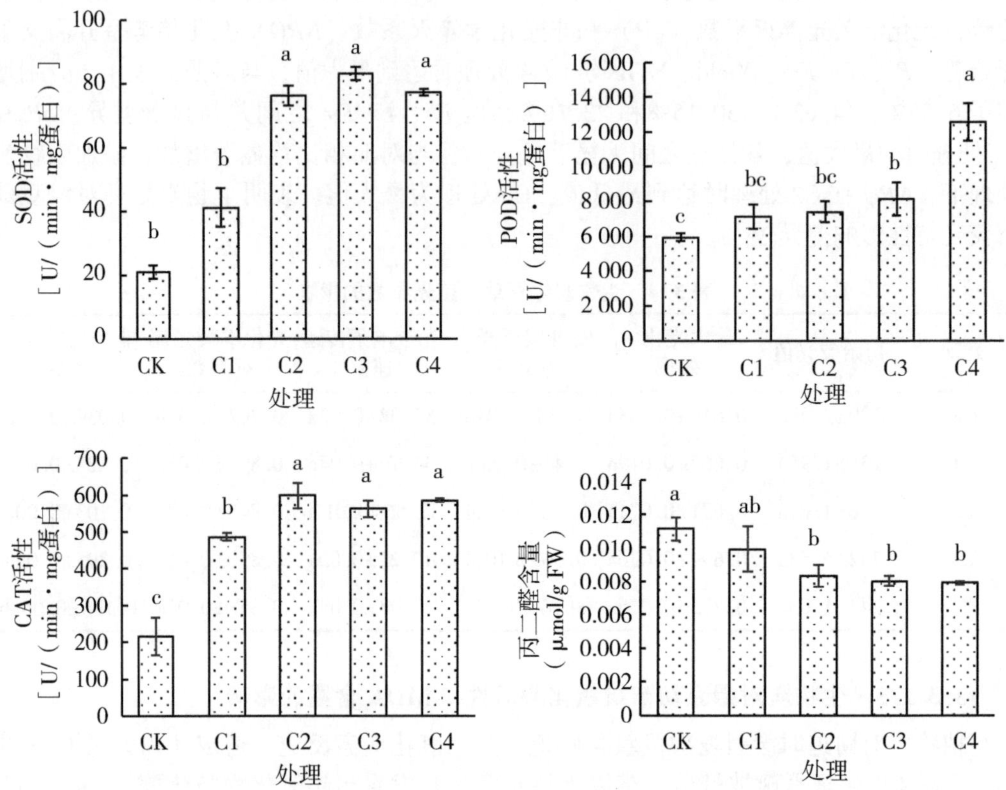

图 3-4　生物炭对绿豆幼苗抗氧化酶活性和 MDA 含量的影响

添加生物炭的 C2、C3 和 C4 处理脯氨酸含量较对照相比分别显著增加 25.71%、78.09%和 84.76%，且 C1 和 C2 处理之间，C3 和 C4 处理之间无显著差异。添加生物炭处理的可溶性糖含量较对照相比也是显著增加，C3 处理较 C2 和 C4 处理虽出现降低，但之间差异不显著，C4 处理为最大值，较对照显著增加 76.19%。上述研究表明，适量添加生物炭可以较大程度上促进叶片渗透调节物质含量积累，缓解盐碱化土壤对植株造成的胁迫危害。

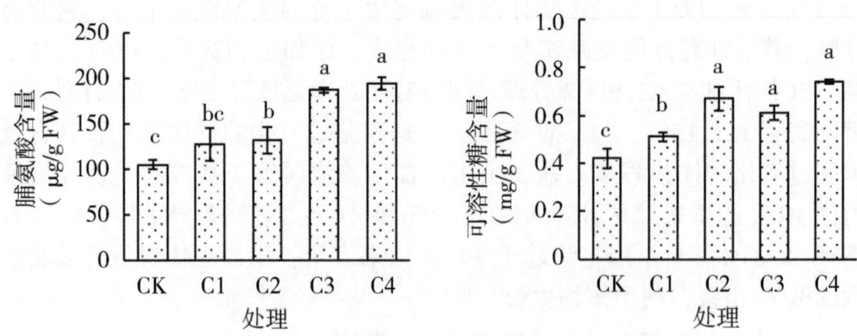

图 3-5　生物炭对绿豆幼苗可溶性渗透调节物的影响

3.3.1.7 生物炭对土壤 pH 值和电导率的影响

pH 值作为土壤理化性质中最重要的参数，影响着土壤养分的有效性。不同生物炭添加量对盆栽绿豆土壤 pH 值的影响如图 3-6 所示，添加生物炭处理均降低了土壤 pH 值，各处理土壤 pH 值的大小顺序为：CK>C1>C2>C4>C3，40 g/kg 的生物炭添加量较对照处理相比显著降低了土壤的 pH 值，且其降幅最大，80 g/kg 生物炭添加处理组的土壤 pH 相比 40 g/kg 处理出现提高，表明高生物炭添加量又增大了盐碱土壤的 pH 值。

不同生物炭添加量对盆栽绿豆土壤电导率的影响见图 3-6。可知土壤中添加生物炭均显著增加了土壤的电导率，其中 C1 和 C2 处理间无显著差异外，其他各生物炭处理组间均差异显著。可能原因为生物炭的添加在一定程度加速土壤水分的蒸发散失，加速土壤的返盐过程，表现为土壤电导率增加。

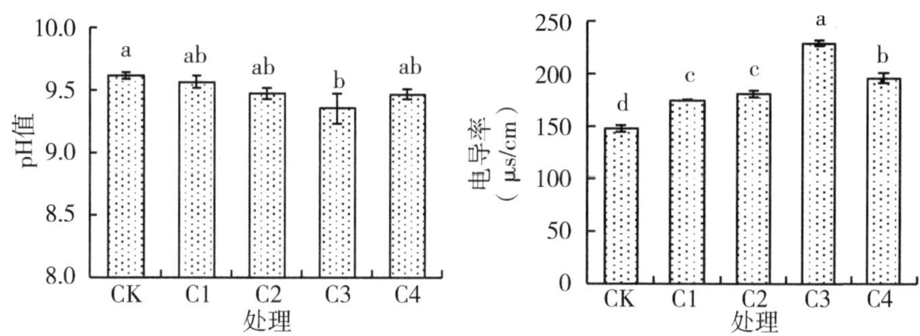

图 3-6 生物炭对绿豆土壤 pH 值和电导率的影响

3.3.1.8 生物炭对土壤养分的影响

由表 3-5 可知，土壤中添加生物炭能显著提高土壤有机质含量，C1、C2、C3 和 C4 处理较对照相比提高了 9.3%、18.02%、19.18%和 35.46%，C2、C3 和 C4 处理较对照相比差异显著。土壤碱解氮含量在 C2、C3 和 C4 分别较对照处理也显著增加，分别为 12.13%、20.49%和 37.31%，C1 处理与对照处理间无显著差异。添加生物炭也显著增加土壤速效磷含量，在 C4 处理时达到最大，较对照处理增加 35.76%。土壤速效钾含量变化趋势较大，随添加生物炭量增加，速效钾含量显著增加，C1、C2、C3 和 C4 较对照相比显著提高 14.79%、27.22%、57.39%、126.03%。由此可以看出，土壤中添加生物炭能够显著提高绿豆根际土壤速效养分含量，不同生物炭添加量之间有所差异。

表 3-5 生物炭对绿豆幼苗土壤养分的影响

处理	有机质（g/kg）	碱解氮（mg/kg）	速效磷（mg/kg）	速效钾（mg/kg）
CK	17.2±0.87c	27.32±0.92c	10.2±0.86c	169±4.62d
C1	18.8±1.53bc	29.87±2.59c	12.87±0.74ab	194±9.18c
C2	20.3±0.75b	30.34±1.83b	12.56±0.52b	215±1.57b

（续表）

处理	有机质（g/kg）	碱解氮（mg/kg）	速效磷（mg/kg）	速效钾（mg/kg）
C3	20. 6±0. 33b	32. 99±0. 85b	12. 44±0. 15b	266±19. 63a
C4	23. 3±1. 21a	36. 69±1. 19a	14. 01±1. 39a	282±5. 19a

3. 3. 1. 9　生物炭对土壤酶活性的影响

由表 3-6 可知，土壤脲酶活性随着生物炭添加量的增加呈上升趋势，C1、C2、C3 和 C4 处理较对照相比显著提高 18. 75%、25. 12%、31. 45%、30. 76%，且 C2、C3 和 C4 处理间无差异，并显著高于 C1 处理；土壤蔗糖酶活性的变化随着生物炭的增加呈现增加的趋势，在 C1 和 C2 处理时与对照相比差异不显著，而 C3 和 C4 处理较对照显著提高了 77. 59%和 57. 23%；土壤碱性磷酸酶活性随生物炭量增加呈增加趋势，C1、C2、C3 和 C4 处理较对照相比提高 5. 56%、27. 78%、38. 89% 和 33. 34%，C3 和 C4 处理之间无显著差异，但显著高于 C1、C2 和对照处理；土壤过氧化氢酶随生物炭添加量的增加呈现增高的趋势，C1、C2、C3 和 C4 处理较对照比提高 8. 24%、48. 25%、56. 13%和 20. 08%，C2 和 C3 与对照处理相比差异显著。综上分析，土壤中添加生物炭处理促使土壤酶活性提高，以 C3 和 C4 处理时，对土壤酶活性增加效果较好，可能原因为生物炭含有较高的碳含量，添加土壤后使土壤内有机质含量增加，提高酶催化反应速度的同时，有利于酶的活性中心与底物结合过程中的稳定性，从而提高了土壤酶的潜在活性。

表 3-6　生物炭对绿豆幼苗土壤酶活性的影响

处理	脲酶［mg/（g·d）］	蔗糖酶［mg/（g·d）］	碱性磷酸酶［mg/（g·d）］	过氧化氢酶［mg/（g·20min）］
CK	0. 16±0. 01c	5. 19±0. 28b	0. 18±0. 02c	0. 25±0. 02b
C1	0. 19±0. 01b	5. 80±0. 19b	0. 17±0. 01c	0. 29±0. 03b
C2	0. 20±0. 01a	5. 49±0. 35b	0. 23±0. 01b	0. 38±0. 00a
C3	0. 21±0. 01a	9. 28±1. 15a	0. 25±0. 01a	0. 39±0. 01a
C4	0. 21±0. 01a	8. 16±0. 31a	0. 24±0. 02ab	0. 30±0. 02b

3. 3. 2　生物炭对田间微区绿豆土壤理化特性及产量的影响

3. 3. 2. 1　生物炭对土壤理化性质的影响

土壤容重也称假比重，容重大小受土壤的质地、土壤结构和松紧程度等因素影响。从表 3-7 可知，施用生物炭改善了盐碱土壤的结构状况。随着生物炭施入量的增加，土壤容重呈逐渐下降的趋势，总孔隙度出现上升趋势；与对照相比，B25 处理的土壤容重显著降低了 7. 81%；孔隙度升高了 12. 57%。

表 3-7　不同生物炭处理对土壤理化性质的影响（2019）

处理	pH 值	电导率（μs/cm）	容重（g/cm^3）	孔隙度（%）	田间持水量（%）
CK	8. 24±0. 02ab	203. 62±4. 05c	1. 28±0. 03a	50. 57±1. 96b	42. 36±0. 37b
F	8. 23±0. 02ab	225. 48±9. 03ab	1. 28±0. 04a	49. 93±3. 01b	43. 59±1. 32b
B5	8. 10±0. 07b	219. 61±6. 27b	1. 21±0. 02b	53. 37±3. 56ab	43. 11±0. 68b
B15	8. 23±0. 06ab	230. 36±7. 92ab	1. 20±0. 03b	53. 22±0. 25ab	45. 85±0. 25a
B25	8. 28±0. 06a	241. 70±11. 36a	1. 18±0. 03b	56. 93±1. 53a	44. 98±1. 19ab

土壤的持水量是衡量旱田土壤肥水供给能力的重要指标，苏打盐碱土壤的透气、透水性差，导致吸水速度慢，造成水肥供应不良。而施用生物炭则增加了土壤田间持水量，与对照处理相比，B15 处理显著提高 5. 88%。

生物炭加入盐碱土中使土壤的 pH 值降低了 0. 14 个单位，但随生物炭的施入量增加，土壤的 pH 值又出现上升，可能原因是盐碱土中大量存在的钙离子和镁离子会与生物炭表面上的羧基官能团发生置换反应，将羧基剩的质子置换下来，从而降低土壤 pH 值。当生物炭表面质子饱和后，pH 值又会上升。

土壤电导率（EC）可以反映土壤中水溶性盐分和离子浓度，虽然电导率不能直接反映特定盐和离子含量的高低，但它与土壤溶液中硝酸盐、钾、钠、氯、硫酸根浓度密切相关，是土壤养分有效性、利用效率、土壤质地和有效持水量的重要指标。由表 3-7 可知，生物炭的添加均提高了土壤电导率，各处理分别较对照显著提高了 10. 73%、7. 85%、12. 89%和 18. 70%。

3. 3. 2. 2　生物炭对土壤盐分离子含量的影响

由表 3-8 可知，在成熟期对绿豆根际土壤进行取样测定，该地区土壤主要阴离子为 HCO_3^-，阳离子为 Na^+。结果表明，绿豆根际土壤中 HCO_3^-、SO_4^{2-}、Cl^-、Ca^{2+} 和 Mg^{2+} 含量均呈下降趋势，且不同处理间变化显著，K^+ 含量呈上升趋势。在 2019 年，施炭处理下 HCO_3^- 只有在 B25 较对照相比显著减少，SO_4^{2-} 和 Cl^- 在施炭处理下较对照处理相比呈下降趋势，除 B25 处理外，其余较对照处理相比均出现显著下降，Cl^-、SO_4^{2-} 在 C5 处理下较对照处理显著下降 55. 93%和 24. 14%。Ca^{2+} 和 Mg^{2+} 含量呈下降趋势，不同处理间变化表现为 CK>F>B25>B5>B15，B15 处理较对照相比达到显著降低。各处理中 Na^+ 含量较对照处理相比均显著降低，B5、B15 和 B25 处理间无显著差别。

2020 年土壤中阴离子、阳离子含量变化趋势与 2019 年类似，在 B25 处理下 HCO_3^- 和 SO_4^{2-} 较对照处理相比显著下降 18. 96%和 44. 45%；Ca^{2+}、Mg^{2+} 和 Na^+ 在各施炭处理下较对照相比较出现显著下降，降幅最高为 14. 63%、9. 75%和 50. 76%，由此得出，土壤中施加生物炭改变了土壤中离子浓度，降低高浓度 Na^+、HCO_3^-、SO_4^{2-} 和 Cl^- 对绿豆的危害。

表 3-8 生物炭对绿豆土壤盐分离子含量的影响

年份	处理	阴离子含量（mg/kg）			阳离子含量（mg/kg）			
		HCO_3^-	Cl^-	SO_4^{2-}	Ca^{2+}	Mg^{2+}	Na^+	K^+
2019 年	CK	56. 60±0. 98b	36. 65±0. 79a	58. 65±2. 14b	43. 35±3. 36a	135. 77±5. 83a	78. 34±0. 73a	10. 81±0. 34b
	F	50. 88±0. 29c	22. 36±2. 43d	67. 66±0. 86a	41. 21±0. 53a	122. 92±2. 73b	68. 40±1. 11b	13. 46±0. 53a
	B5	57. 89±0. 95a	16. 15±0. 36e	44. 76±4. 11d	39. 36±1. 37ab	115. 38±2. 09c	50. 65±0. 79c	10. 32±0. 04b
	B15	56. 93±0. 75b	27. 89±0. 85c	39. 96±1. 07d	37. 02±1. 16b	118. 50±4. 14bc	49. 77±2. 09c	10. 53±0. 42b
	B25	45. 48±1. 27d	34. 48±0. 10b	51. 80±1. 94c	41. 11±0. 35a	111. 96±1. 24d	53. 98±6. 70c	12. 56±0. 55a
2020 年	CK	58. 83±1. 27a	36. 12±0. 89a	72. 93±3. 84a	40. 20±0. 46a	123. 62 ±1. 53a	65. 98±0. 95a	9. 79±0. 33d
	F	52. 97±0. 95b	24. 35±0. 95c	55. 50±5. 57b	40. 74±1. 37a	129. 53±6. 08a	50. 21±2. 43b	9. 83±0. 29d
	B5	54. 52±1. 14b	29. 88±2. 73b	22. 60±3. 96e	34. 73±0. 81b	114. 22 ±0. 56b	40. 84±0. 45c	13. 56±0. 20a
	B15	47. 44±0. 63c	27. 83±0. 11b	33. 93±1. 28d	36. 34±1. 07b	111. 04±1. 66c	32. 75±0. 93d	12. 17±0. 31b
	B25	47. 77±0. 92c	20. 80±0. 94d	46. 93±0. 69c	37. 66±0. 89b	111. 79 ±2. 73bc	33. 48±0. 35d	11. 67±1. 02c

3. 3. 2. 3 生物炭对绿豆土壤养分含量的影响

（1）生物炭处理对土壤中有机碳、全氮含量、碳氮比的影响

由图 3-7 可知，各处理下绿豆土壤有机碳含量随生育期的推进呈先上升后下降的趋势，在结荚期达到最大值，成熟期降至最低。与对照处理相比，施肥处理在各生育期差异变化类似，除结荚期外均未并达到显著，在苗期、分枝期 B5 处理虽提高了土壤有机质含量，但并未达到显著，而 B25 处理较对照处理显著提高了 15. 29%和 17. 64%。在结荚期，成熟期施用生物炭 B15 处理较对照相比显著提高 23. 52%和 24. 18%。与对照相比，土壤全氮含量在苗期生物炭处理下出现升高但各处理间并不显著，随着生育期的推进，B15 和 B25 处理在结荚期较对照相比显著增加了 13. 11%和 14. 75%，而在成熟期较对照处理相比虽出现增高但并不显著。土壤碳氮比在苗期、分枝期和成熟期下变化明显，在结荚期只有 B25 较对照相比出现显著增加。

通过与 2019 年对比，2020 年土壤有机碳含量、全氮出现增高，但整体趋势变化相同，较 2019 年相比增幅分别为 19. 74%、9. 44%，由此可见，施用生物炭后有效改善了根际土壤的微生物群落结构，使土壤有机碳、全氮含量升高，且 B25 处理下优于其他处理（表 3-9）。

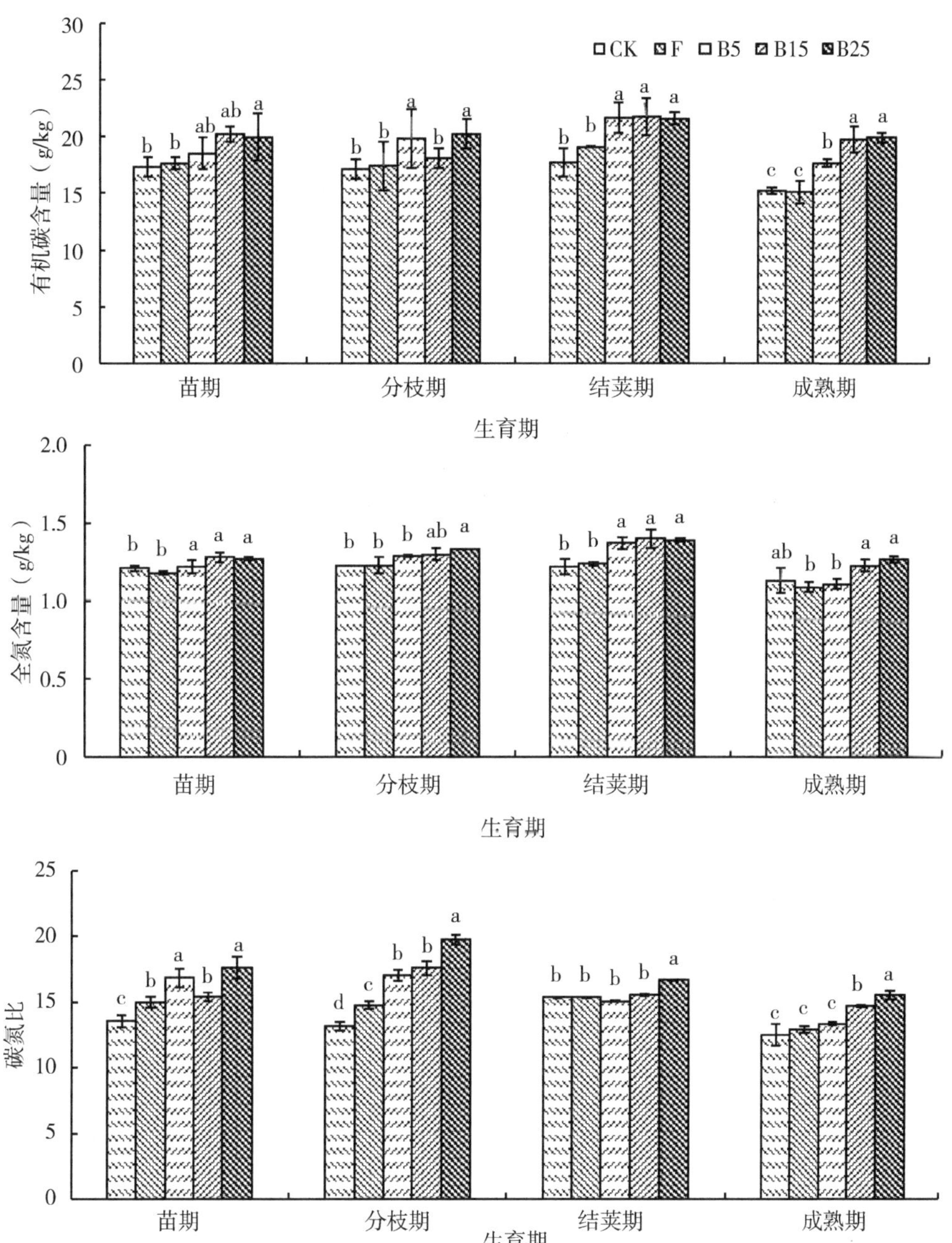

图 3-7　生物炭处理对绿豆土壤中有机碳、全氮含量、碳氮比的影响（2019 年）

表 3-9　生物炭处理对成熟期绿豆土壤中有机碳、全氮含量、碳氮比的影响（2020）

处理	有机碳含量（g/kg）	全氮（g/kg）	碳氮比
CK	16. 32±1. 43c	1. 23±0. 04c	13. 21±0. 57c
F	16. 47±0. 52c	1. 24±0. 05bc	15. 35±0. 09b
B5	19. 59±0. 66b	1. 29±0. 01b	15. 18±0. 18b

（续表）

处理	有机碳含量（g/kg）	全氮（g/kg）	碳氮比
B15	24.81±1.07ab	1.37±0.02a	16.76±0.64ab
B25	25.82±3.15a	1.39±0.01a	16.98±0.32a

（2）生物炭处理对土壤中碱解氮、速效磷、速效钾含量的影响

由图 3-8 可知，随着施入生物炭量的增加，在 2019 年绿豆各个生育期内碱解氮含

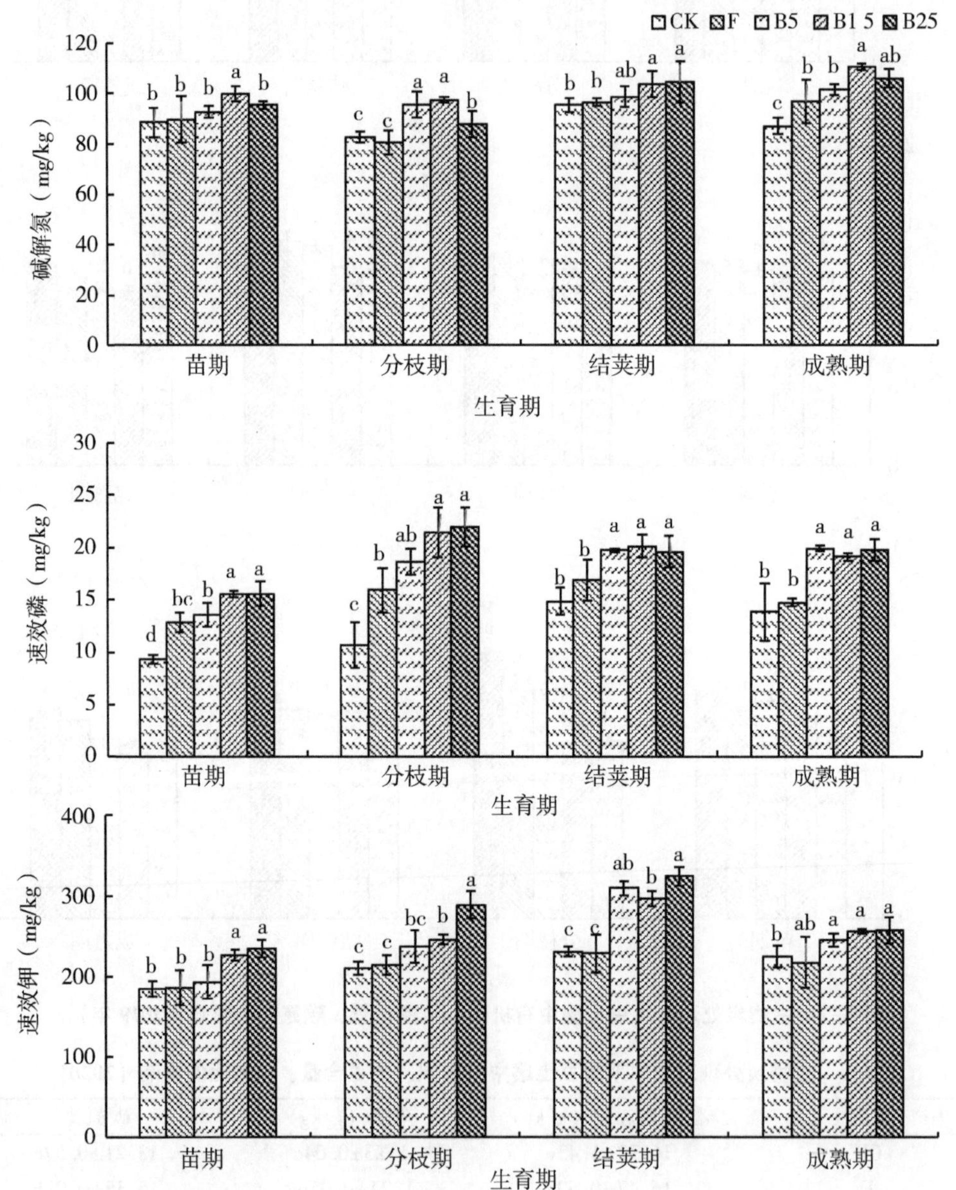

图 3-8　生物炭处理对绿豆土壤中碱解氮、速效磷、速效钾含量的影响（2019 年）

量变化有所差异。在苗期，分枝期均以 B15 处理最高，较对照相比分别增加 12. 43%和 18. 29%，结荚期以 B25 处理最高，加入生物炭相对于对照处理可平均增加土壤碱解氮 10%～18%。当土壤 pH 值 > 7 时，土壤中的磷元素易被土壤中的钙和镁离子固定，形成钙、镁磷酸盐，进而降低土壤中磷的有效性，土壤速效磷含量在绿豆的各个生育时期均随生物炭的添加量增高出现上升，B25 处理较对照分别显著增加 67. 74%、97. 16%、33. 67%和 42. 59%；土壤速效钾含量在苗期，分枝期，结荚期均以 B25 处理最高，较对照相比显著增加 27. 01%、37. 46%和 42. 11%，成熟期各处理出现下降，施炭处理间不显著。

通过 2020 年成熟期土壤养分变化与 2019 年对比，土壤碱解氮，速效磷含量较对照处理增加幅度较小，施炭处理下土壤碱解氮，速效磷含量较对照处理显著增加，分别为 13. 65%和 60. 65%，而速效钾含量变化差异较大，在 B15 处理下最高，较对照处理显著增加 36. 61%（表 3-10）。

表 3-10　生物炭处理对成熟期绿豆土壤中碱解氮、速效磷、速效钾含量的影响（2020 年）

处理	碱解氮（mg/kg）	速效磷（mg/kg）	速效钾（mg/kg）
CK	91. 26±1. 14c	12. 25±3. 02c	205. 85±5. 34c
F	88. 76±1. 76c	14. 67±0. 78c	224. 73±18. 15bc
B5	97. 91±4. 02b	19. 50±1. 35b	243. 46±29. 36b
B15	97. 26±3. 15b	22. 42±5. 36a	281. 21±9. 52a
B25	103. 72±5. 86a	19. 68±1. 04b	272. 39±16. 43ab

3. 3. 2. 4　生物炭对土壤酶活性的影响

脲酶作为专一性酶，能使土壤中氮素原料水解转化成氨。由表 3-11 可知，在不同时期，施加生物炭处理对土壤脲酶的作用效果不同。在 2019 年各生育期内，土壤脲酶活性在对照处理时均为最小，施肥处理与施炭处理对脲酶的活性均具有促进的作用。苗期 F、F、B15 处理之间无显著差异，B25 处理较对照处理显著提高 1. 6%。B25 处理分枝期在较对照处理显著提高，鼓粒期施炭处理 B5、B15、B25 下脲酶活性较对照处理显著增加，分别为 51. 6%、52. 2%、70. 96%。成熟期除 B25 外，各处理之间脲酶活性虽有变化，但变化不显著，而 B25 处理较对照处理脲酶活性显著增加 67. 74%，2020 年成熟期较 2019 年相比，整体趋势相同。以上结果表明，在绿豆不同生长发育阶段，生物炭处理对盐碱土脲酶活性的影响存在差异；同时，不同生育时期不同生物炭施入量对土壤脲酶活性的影响也存在差异。

随着生育期的推进，土壤蔗糖酶活性出现了下降的趋势，在苗期，施炭处理显著增加了土壤蔗糖酶活性，但添加生物炭各处理之间无显著差异，在 B25 处理下土壤蔗糖酶活性较对照处理显著增加了 25. 52%。鼓粒期各处理蔗糖酶活性较对照处理显著增加，分别为 5. 48%、27. 32%、36. 44%、45. 43%。成熟期蔗糖酶活性施肥处理与对照之间无显著变化，随着施炭量的增加，土壤蔗糖酶活性也出现增高，在 B25 处理下较对照处理显著提高了50.72%。随种植年限来看，2020年成熟期蔗糖酶活性较2019年平均提高24.15%，整体来看，随着绿豆生育进程的推进，生物炭处理对土壤蔗糖酶的作用效果逐渐提升，土壤蔗糖酶的活性与生物炭施入量呈正相关，生物炭施入提高了整个生育期土壤蔗糖酶的活性。

表3-11　生物炭对绿豆土壤酶活性的影响

年份	生育期	处理	脲酶［mg/（g·d）］	蔗糖酶［mg/（g·d）］	碱性磷酸酶［mg/（g·d）］	过氧化氢酶［mg/（g·20 min）］
2019年	苗期	CK	0.51±0.03b	36.52±1.97c	7.62±0.52b	3.11±0.13d
		F	0.54±0.01b	39.94±0.96b	10.73±0.78a	3.85±0.29c
		B5	0.53±0.03b	44.52±0.77a	9.94±1.14a	3.82±0.21c
		B15	0.57±0.01ab	45.00±3.26a	10.04±1.03a	4.23±0.17b
		B25	0.58±0.02a	45.98±1.75a	11.79±0.66a	4.47±0.46a
	分枝期	CK	0.53±0.02bc	40.04±0.34c	5.66±0.87b	2.67±0.02b
		F	0.67±0.02b	39.66±3.15c	5.97±0.24b	2.04±0.21c
		B5	0.65±0.07b	42.93±0.43b	8.09±2.32b	3.38±0.46a
		B15	0.46±0.21c	49.81±6.04ab	11.24±1.06b	3.58±0.32a
		B25	0.74±0.04a	51.21±2.45a	13.69±0.27a	2.95±0.36b
	结荚期	CK	0.30±0.05d	32.93±1.64d	8.66±1.06c	2.73±0.32c
		F	0.38±0.02c	34.84±2.91c	9.95±1.63bc	2.84±0.21c
		B5	0.45±0.02b	41.73±0.83b	11.78±0.35b	3.62±0.16b
		B15	0.46±0.04b	44.82±3.02ab	12.04±1.19b	4.58±0.22a
		B25	0.54±0.04a	48.81±0.65a	15.79±1.30a	4.45±0.91a
	成熟期	CK	0.30±0.04b	29.83±2.06c	9.82±1.10b	2.46±0.11c
		F	0.30±0.01b	31.94±0.21c	9.73±1.03b	2.73±0.07b
		B5	0.42±0.06ab	37.83±0.44b	10.94±0.32ab	2.94±0.24b
		B15	0.36±0.05b	38.83±0.48b	11.74±0.69a	3.62±0.37a
		B25	0.50±0.02a	44.54±1.99a	11.43±1.45ab	3.58±0.12a
2020年	成熟期	CK	0.52±0.06b	24.92±1.64c	2.67±0.39c	1.78±0.12c
		F	0.58±0.01b	29.67±2.91b	2.95±0.63c	2.06±0.09b
		B5	0.65±0.03b	30.13±0.83b	5.28±0.35b	2.83±0.42a
		B15	0.69±0.03a	34.82±3.02b	8.14±0.19a	2.82±0.02a
		B25	0.61±0.02b	35.81±1.57a	5.79±0.45b	2.97±0.01a

土壤碱性磷酸酶活性在各生育期内均出现了增加，在苗期，各处理碱性磷酸酶较对照处理显著增加，但在施肥施炭处理之间变化不显著，分枝期 B25 处理较对照处理显著增加 141. 34%，鼓粒期施炭处理下碱性磷酸酶活性较对照、施肥无炭处理显著增加，在 B25 处理时碱性磷酸酶活性较对照处理显著增加 82. 33%，在成熟期各处理之间碱性磷酸酶活性趋于平缓，施炭处理较对照相比增加 26. 32%、36. 02%、32. 64%，但处理间差异不显著。

土壤过氧化氢酶活性在苗期出现了增高的趋势，施炭处理显著增加了过氧化氢酶活性，在 B25 处理时过氧化氢酶活性较对照显著增加了 16. 88%，分枝期内，B15 达到最大值，较对照处理显著提高 31. 08%；在结荚期，B15、B25 处理之间酶活性较对照处理显著增加 66. 30%、64. 26%，但处理之间差异不显著，成熟期过氧化氢酶活性保持较稳定，施炭各处理较对照显著增加，在 B25 处理时过氧化氢酶活性显著增加 55. 67%。在两年试验中，成熟期整体变化趋势相同。总体而言，施加生物炭对土壤中的过氧化氢酶活性为正向促进作用。

3. 3. 2. 5 生物炭对绿豆产量因素的影响

由表 3-12 可看出，各处理间产量因素指标均达到显著差异水平，表现为 B25>B15>B5>F>CK，2019 年，B25 较对照处理相比，单株荚数、单株粒数和百粒重分别提高 23. 09%、30. 67%、28. 69%和 85. 71%，且随着生物炭施用年限的增加，生物炭处理较对照处理相比促进效果更佳，说明土壤中添加生物炭在改善土壤理化特性，养分等方面具有非常积极的作用，有利于绿豆产量的稳定增加。

表 3-12 生物炭对绿豆产量因素的影响

年份	处理	单株荚数	单株粒数	百粒重（g）	单株粒重（g）
2019 年	CK	17. 67c	163. 60b	4. 53d	7. 36d
	F	19. 67b	155. 80c	4. 61c	8. 20c
	B5	19. 83b	183. 33ab	5. 01b	10. 33b
	B15	21. 60a	220. 60a	5. 23b	12. 68ab
	B25	21. 75a	213. 17a	5. 83a	13. 80a
2020 年	CK	16. 33b	158. 33c	4. 30c	8. 25c
	F	15. 67b	161. 67c	4. 37c	10. 67b
	B5	20. 20a	230. 80a	5. 46b	13. 80a
	B15	21. 83a	207. 60b	5. 98a	17. 50a
	B25	23. 67a	225. 60a	6. 02a	15. 31a

3. 3. 3 生物炭对绿豆根际土壤细菌群落的影响

3. 3. 3. 1 稀释曲线

样本曲线的延伸终点的横坐标位置为该样本的测序数量，如果曲线趋于平坦表明测序已趋于饱和，增加测序数据无法再找到更多的 OTU；反之表明不饱和，增加数据量可以发现更多 OTU。本次分析是在 97%相似水平划分 OTU 并绘制不同生物炭处理的稀释曲线。由彩图 8 可知，各样品稀释曲线趋于平缓，表明测试样品的覆盖已达饱和，测序数据合理。

3.3.3.2 细菌多样性分析

(1) 细菌多样性分析

多样性指数分析可得知群落中物种的丰度、覆盖度和多样性等信息，由表 3-13 可知，供试样本的 coverage 测序深度指数均在 97.53%以上，几乎覆盖了绿豆根际土壤所有的细菌群落，为分析绿豆土壤细菌群落结构的变化提供了可靠的基础。Chao1 指数和 ACE 指数反映细菌群落的丰富度，Shannon 指数和 Simpson 指数反映细菌群落的多样性。结果可知，B5 处理时绿豆根际微生物群落丰富度和多样性更加丰富。

表 3-13　各处理根际土壤样品 Alpha 多样性指数

处理	丰富度指数		多样性指数			测序深度指数
	ACE	Chao	Shannon	Simpson	sobs	coverage
CK	3 209.01	3 178.61	6.42	0.005 249	2 498	0.976 3
F	3 190.99	3 180.13	6.35	0.005 647	2 476	0.975 9
B5	3 270.59	3 249.68	6.44	0.004 798	2 539	0.976 7
B15	3 168.15	3 136.14	6.27	0.007 087	2 434	0.977 3
B25	3 199.48	3 193.87	6.39	0.005 710	2 472	0.975 3

注：CK 代表无肥、无炭处理；F 代表施肥、不施炭处理；B5 代表施肥、施炭 5 t/hm^2 处理；B15 代表施肥、施炭 15 t/hm^2 处理；B25 代表施肥、施炭 25 t/hm^2 处理。下同。

(2) 细菌丰富度分析

等级丰度曲线可用来解释多样性的两个方面，即物种丰度和物种均匀度。由彩图 9 可知，B5 处理的曲线在横轴上的长度最长，其次是 B25 处理，F 处理，B5 处理与对照处理间差异不大。

3.3.3.3 细菌群落结构分析

(1) 样品土壤细菌群落组成特征

在 97%相似水平下，对不同处理的 OTUs 代表序列进行分类学分析。检验出的 OTUs 分布归属于 37 个细菌门、685 个属。由彩图 10 所示，对样品的细菌群落在门水平进行分类，共检测到 4 个优势菌门，分别为放线菌门（Actinobacteriota 36.27%）、变形菌门（Proteobacteria 19.39%）、酸杆菌门（Acidobacteriota 14.72%）、绿弯菌门（Chloroflexi 13.55%）。放线菌门（Actinobacteriota 36.27%）、变形菌门（Proteobacteria 19.39%）、酸杆菌门（Acidobacteriota 14.72%）、绿弯菌门（Chloroflexi 13.55%），在本试验地区土壤细菌群落结构种中占主导地位，合计占所有序列相对丰度的 83.93%。这几种菌落的相对丰度变幅为 34.66%～38.79%、17.15%～20.74%、11.65%～17.89%和 12.07%～16.86%。

由彩图 11 可知，检测到可培养细菌属有红杆菌属（*Rubrobacter*），节杆菌属（*Ar-*

throbacter）、鞘氨醇单胞菌属（*Sphingomonas*）、牙殖球菌（*Blastococcus*）、（RB41）、盖亚属（*Gaiella*）、微枝形杆菌属（*Microvirga*）、固体杆菌属（*Solirubrobacter*）、微白类诺卡氏菌（*Nocardioides*）、金霉素链霉菌（*Streptomyces*），所检测到的不可培养菌属（uncultured bacterium）所占比例为 27.25%；同时，未被划归任何菌属的序列占比达到 47.63%。表明仍然有大量的细菌有待进一步挖掘。生物炭施入在一定程度上降低了不可培养菌属（uncultured bacterium）的相对丰度。

（2）各处理土壤细菌群落组成成分以及分布差异

由彩图 12 可知，通过对不同处理下的土壤细菌群落组成分析发现，施用生物炭显著提高了酸杆菌门（Acidobacteria）的相对丰度，酸杆菌门（Acidobacteria）是一类在土壤中广泛存在的细菌群类，它具有非常丰富的代谢和功能的多样性；而放线菌门（Actinobacteriota）、变形菌门（Proteobacteria）的相对丰度随着生物炭的施入而出现明显的降低趋势；绿弯菌门（Chloroflexi）是一类通过光合作用产生能量的细菌菌群，较对照处理相比施入生物炭均提高了绿弯菌门（Chloroflexi）相对丰度，在 B15 处理时相对丰度最多；芽单胞菌门（Gemmatimonadetes）也是一类革兰氏阴性细菌，施肥施炭处理均较对照处理出现下降趋势。在其他相对丰度较小的细菌门中，拟杆菌门（Bacteroidetes）为产甲烷过程的优势群落，Bacteroidetes 相对丰度在 B5 处理是表现最高，在高计量施炭情况下出现了降低的趋势，相关机制有待于进一步研究；黏球菌门（Myxococcota）变化也与 Gemmatimonadetes 相同，厚壁菌门（Firmicutes）可以产生内生孢子，它可以抵抗脱水和极端环境，随生物炭浓度的添加，相对丰度也随之增加；杆菌（Patescibacteria）、蓝藻（Cyanobacteria）在各处理组间呈极显著差异。

由彩图 13 可知，在属水平上土壤样品中还有很多未知细菌。在已明确细菌属中，生物炭能够提高鞘氨醇单胞菌属的相对丰度，B5 处理时相对丰度最高，鞘氨醇单胞菌属能够提高植株抗氧化能力，参与氮素循环，进而促进绿豆植株生长，低施入量的效果好于高施入量；施入生物炭也会提高 RB41 的相对丰度；微枝形杆菌属（*Microvirga*）属于豆科植物上分离的根瘤菌，在 B5 处理上相对丰度最高；微枝形杆菌属（*Microvirga*）、固体杆菌属（*Solirubrobacter*）、微白类诺卡氏菌（*Nocardioides*）、金霉素链霉菌（*Streptomyces*）都为土壤中的有益菌属，除金霉素链霉菌（*Streptomyces*）以外其他菌属均与对照相比生物炭处理下并无显著差别。

3.3.3.4 Venn 图分析

在 97%的相似水平下，获取每个处理的 OTU，利用 Venn 图可以将不同处理间共有、特有的 OTU 数目，直观地从 Venn 图表现出来。如彩图 14 所示，通过对土壤样品检测共得到 2 275个 OTU，其中 CK、F、B5、B15、B25 处理的 OTU 数量分别为3 319、3 341、3 400、3 249、3 331个。同时，不同样品处理间存在明显的细菌菌落多样性变化。

3.3.3.5 OTUs 主成分分析

通过 PCA 分析发现，各处理样本分布于不同象限，其细菌群落组成具有明显差异，PC1 和 PC2 对结果的解释率分别为 13.64%和 10.4%。由彩图 15 可知，不同处理在主成分轴 PC 上存在差异。PC1 轴上，CK、F、B5 得分在正向上，且 F、B5 位于同一象限；而 B15、B25 得分在负向上，位于同一象限。PC2 轴上，除 CK 处理外均位于正向上。说明生物炭的施用对绿豆土壤细菌群落有显著影响。

3.3.3.6 土壤细菌群落 Heatmap 图分析

Heatmap 图根据物种或样本间丰度的相似性进行聚类，通过颜色变化反应不同处理样品在个分类水平上群落组成的相似性和差异性。由彩图 16 可知，5 个处理土壤样品细菌群落可聚为两大类，CK 与 F 一类，B5、B15 和 B25 聚为一类，说明施入生物炭的土壤样品具有相似组成，与对照处理相比丰度差异较大。

3.3.3.7 土壤细菌群落结构 LefSe 分析

LefSe 分析可以显示出不同处理间具有统计学差异的细菌种类，通过对不同生物炭施用量下的土壤细菌群落进行 LefSe 分析发现，未施用生物炭的对照处理土壤具有显著性差异的土壤细菌为 Myxococcota，施肥 F 处理为 Patescibacteria，而施用生物炭 B5、B15 和 B25 处理具有显著性差异的土壤细菌分别为 Cyanobacteria、Frankiales 和 Paracaedibacter（彩图 17）。

3.3.4 生物炭对绿豆根际土壤真菌群落的影响

3.3.4.1 稀释曲线

本次分析是在 97%相似水平划分 OTU 并绘制不同生物炭处理的稀释曲线。由彩图 18 可知，各样品的稀释曲线趋于平坦，表明测试样品的覆盖已达饱和，测序数据合理。

3.3.4.2 真菌多样性分析

（1）真菌多样性分析

如表 3-14 可知，生物炭对绿豆土壤真菌群落丰富度指数和多样性指数存在差异，处理间无规律性变化，说明生物炭处理对绿豆土壤真菌存在一定的选择性。

表 3-14 各处理土壤样品 Alpha 多样性指数

处理	丰富度指数		多样性指数		测序深度指数	
	ACE	Chao	Shannon	Simpson	sobs	coverage
CK	411.22	417.19	4.33	0.029 278	401.67	0.999 606
F	456.43	462.98	4.09	0.038 210	440.33	0.999 456
B5	401.28	403.81	3.14	0.102 952	352.33	0.998 698
B15	467.57	470.10	4.27	0.028 912	452.67	0.999 444
B25	425.92	433.98	4.36	0.028 031	408.67	0.999 396

（2）真菌均匀度分析

由彩图 19 可知，B15 处理的曲线在横轴上的长度最长，其次是 CK、F、B25、B5 处理，各处理土壤的曲线较平坦，说明真菌群落组成的均匀度较高且物种丰富。

3.3.4.3 真菌群落结构分析

(1) 样品土壤真菌群落组成特征

在97%相似水平下，对不同处理的OTUs代表序列进行分类学分析。由彩图20可知，检出的OTUs分布归属于12个细菌门、391个属。对土壤真菌群落在门水平进行分类，得到6个优势菌门，分别为子囊菌门（Ascomycota 79.36%）、被孢霉门（Mortierellomycota 8.39%）、担子菌门（Basidiomycota 7.78%）、UN-k-Fungi（2.47%）、壶菌门（Chytridiomycota 1.21%），所占比例为99.21%。

由彩图21可知，全部样品中相对丰度较高的真菌属为：赤霉属（*Gibberella*）、小被孢霉（*Mortierella*）、*Lectera*、球毛壳菌属（*Chaetomiun*）、镰刀霉（*Fusarium*）、新赤壳属（*Neocosmospora*）、白僵菌（*Beauveria*）。未能鉴定的真菌菌群所占比例为10.38%。

(2) 各处理土壤真菌群落组成成分以及分布差异

由彩图22可知，在真菌门分类水平上，各样品土壤真菌群落的组成相同。但不同处理菌群在相对丰度上有所差异。施入生物炭提高了子囊菌门的相对丰度，其中B5处理达到最大，在各处理中均占绝对优势。被孢霉门在生物炭的处理下较对照均下降，且处理间达到显著变化，除子囊菌门和被孢霉门物种丰度较高外，UN-k-Fungi相对丰度也较高，但是在施炭处理下，相对丰度均较对照处理减少，该类菌门有待深入研究。担子菌门在施炭处理下较对照相比相对丰度比例减少。由此可以看出，各处理土壤菌群在门水平上的构成基本相同，但是不同处理间菌群所占比例有很大差异。

如彩图23所示，真菌群落中在属水平丰度较高的有赤霉属（*Gibberella*）、小被孢霉（*Mortierella*）、*Lectera*、球毛壳菌属（*Chaetomiun*）、镰刀霉（*Fusarium*）、新赤壳属（*Neocosmospora*）、白僵菌（*Beauveria*）、腐质霉（*Humicola*）、包围漆斑菌（*Striaticonidium*）、小双胞腔菌（*Didymella*）。与对照相比，各组内相对丰度显著变化的有赤霉属（*Gibberella*）、小被孢霉（*Mortierella*）、*Lectera*、球毛壳菌属（*Chaetomiun*）、镰刀霉（*Fusarium*）、新赤壳属（*Neocosmospora*）。

3.3.4.4 Venn图对比

在97%的相似水平下，获取每个处理的OTU，利用Venn图可以将不同处理间共有、特有的OTU数目，直观地从Venn图表现出来。如彩图24所示，通过对土壤样品检测共得到3157个OTU，其中CK、F、B5、B15、B25处理的OTU数量分别为649、726、401、705、676个。

3.3.4.5 OTUs主成分分析

通过PCA分析发现，各处理样本分布于不同象限，其真菌群落组成具有明显差异，PC1和PC2对结果的解释率分别为11.74%和10.4%。由彩图25可知，不同处理在主成分轴PC上存在差异。PC1轴上，CK、F得分在正向上，而B5、B15、B25得分在负向上。PC2轴向，除CK、B15处理外均位于正向上。说明施炭处理下的真菌群落与未施炭处理差异较大。

3.3.4.6 土壤真菌群落Heatmap图分析

Heatmap图根据物种或样本间丰度的相似性进行聚类，通过颜色变化与相似程度反应不同样品在个各分类水平上群落组成的相似性和差异性。由彩图 26 可知，5 个处理土壤样品细菌群落可聚为三大类，CK 与 F 一类，B15 与 B25 一类，B25 单独聚为一类，说明 B5 处理的土壤样品与其他处理相比丰度差异较大。

3.3.4.7 土壤真菌群落结构 LefSe 分析

由彩图 27 可知，LefSe 分析可以显示出不同处理间具有统计学差异的真菌种类，通过对不同生物炭施用量下的土壤真菌群落进行 LefSe 分析发现，对照处理土壤具有显著性差异的土壤真菌为担子菌门（Mortierellomycota），施肥 F 处理为肉座菌目（Stachybotryaceae），而施用生物炭 B5、B15 和 B25 处理具有显著性差异的土壤真菌分别为子囊菌门（Ascomycota）、壶菌门（Chytridiomycota）、丛赤壳科（Nectriaceae）。

3.4 讨论

3.4.1 不同施炭处理对绿豆生长发育的影响

植物对盐碱胁迫的共同反应是生长受到抑制（Inukai，2004），本研究指出，通过向盐碱土中添加生物炭对绿豆幼苗株高、叶面积、地上鲜干重量均起到了促进作用，且随着生物炭添加量增多，对绿豆幼苗的促进效果增强。根系是植物重要的生长器官，同时与地上部生长发育、产量和品质均有密切关系（陈温福，2008；刘晓冰等，2010；杨建昌，2011）。蒋健等（2015）研究指出生物炭的添加可促进玉米根系的总根长和根的干物质质量，同时维持适宜的根冠比，增强根系的生理功能。盐碱土壤中添加生物炭均使绿豆幼苗根长、表面积、根体积和根尖数均较对照处理显著增加，生物炭促进了根系在土壤中的延伸，为植物吸取更多养分，为作物矿质营养的供应提供了物质保障，为根系生长创造良好的条件（刘国玲等，2016；张娜等，2014；宋文洋等，2014）。

植物生物量的增加不仅是土壤养分的供应，同样也依赖于自身的光合作用（Kummerova，2006）。本试验研究发现，盐碱土壤中添加生物炭对绿豆幼苗光合特性发生了显著变化。当生物炭添加量增多时，净光合速率、气孔导度和胞间二氧化碳含量显著增加，说明土壤中添加生物炭促使绿豆幼苗表现出较高的光和同化和气体交换能力。Fv/Fm 是指 PSⅡ原始光能转换效率，是衡量 PSⅡ反应中心受伤害的重要指标（王玉珏等，2010；李娇等，2013；赵昕等，2007）；试验得知添加生物炭对绿豆幼苗叶片的光合参数具有显著影响，生物炭处理下绿豆幼苗叶片 Fv/Fm、F_0、产量、ETR 均高于对照处理，说明生物炭添加后表现出良好的光合系统电子传递效率，提高了光合效率和加快了电子传递效率，增强了绿豆幼苗对环境的抗逆性。

3.4.2 不同施炭处理对绿豆生理特性的影响

植物对抗盐胁迫是较为复杂的生物学过程，在此过程中通常将抗氧化酶系统活性及渗透调节物质作为直接反映抵抗逆境胁迫强弱的主要测定指标。ROS 是植物体在进行物质和能量代谢过程中不可或缺的物质（张仁和等，2011；段永平等，2010；赵丽英等，2005）。但过量积累活性氧会对植物细胞结构造成损害，植物体内的抗氧化系统主要负责清除活性氧，如果不能及时清除活性氧，就会造成氧化损伤，导致膜的过氧化和MDA的产生（崔豫川等，2013；肖强等，2005），脯氨酸还具有清除ROS的作用（覃光球等，2006）。本试验研究表明，在添加生物炭后MDA含量下降，添加生物炭处理提高了绿豆幼苗抗氧化酶活性及渗透调节物质含量，其中以C4（80 g/kg）生物炭处理提升效果最好。表明生物炭可以吸收土壤中的盐基离子，改善植物中渗透调节水平，提高绿豆幼苗对盐碱土的抗逆性，减轻盐碱胁迫对植物细胞的伤害程度。

3.4.3 不同施炭处理对绿豆种植土的影响

盐碱土壤其恶劣的理化性质是对植物有着直接的伤害。土壤高pH值、高水溶性盐分等是盐碱土最大特点，从而导致土壤恶化，养分贫瘠，植物无法正常生长。土壤中盐分离子一方面受土壤与地下水中盐分影响，另一方面植物根系对土壤离子选择吸收不同，土壤溶液中Na^+含量过高，不仅导致土壤孔隙减少，还降低了土壤水分的运动，而且会抑制根系对其他养分吸收，造成植物体内离子失衡。试验结果表明田间微区试验中随施炭量的增多，土壤容重呈下降趋势，土壤总孔隙度出现显著上升，进而改变盐碱土壤持水能力，均以中、高剂量生物炭添加范围（15 t/hm^2、25 t/hm^2）对改善土壤理化性质具有最显著的作用，这可能与生物炭孔隙度、较大比表面积有关，极大程度改善了土壤结构，但施入量较高时土壤总孔隙度过大，不利于水分的固持。同时试验结果显示土壤中添加生物炭显著降低了土壤钠离子含量，提高了钾离子含量，合理调节了土壤钠钾比，降低了盐碱土壤对绿豆根系的胁迫。不仅Na^+下降，HCO_3^-、CO_3^{2-}含量也显著低于对照处理，而Ca^+、Mg^{2+}含量显著高于对照处理，并且随着生物炭的添加量增多，且离子间含量差异变化越大。土壤pH值代表土壤盐碱化程度的指标（Cao，2012）。本文研究表明，室内盆栽试验中C3（40 g/kg）和田间微区试验B15（15 t/hm^2）对绿豆土壤pH值均有一定程度的下降，可能原因是添加生物炭可增加土壤水分，防止土壤毛细现象，溶解的盐也会随着重力向下移动。同时发现土壤pH值与生物炭的施用量不成正比，太多或太少的施入量都无法获得最佳的改进效果，这可能是因为施用量过低，不能充分发挥改善效果，太高则使土壤盐分偏高，具体原因需要进一步分析。

土壤有效养分含量可以反映近期的养分供应和释放效率，因此土壤有效养分含量可以用来评价土壤肥力。试验结果发现，添加生物炭处理均提高了根际土壤有机质和速效养分，并且逐渐增高。室内盆栽试验中，C4（80 g/kg）生物炭处理对碱解氮、有效磷、有效钾含量促进最优。伏广农等（2013）研究发现生物炭的用量与土壤有机质的含量呈正相关，这也和潘洁等（2013）的研究结果一致。在田间试验中，当施炭量为B25（25 t/hm^2）时土壤总有机质、全氮含量提升效果最优，可能由于生物炭本身具有较高的矿质元素，施入后土壤溶液中这些矿物养分有效性得到增加，在B25（25 t/hm^2）生物炭处理时土壤碱解氮、速效磷和速效钾均达到最大值，生物炭通过阳离子交换达到对土壤中NO_3^-、NH_4^+的吸附，从而使土壤中有效氮质量分数大幅增加。苏打盐碱土具有高pH值，使土壤有效磷降低，更容易被土壤吸附固定，但添加生物炭降低了土壤pH值，减少土壤含盐量，提高土壤磷的有效性，有利于磷释放，从而使土壤中速效磷增加，这与褚军等（2014）的研究结果相似。

土壤酶参与了土壤中的多种生化反应，是表征土壤质量的重要指标。土壤酶受 pH 值、盐、温度、水等多种因素的影响。生物炭可降低土壤 pH 值，降低盐分，提高土壤温度，提高土壤酶活性。勾芒芒等（2014）研究表明生物炭对砂土和壤土酶活性的影响，发现施入生物炭对土壤酶活性都有所提高，且生物炭用量较高时对土壤整体酶活性影响最显著。也有研究认为土壤中施入生物炭能增加土壤各种酶的数量，也能为土壤酶提供大量作用底物。室内试验表明，盐碱土壤中施入生物炭能显著提高土壤酶活性，四种酶在高施入量 C3（40 g/kg）生物炭处理时达到最大值。其原因可能为生物炭的添加提高的大量底物促进了酶活性的增加，加强微生物活动的代谢能力，促进酶的分泌，继而增加酶的活性。田间试验中，随施炭量的增多对绿豆各生育期内土壤过氧化氢酶影响幅度较小，对水解酶影响较大，综合分析可能是生物炭本身具有多空隙结构为土壤中的磷水解创造了适宜的空间，能更好地吸收与利用，加速土壤中磷的转化速率，同时因施入生物炭使土壤有机碳含量增高，在提高转化酶的酶催化反应速率的同时提高了土壤转化酶潜在的活性。因此，适量生物炭施入剂量在促进土壤酶活性增强，促进了作物的生长发育，最终使产量得到提高。

3.4.4 不同施炭处理对绿豆土壤微生物的影响

生物炭的施用必然会直接或间接地导致土壤微生物群落的丰富度和多样性发生改变，这种变化受土壤类型、生物炭种类以及生物炭施用量等多种因素的影响。本研究发现，施用生物炭后，细菌群落多样性呈下降-上升趋势，但处理间差异不显著。本研究中，各处理土壤细菌群落优势菌门均为放线菌门（Actinobacteriota）、变形菌门（Proteobacteria）、酸杆菌门（Acidobacteria）、绿弯菌门（Chloroflexi），这与前人研究结果较为吻合（Nan，2016）。酸杆菌门（Acidobacteria）是依据分子生态学分类被最新划分出的一类广泛分别在土壤中的细菌类群，是一类生长缓慢的贫营养菌群，具有代谢和功能多样性，它的存在对生态学的稳定具有非常大的贡献，能够作为土壤养分的供给来源，同时研究发现，Actinobacteria 能够促进土壤中植物残体的腐烂，同时在自然界氮素循环中也有一定的作用。本研究表明，生物炭的施入提高了土壤中 Acidobacteria 的相对丰度，Trivedi et al.（2013）研究认为，Acidobacteria 能产生有利于土壤团聚体稳定性的微生物黏液和多糖，进而有利于土壤碳储存。生物炭介导的细菌群落变化可通过增强土壤碳储存途径进而影响土壤的碳循环（Whitman，2016）。Proteobacteria 是细菌中最大的门类，但试验结果表明，Proteobacteria 相对丰度在施炭处理下出现下降趋势，可能原因为添加量生物炭可能会促进某类细菌的生长繁殖，消耗掉土壤中的碳或改变土壤的理化性质。Bacteroidetes 的相对丰度随着生物炭处理上表现为最多，这可能是其比较适合有机碳含量较高的环境中生长，同时具有促进有机碳矿化的功能。绿弯菌门（Chloroflexi）是一类通过光合作用产生能量的细菌菌群，较对照处理相比各处理均提高了 Chloroflexi 相对丰度，在 B15（15 t/hm^2）生物炭处理时相对丰度最多，在一些较小的菌群中，比如 Firmicutes 可以产生内生孢子，它可以抵抗脱水和极端环境，随生物炭浓度的添加，相对丰度也随之增加，这主要与生物炭施用后土壤环境发生改变有关。蓝藻（Cyanobacteria）是土壤中最常见的一类藻类，据报道它们具有固定空气中氮的能力，是土壤中氮富集的重要组成部分。本研究通过 LefSe 分析发现，Cyanobacteria 在施用生物炭处理中显著高于未施炭处理，这表明施用生物炭处理能不断地加富土壤中的氮化物。在已知的细菌菌属中，*Streptomyces*、*Rubrobacter*、*Arthrobacter*、*RB*41 等均随生物炭增加而所占比例增多。

土壤中的真菌类物质主要是分解有机物（Joergensen，2008）。本研究中子囊菌门（Ascomycota 79. 36%）、被孢霉门（Mortierellomycota 8. 39%）、担子菌门（Basidiomycota 7. 78%）、UN-k-Fungi（2. 47%）、壶菌门（Chytridiomycota 1. 21%）是主要的真菌优势类群，这与本研究样品中真菌群落组成结果不一致（Xu，2012）。在本研究结果中子囊菌门在绿豆根际土壤中占主导地位，生物炭处理所占比例高于对照处理，子囊菌门能够降解土壤中的腐烂有机物，同时能够与其他真菌共生（Schoch，2009），同时发现，*Beauveria*、*metarhizium* 等半知菌类的真菌在生物炭处理下显著高于对照处理，这些半知菌类的真菌能引起昆虫中毒，打乱新陈代谢以致死亡。说明生物炭的添加提高了土壤中有益菌属的丰度，对土壤有一定的正向促进作用。

3.5　本章小结

本文通过对盐碱土壤施入不同剂量的生物炭，设计了室内盆栽与田间微区种植试验，探索通过生物炭技术实现对盐碱土壤的改善，以及缓解盐碱胁迫对绿豆生长过程中的抑制作用，得出以下结论。

第一，室内盆栽试验中，以 C4（80 g/kg）生物炭处理对绿豆幼苗形态、地上生物量、光合参数、抗氧化酶活性和渗透调节物质含量积累达到最高；C3（40 g/kg）生物炭处理对盐碱土 pH 值的降幅最大；C4（80 g/kg）生物炭处理对土壤有机质、碱解氮、速效磷和速效钾含量增幅最大；C3（40 g/kg）生物炭处理对盐碱土酶活性增幅最高。

第二，田间微区试验中，不同生物炭剂量均可改善土壤的理化性质、增加土壤的养分含量、小幅度降低了土壤 pH 值，从而促进了绿豆产量因素的增加。其中以 B25（25 t/hm^2）生物炭处理对苏打盐碱土的改善效果最优。

第三，本研究对试验土壤采用高通量测序技术，明确了生物炭对土壤微生物多样性的影响，揭示了盐碱土壤中微生物组成及丰度。细菌多样性测序结果表明，不同处理中，细菌种群的丰度和多样性在高施入量生物炭处理下受到抑制，而低施入量下表现相反。在细菌群落门水平发现，对未施入生物炭处理相比，施炭处理增加了 Acidobacteria、Cyanobacteria 等菌门相对丰度，表明生物炭能提高土壤有益细菌数量，促进植物生长。真菌多样性测序结果表明，土壤样品中优势菌门为子囊菌门、被孢霉门、担子菌门、UN-k-Fungi、壶菌门，所占比例为 99. 21%。在真菌群落属水平分析发现，B5（5 t/hm^2）处理显著提高了 *Beauveria*、*Metarhizium* 菌属的丰度，说明生物炭的添加能够降低土壤病原真菌丰度，改善土壤真菌群落结构。

4　生物炭对盐碱地谷子生长发育及土壤微环境的影响

4.1　引言

4.1.1　研究目的与意义

土壤质量的优劣是决定农业生产力高低的重要因素，近年来由于人类无限度地施用化肥等有害化学制剂严重破坏了土地生态环境，导致土壤质量变劣，基础肥力直线下降，极大降低总农业生产力。其中土地盐碱化问题的解决一直与我国农业可持续发展等战略挂钩（张瑞，2015）。而我国盐土和碱土的面积较大，在我国现有耕地面积中占有较高比例（刘阳春等，2007）。其中东北松嫩平原因地形较低平，致使盐分易沉积，地下水矿化度较高，利于盐碱土发育，同时粗放的耕作管理等其他原因，也使得该地区的土壤类型多主以苏打盐碱土居多，且这种严峻的情况正在不断加剧（徐子棋等，2018）。

大量试验研究表明，当植株受到盐分离子胁迫危害时，其细胞生理代谢功能异常，极大程度上阻碍了植株对养分吸收与利用效率，使植物的生育进程受阻（Qian，2016）。除对植物的影响外，盐碱胁迫还对土壤理化特性及微生物生境及活动产生不利影响（Wang et al.，2011）。近年来，前人试验了多种改良剂（石膏、硫酸或酸性盐、泥炭）用来改良盐碱土壤的性质，达到对其土壤肥力的提升及改善土壤质量目的（Zhang et al.，2017），但最终结果极可能对生态环境造成污染。而生物炭由于物理、化学性质较为稳定，对改善土壤结构及提高植物对盐胁迫耐受性的效果显著，所以应用于土壤改良方面最为适合。

生物炭是指各种生物质材料在限氧条件下对其进行高温分解而生成的碳量充足的有机物质（Chen et al.，2002；何绪生等，2011；谢祖彬等，2011）。相关研究表明，生物炭施入后增加土壤总孔隙度，改善土壤结构（李昌见等，2014），增加土壤养分含量（赵迪等，2013）使土壤在固持水分养分方面显示出一定的优势（曾爱等，2013），最终在提高作物产量、品质等方面发挥出显著的功效。生物炭不仅在正常环境条件下增效显著，在盐碱、干旱等不利环境条件下均能提高作物的生产力（Ali et al.，2017）。因此，利用生物炭独特的性质改善盐碱土，提升土壤基础肥力，对农业生产效率、土壤质量改良和自然生境恢复方面具有重大意义（王典等，2012；周红娟等，2016；王桂君，2018）。

谷子（*Setaria italica* L. *Beauv*），别称小米、粟，属禾本科作物。黑龙江省种植谷子的历史较为久远，当前种植面积可达 13 多万 hm^2，成为全国种植春谷的重要的产区之一（马金丰等，2010；呼红梅，2015），但近几年因施肥量过多和环境恶化等因素的影响，使地盐碱化情况更为严重，加之谷子对盐分敏感，常常导致幼苗的生长发育迟缓，出现叶片褪绿、萎蔫和枯焦等现象危害谷子生长，对最终产量形成造成减产等后果。

因此，本研究通过大庆地区（松嫩平原）盐碱土的室内盆栽和田间微区试验，以期揭示生物炭添加对盐碱土的改良作用，明确生物炭缓解盐胁迫促进谷子生长、增产效应，探讨其作用机理。该研究可为苏打盐碱土的改良提供有价值的理论支持和技术指导，为秸秆循环利用打开有效途径，对于大平原粮食稳产增产及农业的可持续发展具有重大意义。

4.1.2　技术路线

本研究的技术路线见图 4-1。

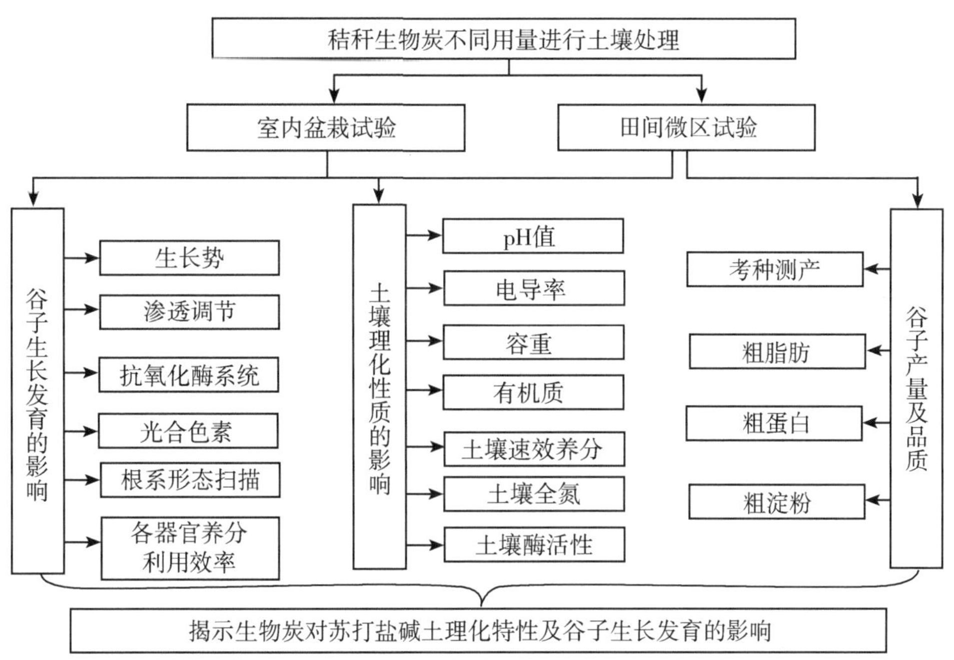

图 4-1　生物炭对苏打盐碱土理化特性及谷子生长发育的影响技术路线

4.2　材料与方法

4.2.1　试验材料

种植材料为‘祥谷 3 号’，购买自黑龙江省肇源县农资市场。室内盆栽与田间微区试验分别于大庆市龙凤区与大同区采取土样，土样类型为苏打盐碱化土壤，基本化学性质如表 4-1 所示。生物炭材料采购于大连兴龙垦有限公司，用立式炭化炉烧制，原材料为花生壳炭，炼制温度 400~500 ℃。基本性质：pH 值 8.34、含碳 53.64%、含氮 1.23%、磷 0.89%、钾 1.56%。

表 4-1　土壤基本化学性质

土壤类型	pH 值	电导率（μs/cm）	碱解氮（mg/kg）	有效磷（mg/kg）	速效钾（mg/kg）	有机质（g/kg）
盆栽土	8.5	71.62	38.31	6.00	190	24.00
田间土	8.8	160.44	34.44	8.75	183	16.38

4.2.2　试验设计

4.2.2.1　室内盆栽试验

设 4 个处理，分别为 B0（对照）、B1、B5、B9，即生物炭含量为土质量的 0 g/kg，10 g/kg，50 g/kg，90 g/kg，每个处理 5 次重复。将大庆地区市区盐碱土和生物炭全部过 2 mm 筛，与化肥混匀后等量装入 11 cm×7.5 cm×10 cm 的花盆中，每盆装土 1 kg。配施化肥量为 N150 mg/kg、$P_2O_5$100 mg/kg、K_2O 70 mg/kg。每盆均匀摆放 30 粒种子置于黑龙江八一农垦大学农学院植物生长室内。盆栽试验时长 45 d，测定幼苗叶绿素、生理生化指标，幼苗生物量及根系形态等指标，取样后在每盆内用盆栽土钻采集表层土样，除杂、混匀后作为土壤分析样品，经风干、磨细并过筛（1 mm）后一部分土样风干后用于测定土壤化学性质，一部分冷藏保存用于测定土壤酶活性。

4.2.2.2　田间微区试验

在大庆市大同区黑龙江八一农垦大学试验基地进行。生物炭于谷子播种前一次性均匀撒施并与耕层土壤旋耕混匀。采取垄数×垄宽×垄长＝12×0.65 m×5 m 小区式排列，每个小区面积约 39 m^2。如表 4-2 所示，设置 5 个处理，3 个重复，共 15 个小区。谷子于 2019 年 5 月 5 日播种，生物炭配化肥用量分别为 N 150 kg/hm^2、P_2O_5 100 kg/hm^2、K_2O 75 kg/hm^2。

表 4-2　试验处理设置

处理	生物炭添加量（g/m^2）	施肥量
C0	0	0
B0	0	N 150 kg/hm^2、P_2O_5 100 kg/hm^2、K_2O 75 kg/hm^2
B5	500	与 B0 处理相同施肥量
B15	1 500	与 B0 处理相同施肥量
B25	2 500	与 B0 处理相同施肥量

样品采集与指标测定：分别在谷子拔节、抽穗、灌浆、成熟期采集植株样与土样，土壤样品按 3 点法取样，采集深度为 0~20 cm，并小心挖出根系带回实验室进行根系扫描，将植株样与土样带回进行植株表型及土壤理化性质方面的测定，成熟期考种并计算产量。

4.2.3 测定方法

4.2.3.1 植物生长指标的测定

分别在谷子不同生育期内于小区内随机选取 5 株长势相同的样品。株高、茎粗，分别用卷尺与电子游标卡尺测定；叶长、叶宽用直尺测定，叶面积按叶长×叶宽×0.75 计算。将处理后的样品放置于烘箱内 105 ℃杀青 25 min 后 85 ℃烘至恒重，称取植株重量计算干物质量。

采用根系扫描仪（Epson Perfection V800 photo）对样品根系进行扫描成像，并用 WinRHIZO 根系分析系统对成像后的图片进行根系形态各指标的分析与数据处理。

4.2.3.2 植物理化指标的测定

光合色素含量测定采用 95%乙醇浸泡剪碎的新鲜谷子叶片，避光浸泡 48 h 后分别于波长 665 nm、649 nm、470 nm 波长下测量光密度值（Oleszczuk et al.，2014）。

采用氮蓝四唑（NBT）法测定谷子叶片内超氧化物歧化酶（SOD）活性；采用愈创木酚法测定谷子叶片内过氧化物酶（POD）活性；采用愈创木酚法测定谷子叶片内过氧化氢酶（CAT）活性；采用硫代巴比妥酸（TBA）法测定谷子叶片内丙二醛（MDA）含量；采用磺基水杨酸法测定谷子叶片内游离脯氨酸含量；采用蒽酮法测定谷子叶片内可溶性糖含量；采用考马斯亮蓝（G-250）染色法测定谷子叶片内可溶性蛋白质含量（张志良等，2009）。

4.2.3.3 土壤理化指标的测定（鲁如坤，1999）

（1）土壤容重、总孔隙度和 pH 值、土壤电导率的测定

土壤容重采用环刀法测定；用容重带入经验公式中计算得出总孔隙度。

土壤 pH 值采用水土比 2.5∶1 浸提—电位法测定；采用水土比 5∶1 浸提—电导法测定盐碱土中水溶性盐分含量，每个处理设 3 次重复。

（2）土壤养分的测定

有机质含量采用重铬酸钾氧化外加热法；土壤全氮量采用凯氏定氮法测定；土壤速效钾含量采用 NH_4OAc 浸提采用火焰光度法测定，有效磷含量采用 $NaHCO_3$ 浸提采用钼锑抗比色法测定，碱解氮含量采用碱解扩散法测定。

（3）土壤酶活性测定

过氧化氢酶活性采用取杨兰芳改良法测定（杨兰芳等，2011）。转化酶活性：3,5-二硝基水杨酸比色法；碱性磷酸酶活性：磷酸苯二钠比色法；脲酶活性：靛酚蓝比色法测定（关松荫，1986）。

4.2.3.4 植株元素含量的测定

谷子成熟期秸秆和籽粒烘干后研磨过 0.25 mm 筛。植株氮元素采用凯氏定氮法测

定；植株磷元素和钾元素分别采用钼蓝比色法和火焰分光光度法测定。

4.2.3.5 产量性状及其构成因素的测定

在谷子成熟后剪穗收获，采用室内考种方法，每个处理取10穗精细考种，分别测量谷子码粒数、码总数、单穗重、单穗粒重、千粒重等穗部性状指标。

作物成熟后，在每个试验小区任意选取远离边缘的3个2 m^2测产单元，将长势一致的谷穗晒干后脱粒称重，根据谷物14%的含水率重量折算出田间各处理小区的产量。

4.2.3.6 谷子籽粒品质的测定

谷子籽粒粗蛋白质含量=植株氮元素含量×谷子氮折算系数6.31；粗脂肪含量采用乙提—残余法测定；粗醚浸淀粉采用蒽酮—硫酸法测定。

4.2.4 数据统计

用Microsoft Excel对数据进行整理，用Graphpad prism 7软件进行相关图表的制作，用SPSS 21.0软件对数据进行显著性分析。

4.3 结果与分析

4.3.1 生物炭对盆栽谷子幼苗生长的影响

4.3.1.1 生物炭对谷子幼苗地上表型及植株生物量的影响

与未施入生物炭（B0）对照比，施入不同剂量生物炭对谷子株高、茎粗、叶面积以及植株生物量等指标的影响呈先增高加后降低的趋势（表4-3）。其中B5处理对谷子幼苗株高、茎粗、叶面积的增加及地上部、地下部生物量累积程度达到最高，较对照分别增加38%、35%、75%、125%、200%，均表现出显著差异（$P<0.05$）；上述研究结果表明，盐胁迫下生物炭能显著减缓盐碱胁迫对谷子生长的抑制作用，且促进了谷子全株生物量的累积，其中以B5处理中剂量生物炭处理对其提升效果最好。

表4-3 生物炭对谷子幼苗生长指标的影响

处理	株高（cm）	茎粗（cm）	叶面积（cm^2）	地上干重（g/株）	地下干重（g/株）
B0	29.36±2.83c	0.20±0.01b	6.38±0.27b	0.08±0.01 c	0.01±0.00 b
B1	32.88±0.97b	0.22±0.01b	7.62±0.49b	0.11±0.00 b	0.02±0.00 a
B5	40.44±2.41a	0.27±0.0a	11.15±0.21a	0.18±0.01 a	0.03±0.00 a
B9	37.48±1.24a	0.27±0.01a	9.38 ±0.71ab	0.16±0.01 ab	0.03±0.01 a

注：B0、B1、B5、B9代表生物炭的施入量分别为0 g/kg、10 g/kg、50 g/kg、90 g/kg；表内各小写字母分别代表不同处理间差异达到5%显著水平。下同。

4.3.1.2 生物炭对谷子幼苗总叶绿素含量的影响

与未施入生物炭（B0）对照比，施入不同剂量生物炭使谷子幼苗总叶绿素含量呈

图 4-2　生物炭对谷子幼苗株高的影响

先提高后降低的变化趋势（图 4-3）。其中 B5 处理对总叶绿素含量增幅最大，较 B0 对照增加 37%。上述研究结果表明，盐胁迫下生物炭减缓盐胁迫对光合色素的抑制作用，提高总光合色素含量累积水平，其中以 B5 处理中剂量生物炭处理效果最好，均未表现出显著差异（$P<0.05$）。

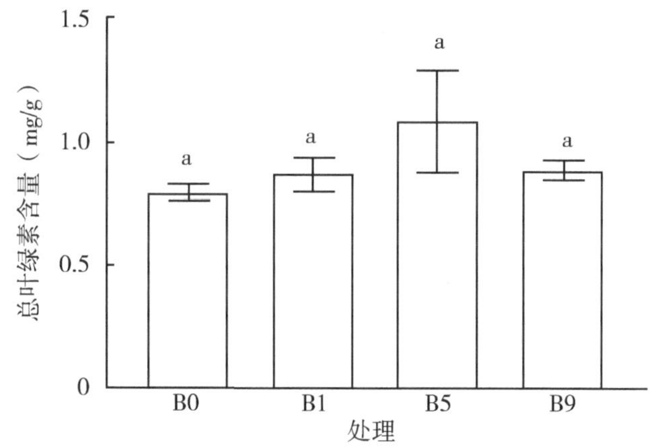

图 4-3　生物炭对谷子幼苗叶片总叶绿素含量的影响

注：B0、B1、B5、B9 代表生物炭的施入量分别为 0 g/kg、10 g/kg、50 g/kg、90 g/kg；表内各小写字母分别代表不同处理间差异达到 5%显著水平。下同。

4.3.1.3　生物炭对谷子幼苗叶片抗氧化酶活性的影响

由图 4-4，与未施入生物炭（B0）对照比，施入不同剂量生物炭对谷子幼苗叶片内 SOD 活性的增长呈直线上升的趋势。其中以 B9 处理下对其活性提升程度最大，分别提高了 202%。不同生物炭处理均使 POD 和 CAT 活性的增加呈先高后低的变化趋势。其中以 B5 处理对其提高程度最大，较（B0）对照处理相比，分别提高了 81%、129%，以上差异均显著（$P>0.05$）。

上述研究表明，施入不同剂量的生物炭均提高了叶片 SOD、POD、CAT 活性，显著缓解土壤中盐分离子对植株的胁迫危害，总体以 B5 剂量施炭处理提升效果最好。

4.3.1.4 生物炭对谷子幼苗叶片丙二醛含量的影响

由图 4-4 可知，盐碱土的盐分离子诱导了谷子幼苗体内 MDA 含量的累积，施入不同剂量生物炭的处理均能抑制 MDA 含量的累积，与未施入生物炭（B0）对照比，B5 处理下幼苗叶片中 MDA 含量受抑制程度最大，降低 63%，差异显著（$P<0.05$）。上述研究表明，不同剂量生物炭的施入后有效缓解因盐胁迫产生的毒害反应，起到保护细胞的目的，利于作物的正常生长，其中以 B5 处理对 MDA 含量降至最小，细胞膜受损伤程度最低。

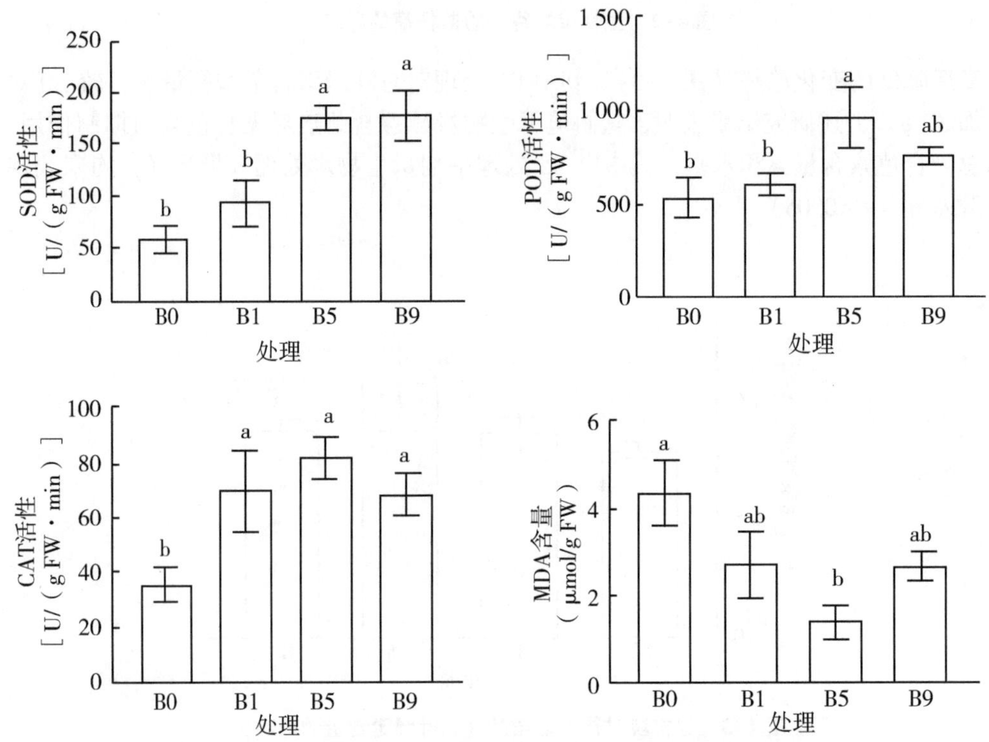

图 4-4 生物炭对盐碱土中谷子幼苗叶片保护酶活性的影响

4.3.1.5 生物炭对谷子幼苗叶片渗透调节系统的影响

由图 4-5 可知，施入不同剂量生物炭的处理对谷子幼苗体内可溶性蛋白含量的增加呈直线增长的趋势。与未施入生物炭（B0）对照比，B9 处理下对其提高程度最大提高达 62%，差异不显著（$P>0.05$）。

施入不同剂量生物炭的处理对幼苗叶片游离脯氨酸、可溶性糖含量呈现增加后下降的变化趋势，其中以 B5 处理下对谷子叶片内游离脯氨酸、可溶性糖含量积累达到最高，与 B0 对照相比分别提升 260%、53%，差异均显著（$P>0.05$）。

上述研究表明，适量的生物炭施入量较大程度上促进叶片渗透调节物质含量的积累，显著缓解盐碱化土壤对植株造成的胁迫危害。

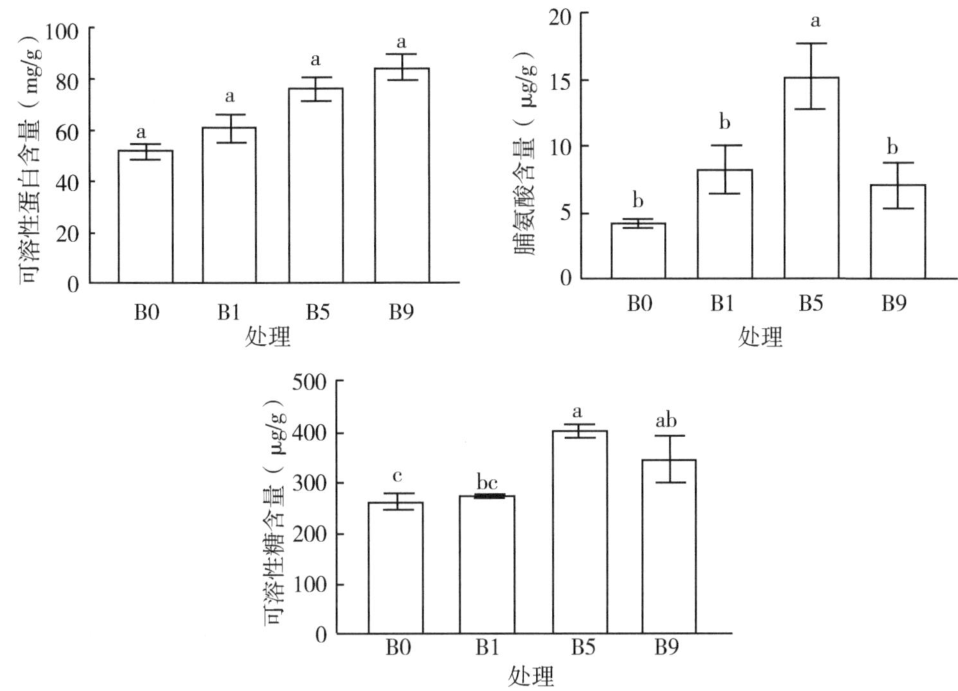

图 4-5　生物炭对谷子幼苗叶片渗透调节系统的影响

4.3.1.6　生物炭对谷子幼苗根系形态的影响

与未施入生物炭（B0）对照比，施入不同剂量生物炭对谷子幼苗根系各项指标均呈现上升趋势（表 4-4）。其中 B9 处理对谷子根系总根长、总根系表面积、总根尖数以及总根分枝数的增加均达到最高点，分别提高 52%、148%、200%和 97%、58%，除根尖数外，差异均不显著（$P>0.05$）。

总体来说，B9 处理高剂量生物炭显著缓解盐胁迫对根系生长发育的抑制程度，表明高剂量生物炭可以促进谷子根系发达，使其进行纵向伸长生长，增大根系总表面积，总根尖数，扩大根系吸收系统对水分、矿质养分的吸取面积，从而抵抗盐碱等逆境环境带来影响。

表 4-4　谷子根系特征参数

处理	总根长（cm）	总根表面积（cm^2）	总根体积（cm^3）	总根尖数	总分枝数
B0	128. 65±15. 80a	3. 15±0. 31b	0. 01±0. 00b	1 837. 20±116. 72b	1 227. 00±116. 82a
B1	140. 25±16. 38a	3. 19±0. 31b	0. 01±0. 00b	2 708. 20±471. 28ab	1 586. 60±304. 75a
B5	148. 68±5. 88a	6. 91±0. 50a	0. 03±0. 00a	2 819. 40±366. 86ab	1 844. 00±167. 06a
B9	195. 78±8. 07a	7. 80±1. 10a	0. 03±0. 01a	3 626. 80±430. 22a	1 935. 80±277. 63a

4.3.1.7 生物炭对土壤理化特性的影响

(1) 生物炭对土壤酸碱度、电导率的影响

与未施入生物炭（B0）对照比，施入不同剂量生物炭显著降低了土壤的酸碱度（表4-5）。B1处理对盐碱土pH值的降幅最大，降低0.14个单位，差异不显著（$P>0.05$）。同时随着施入量的增多，室内盆栽条件下土壤电导率值呈减小的趋势。较（B0）对照比，B5生物炭处理对电导率值降至最低约46%，差异显著（$P>0.05$）。

总体来说，生物炭的施用对盆栽条件下土壤pH值、电导率带来一定的积极影响，其中以B1和B5生物炭处理对降低盆栽土壤盐分、酸碱度的效果最好。

表4-5 生物炭对土壤养分的影响

处理	碱解氮（mg/kg）	有效磷（mg/kg）	速效钾（mg/kg）	全氮（g/kg）	有机质（g/kg）	碳氮比
B0	44.43±1.63a	6.00±0.01ab	210.00±0.00b	1.39±0.02c	23.84±0.70b	17.13±0.65b
B1	45.17±4.21a	7.77±0.63ab	300.00±70.24ab	1.58±0.11b	31.97±1.39ab	20.43±0.94ab
B5	56.37±4.94a	8.51±1.01a	356.67±58.12ab	1.62±0.04a	38.45±2.37a	23.31±1.96a
B9	50.77±3.06a	7.01±0.38ab	376.67±3.33a	1.65±0.06a	41.50±5.12a	25.68±3.41ab

(2) 生物炭对土壤速效养分含量影响

盐碱条件下，同未施入生物炭（B0）对照比，施入不同剂量生物炭处理均增加土壤速效养分含量（表4-6）。其中B5中剂量处理对土壤碱解氮、有效磷含量的增幅最大，分别提升27%、42%。其中同B0对照处理相比，B9处理对速效钾含量增加达到最大约79%。除速效钾外，差异均不显著（$P>0.05$）。

总体来说，B5和B9生物炭处理对促进土壤速效养分效果较好，说明中、高剂量生物炭施入使盐碱土中各养分指标增加，可能是因为生物炭因其本身带有较高的基本营养元素，添加后明显改善了土壤养分环境，提高了土壤肥力。

(3) 生物炭对土壤有机质、全氮、碳氮比的影响

盐碱土中，较未施入生物炭（B0）对照比，施入不同剂量生物炭均极大程度上提高了土壤有机质、全氮含量（表4-6）。其中B9处理对盐碱土有机质、全氮含量的增幅达到最高，较（B0）对照相比提高约19%、74%。同时不同生物炭处理对土壤内碳氮比值的影响也呈直线上升趋势，其中B9处理对其增幅最大可达50%，差异显著（$P>0.05$）。

总体来说，说明高剂量生物炭使盐碱土中有机质、全氮含量增加，可能是因为生物炭自身含碳量较多，增强土壤的保肥能力，使土壤内碳氮比的增长均有较大影响。

4.3.1.8 生物炭对土壤酶活性的影响

土壤过氧化氢酶、脲酶和碱性磷酸酶活性均随生物炭剂量的加大，呈先升高后降低的趋势（表4-6）。施入生物炭处理为B5时，对其活性增强达最大值，较未施入生物炭（B0）对照比，分别提高12%、84%、67%。生物炭处理为B9时对蔗糖酶活性提高

最大达 41%，以上差异均显著（$P>0.05$）。

表 4-6 生物炭对土壤化学性质及酶活性的影响

处理	pH 值（$CaCl_2$）	电导率（μs/cm）	过氧化氢酶［mg/（g·20min）］	脲酶［mg/（g·h）］	碱性磷酸酶［mg/（g·h）］	蔗糖酶［mg/（g·h）］
B0	8.26±0.00a	71.77±3.27a	2.11±0.04b	0.19±0.03b	0.18±0.03b	0.80±0.03b
B1	8.12±0.07a	53.57±3.47b	2.23±0.01ab	0.31±0.05ab	0.29±0.01a	0.99±0.07ab
B5	8.22±0.04a	49.10±1.32b	2.37±0.08a	0.35±0.03a	0.30±0.01a	1.12±0.09 a
B9	8.23±0.02a	55.13±3.22b	2.25±0.03ab	0.34±0.07ab	0.27±0.01a	1.13±0.09 a

本研究结果表明，适当剂量的生物炭促使土壤酶活性提高，其中，生物炭处理为 B5 和 B9 时，对土壤酶活性增强效果较好，主要因为生物炭本身含碳量相对较高，施入后使土壤内有机质含量增大，提高酶催化反应速度的同时，还有利于酶的活性中心与底物结合过程中的稳定性，从而提升了土壤酶的潜在活性。

4.3.2 不同施炭处理对田间谷子形态指标的影响

4.3.2.1 不同施炭处理对谷子各生育期内株高、茎粗变化的影响

由图 4-6、图 4-7、图 4-8 可知，随不同生物炭量的增加，全生育进程中谷子株高、茎粗呈先升高后下降趋势，其中各个时期内株高、茎粗变化则均呈上升趋势（除 B5 施炭处理）。与同时期对照 B0 处理相比，以拔节期 B15 施炭处理对谷子的株高、茎粗的增加效果最好，分别提高 48%、3% ；抽穗期则以 B25 施炭处理对其增加效果最

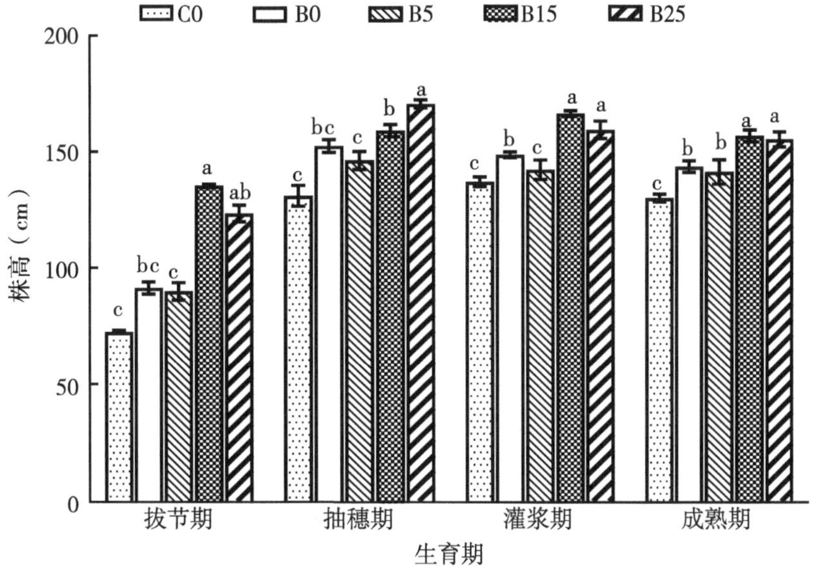

图 4-6 不同施炭处理对谷子各生育期株高的影响

好，均提高 12%。以上两个时期株高差异均显著（*P*>0.05），茎粗差异均不显著（*P*>0.05）；灌浆、成熟期均以 B15 施炭处理对株高、茎粗的增加效果最好，株高分别提高 12%、29%，茎粗分别提高 9%、49%，以上时期差异均显著（*P*>0.05）。在开花阶段之前，为快速生长阶段，随着灌浆后期籽粒逐渐饱满，谷子的顶部会弯曲，成熟期株高均降低。在成熟阶段，作物茎秆逐渐干枯，基本无需水要求，茎粗均下降。

综合分析可知，在谷子各生育期中，施入不同剂量的生物炭对谷子株高和茎粗提升效果不同，总体以 B15 施炭处理对其提升效果较好，说明适宜的生物炭剂量能有效使作物的株高、茎粗得到提高，这有利于最后谷子产量的提升。其中大田 B5 施炭处理因所处地势较低洼，加上 2019 年雨水较多，至整个生育期植株整体偏矮、叶片发黄、生长发育较为迟缓，直接影响了产量及其他各指标的准确性，对试验结果产生一定的影响。

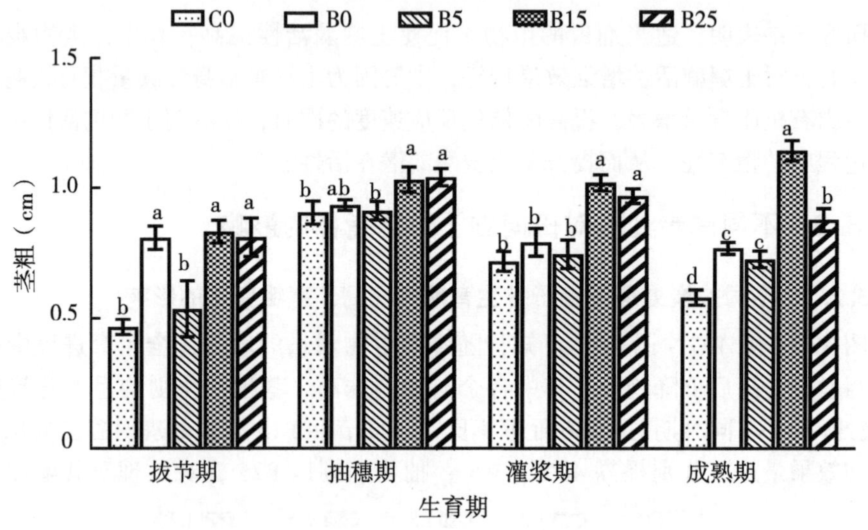

图 4-7　不同施炭处理对谷子各生育期茎粗的影响

4.3.2.2　不同施炭处理对谷子根系形态指标的影响

由表 4-7 可知，随不同生物炭量的增加，各个时期内不同施炭处理对根系构型的各项指标影响不同。与同时期对照 B0 处理相比，拔节期以 B15 施炭处理的对总根长、总根表面积、总根体积和根尖数、分枝数的增多幅度达到最大，分别提高 95%、91%、85%、98%、114%；抽穗期以 B25 施炭处理的对其增加幅度达到最大，分别提高 19%、47%、51%、11%、47%；后两个时期与拔节期对其变化相似，均以 B15 处理增幅度最大，其中灌浆期分别提高达 16%、29%、49%、11%、27%；成熟期提高分别达 57%、54%、51%、115%、95%，除抽穗、灌浆期外，以上差异均显著（*P*>0.05）。

综合分析，在谷子全生育期中，以 B15 施炭处理对谷子各生育期内根系形态的构建促进效果较好。说明适量的生物炭较大程度上改善根系构型，有利于谷子主根根系伸长发育，同时也使谷子的大量须根系向土壤中下扎与吸收养分，从时间或空间上增强对其肥水的利用效率，使作物产量得到提高。

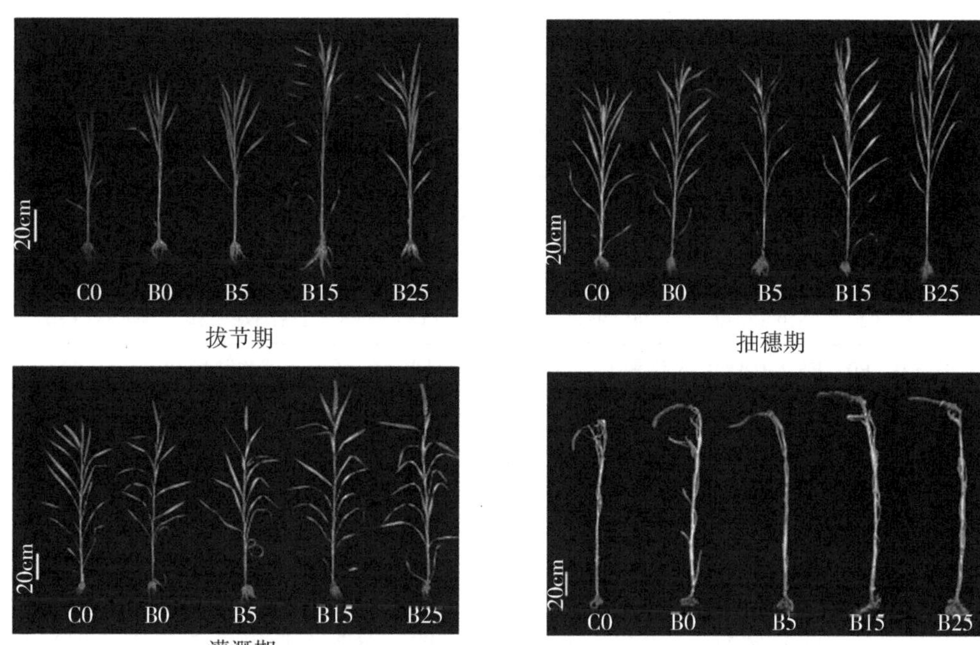

图 4-8　不同生物炭处理对谷子各生育期株高的影响

表 4-7　不同施炭处理对谷子各生育期根系参数的影响

生育期	处理	总根长（cm）	总根表面积（cm^2）	总根体积（cm^3）	根尖数	分枝数
拔节期	C0	259. 55±26. 13c	15. 06±0. 68c	0. 07±0. 01c	3 949. 50±573. 57c	3 108. 75±341. 00c
	B0	493. 05±71. 77bc	45. 59±5. 43b	0. 34±0. 04b	6 030. 25±906. 18c	8 745. 75±1376. 67b
	B5	310. 00±59. 95c	21. 52±5. 46c	0. 12±0. 04c	4 338. 00±561. 18c	4 052. 50±958. 00c
	B15	959. 54±15. 29b	86. 96±4. 05a	0. 63±0. 05a	11 960. 25±243. 41a	18 733. 75±983. 93a
	B25	664. 62±142. 73a	55. 70±9. 85b	0. 37±0. 05b	9 405. 50±2 544. 57b	10 181. 50±2 270. 88b
抽穗期	C0	354. 04±63. 85a	49. 63±7. 08a	0. 37±0. 04a	3 286. 25±607. 92a	11 961. 25±1 817. 39a
	B0	552. 44±126. 20a	50. 11±2. 84a	0. 45±0. 10a	6 401. 67±1 301. 87a	9 627. 25±1 434. 10a
	B5	409. 73±34. 25a	46. 10±3. 80a	0. 42±0. 05a	4 201. 00±462. 56a	8 384. 50±1 480. 36a
	B15	564. 31±75. 11a	56. 05±12. 36a	0. 56±0. 08a	7 033. 50±1 449. 06a	10 685. 67±2 823. 75a
	B25	656. 89±191. 11a	73. 73±15. 59a	0. 68±0. 09a	105. 50±2 430. 86a	14 184. 75±4 429. 65a
灌浆期	C0	431. 46±134. 76a	43. 69±9. 21a	0. 37±0. 04a	74 332. 00±1 649. 42a	7 549. 25±2 465. 93a
	B0	620. 76±206. 32a	61. 13±7. 57a	0. 47±0. 05a	7 084. 00±987. 26a	10 848. 00±1 858. 37a
	B5	599. 55±94. 40a	57. 84±8. 25a	0. 44±0. 06a	6 775. 50±1 034. 34a	9 758. 00±2 154. 45a
	B15	719. 80±115. 10a	78. 88±10. 99a	0. 70±0. 11a	7 841. 50±2 677. 39a	13 819. 75±2 893. 80a
	B25	635. 65±87. 23a	64. 52±22. 14a	0. 54±0. 19a	7 174. 0±1 195. 01a	12 137. 00±5 312. 22a

（续表）

生育期	处理	总根长（cm）	总根表面积（cm^2）	总根体积（cm^3）	根尖数	分枝数
成熟期	C0	386.89±51.09c	36.23±8.76b	0.26±0.04a	4 117.50±823.26b	6 447.50±2 087.12b
	B0	629.27±83.38bc	56.21±4.95ab	0.41±0.04ab	6 665.63±413.30ab	14 974.38±1 565.60b
	B5	523.61±115.47bc	41.52±7.74b	0.29±0.11b	6 447.50±927.42b	12 012.50±2 888.85b
	B15	987.29±148.01ab	86.56±9.38a	0.62±0.09a	14 354.38±1 875.64a	29 232.50±3 741.25a
	B25	810.15±121.54a	79.09±11.54a	0.61±0.05a	13 376.25±1 392.24a	23 944.38±3 280.38a

注：C0、B0、B5、B15、B25 代表生物炭的施入量分别为 0 g/m^2（不施肥）、0 g/m^2、500 g/m^2、1 500 g/m^2、2 500 g/m^2；表内各小写字母代表不同处理间差异达 5%显著水平。下同。

4.3.3 不同施炭处理对谷子叶面积、总叶绿素含量的影响

由图 4-9、图 4-10 可知，随不同生物炭量的增加，对谷子 3 个时期生育进程中叶面积、总叶绿素含量呈先升高后下降趋势，但各个时期内叶面积、总叶绿素含量变化规律影响不同。与同时期对照 B0 处理相比，拔节期、灌浆期均以 B15 施炭处理对叶面积、叶绿素的增幅最高，分别提高 11%、27%、17%、19%；抽穗期以 B25 施炭处理对其增幅达到最高，分别提高 11%、20%。除抽穗期叶面积外，差异均显著（$P>0.05$），不同时期总叶绿素，差异均不显著（$P>0.05$）。综合分析，B15 施炭处理对谷子不同时期叶片面积、总光合色素含量提升幅度最大。这表明适量的生物炭可以增加谷子叶面积，极大程度上增强了谷子叶片的光合强度及光合色素含量，同时降低谷子叶片的衰老速率，保持较高的光合生产力，增强作物养分积累和迁移的能力，促使最终产量得到增加。

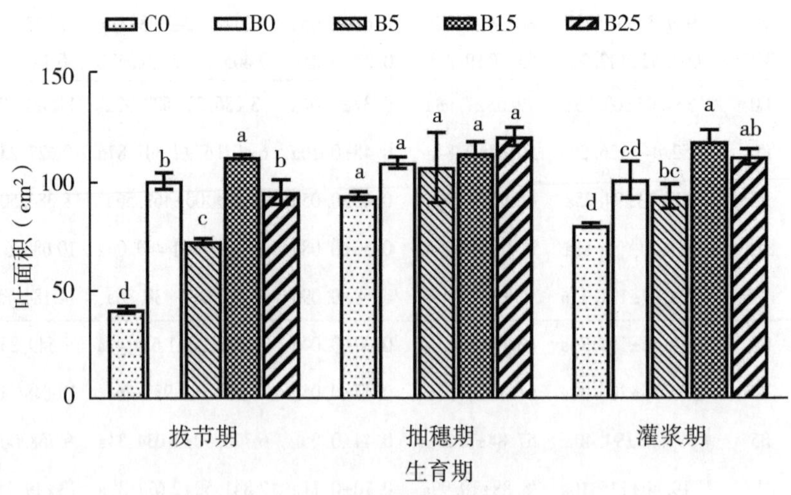

图 4-9　不同施炭处理对谷子各生育期叶面积的影响

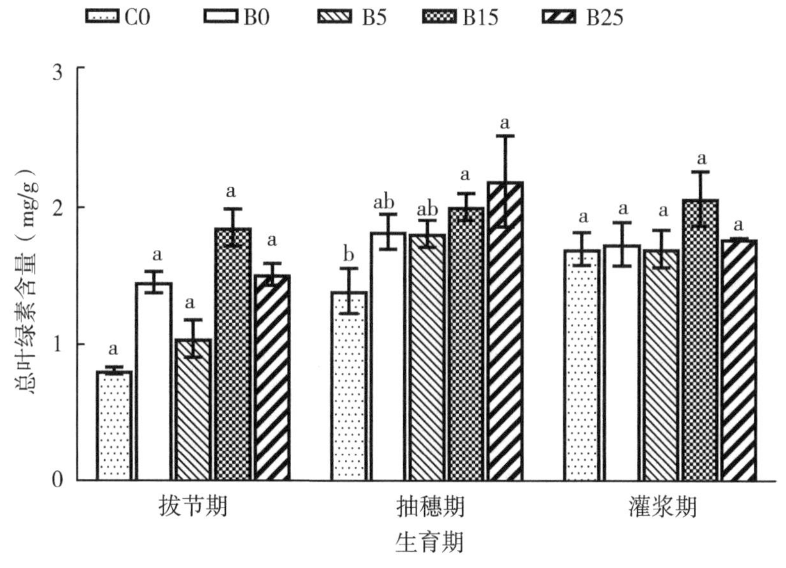

图 4-10 不同施炭处理对谷子各生育期总叶绿素含量的影响

4.3.4 不同施炭处理对谷子生理指标的影响

4.3.4.1 不同施炭处理对谷子抗氧化酶活性的影响

由图 4-11 可知，随着生物炭量的增加，谷子生育进程中抗氧化酶活性整体变化规律呈先上升后下降的趋势，其中各个生育期内叶片 SOD、POD 活性也呈现出相同的变化趋势。与同时期对照 B0 处理相比，拔节期、灌浆期均以 B15 施炭处理的对叶片 SOD、POD、CAT 活性增加幅度最大，分别提高 19%、31%、120%，7%、90%、69%；抽穗期则以 B25 施炭处理对其活性增幅度最大，分别提高 6%、16%、17%。以上差异均不显著（$P>0.05$）。

综合分析，盐碱胁迫造成叶片活性氧清除系统中关键酶活性下降幅度较大，当施入适当剂量的生物炭时，有效提高谷子抗氧化能力，减少活性氧含量积累，使 POD、SOD、CAT 等关键酶含量的下降得到恢复，总体以 B15 施炭处理对谷子叶片抗氧化酶系统缓解效果最好。

4.3.4.2 不同施炭处理对谷子丙二醛含量的影响

由图 4-12 可知，随施炭量的增加，谷子整体生育进程中叶片丙二醛变化规律呈直线上升的趋势，但各个生育期内 MDA 含量变化规律则呈现不同程度的影响。与同时期对照 B0 处理相比，拔节、灌浆均以 B15 施炭处理的对 MDA 含量的降幅度最大，分别降低 20%、225%；抽穗期则以 B25 施炭处理的对其降幅最大，降低约 5%，以上差异均不显著（$P>0.05$）。

综合分析，灌浆期 MDA 值相对于拔节和抽穗期来说增幅较大，说明后期叶片逐渐衰老，代谢能力较差，致使 MDA 值积累增多。总体以 B15 施炭处理降低 MDA 含量幅

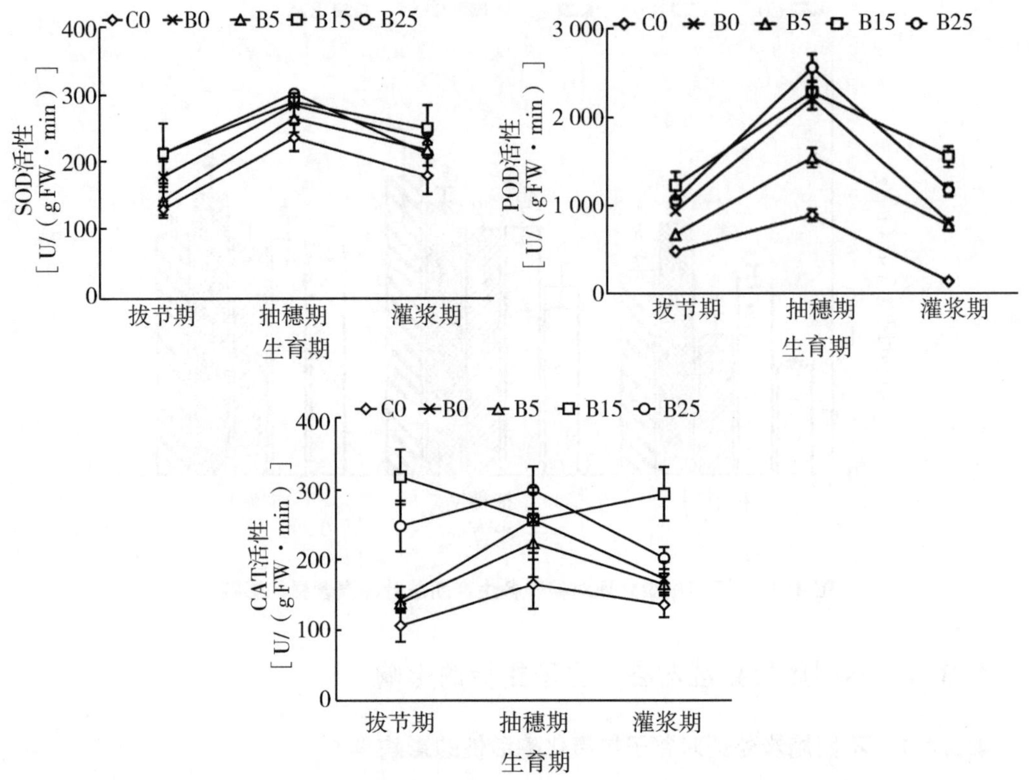

图 4-11　不同施炭处理对不同时期谷子叶片保护酶活性的影响

度较明显，说明施入适量的生物炭能够有效抵抗膜脂过氧化，有效地起到了保卫植物组织细胞的作用，有利于作物正常生长。

4.3.4.3　不同施炭处理对谷子渗透调节系统的影响

由图 4-13 可知，不同生育期内谷子叶片内可溶性糖、脯氨酸含量随着不同施炭量的增加，均呈现先上升高后降低的变化趋势，可溶性蛋白含量呈现无规律趋势。与同期对照 B0 处理相比，拔节、灌浆期均以 B15 施炭处理对谷子叶片可溶性蛋白、可溶性糖、脯氨酸含量提高达到最大，分别提高 4%、27%，33%，10%，24%、86%；抽穗期则以 B25 施炭处理对可溶性糖、脯氨酸含量增幅最大，分别提高 42%、163%，除抽穗期脯氨酸含量外，以上差异均不显著（$P>0.05$）。

综合分析，总体以 B15 施炭处理对叶片渗透调节物质影响较大，说明在逆境环境下，适量生物炭施入后植株逐渐吸收土壤养分，促进了渗透调节物质含量积累及可溶性蛋白质的强合成，维护细胞代谢平衡，使谷子叶片内渗透调节性得到加强。

4.3.4.4　生物炭对谷子生理生化指标及产量的相关性分析的影响

由表 4-8 可知，通过不同生物炭处理下的谷子叶片的各项生理生化指标的相关性分析，谷子叶片内 POD 活性与 SOD、CAT 活性呈极显著正相关；可溶性糖含量与谷子叶片内 SOD 活性呈显著正相关；叶片总叶绿素含量与 SOD、POD 活性、可溶性糖含量

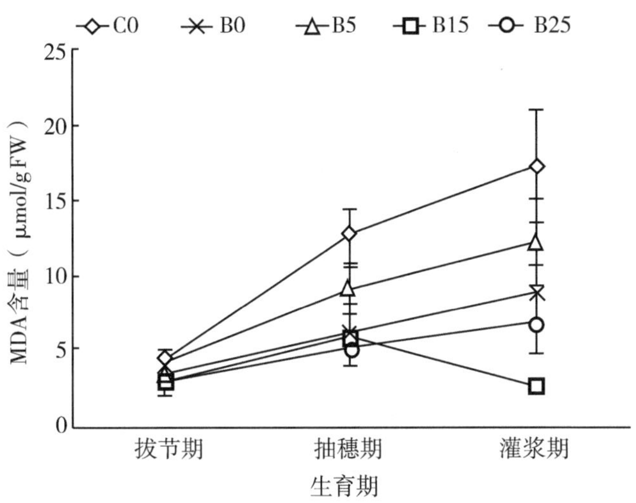

图 4-12 不同施炭处理对谷子丙二醛含量的影响

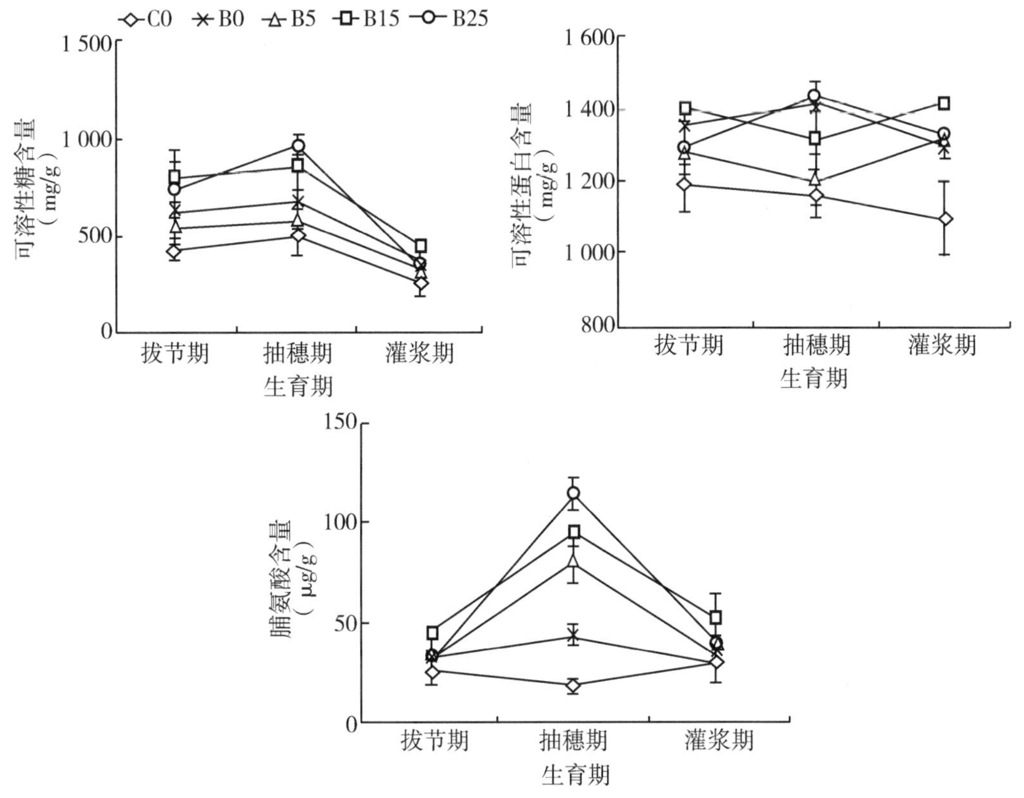

图 4-13 不同施炭处理对谷子渗透调节物质的影响

呈极显著正相关；谷子产量与谷子叶片内 SOD 活性呈极显著正相关，与叶片内 POD 活性、可溶性糖含量呈显著正相关。

综合分析，谷子叶片的生理生化指标与叶片总叶绿素、谷子产量之间相关性显著，说明不同施炭处理可以对谷子植株的生理产生综合影响，从而影响地上部的叶片总叶绿素的合成及产量的形成。

表 4-8　生物炭对谷子生理生化指标及产量的相关性分析的影响

指标	SOD	POD	CAT	可溶性糖	脯氨酸	叶绿素含量	产量
SOD	1						
POD	0.625**	1					
CAT	0.195	0.569**	1				
可溶性糖	0.260*	0.214	0.111	1			
脯氨酸	0.052	0.257	0.162	0.246	1		
叶绿素含量	0.423**	0.443**	0.193	0.354**	0.205	1	
产量	0.670**	0.626*	0.189	0.617*	-0.069	0.273	1

注：** 代表在 0.01 水平（双侧）上显著相关；* 代表在 0.05 水平（双侧）上显著相关。

4.3.5　不同施炭处理对土壤理化特性的影响

4.3.5.1　不同施炭处理对土壤容重与总孔隙度的影响

由表 4-9 可知，随着不同生物炭量的添加，全生育进程中土壤容重呈直线下降趋势，其中各个时期内土壤容重变化趋势与之相同。与同期对照 B0 处理相比，4 个时期均以 B25 施炭处理对土壤容重下降幅度最大，分别降至 13%、13%、3%、16%。与容重正好相反，各生育期内不同施炭量对土壤总孔隙度的增加均呈上升趋势。与同期对照 B0 处理相比，4 个时期均以 B25 施炭处理对土壤总孔隙度增幅最大，分别提高 10%、10%、2%、10%，以上差异均显著（$P>0.05$）。

综合分析，生物炭在改良盐碱土物理结构方面占有较大优势，以 B25 施炭处理对土壤容重与总孔隙度的改善效果最显著，可能因生物炭因具有多孔隙特点，使盐碱壤土的容重显著降低，总孔隙度显著增加，改善了盐碱土壤的理化特性，耕作条件和土壤微生物环境。但施入量过多，使土体孔隙过大，造成养分、水分固持能力下降等不良影响。

4.3.5.2　不同施炭处理对全生育期土壤 pH 值的影响

由表 4-9 可知，随着不同生施炭量的增加，全生育期内土壤的 pH 值变化幅度较小，其中各个生育期内 pH 值呈小幅度减小趋势。与同期对照 B0 相比，拔节期、抽穗期以 B5 施炭处理的对土壤 pH 值下降幅度最大，减少 0.16 个单位、0.15 个单位；灌浆期、成熟期则均以 B15 施炭处理对 pH 值降幅最大，较对照分别减少 0.12 个单位、0.12 个单位，除抽穗期外，差异均不显著（$P>0.05$）。

综合分析，在田间试验的不同生长阶段，施入不同剂量的生物炭对降低土壤 pH 值有一定作用，但效果不明显，这可能与田间试验中土壤特性的巨大差异及多次浇水稀释作用或根系分泌物影响的有关。

4.3.5.3 不同施炭处理对土壤电导率的影响

如表 4-9 所示，随着不同生物炭量的增加，全生育进程中土壤电导率呈上升趋势，其中各个生育期内土壤电导率值则均呈减小趋势。与同期对照 B0 相比，拔节期、抽穗期均以 B5 施炭处理的对其降幅度最大，分别降低 8%、11%；灌浆期、成熟期均以 B15 施炭处理对土壤 pH 值降低程度较大，与对照 B0 相比分别降低 10%、12%，以上除抽穗期外，差异均不显著（P>0.05）。

综合分析，总体以 B5～B15 施炭处理对土壤盐分离子有较强缓冲作用，说明施入适量的生物炭使盐碱土壤的盐分浓度降低，这可能与生物富有极大的比表面积有关，因而其吸附性能较强，减少了土壤中盐分含量的沉积程度。

表 4-9 不同施炭处理对谷子理化性质的影响

生育期	处理	容重（g/cm^3）	总孔隙度（%）	PH 值（$CaCl_2$）	电导率（μs/cm）
拔节期	C0	1. 39±0. 02a	47. 92±0. 64b	8. 84±0. 03a	153. 07±6. 95a
	B0	1. 35±0. 04a	49. 40±1. 15b	8. 83±0. 02a	142. 60±3. 87ab
	B5	1. 32±0. 03a	50. 56±1. 07b	8. 67±0. 01b	130. 80±3. 29b
	B15	1. 29±0. 04ab	51. 30±1. 18ab	8. 83±0. 01a	142. 33±3. 54ab
	B25	1. 20±0. 03b	54. 35±1. 10a	8. 76±0. 01a	141. 33±3. 43ab
抽穗期	C0	1. 38±0. 02a	48. 58±0. 64b	8. 82±0. 01a	152. 50±10. 27a
	B0	1. 33±0. 04a	49. 81±1. 20b	8. 80±0. 03a	140. 97±4. 87ab
	B5	1. 30±0. 03a	50. 97±1. 08b	8. 65±0. 13a	125. 13±0. 89b
	B15	1. 28±0. 04 ab	51. 79±1. 20ab	8. 66±0. 09a	129. 47±3. 37b
	B25	1. 18±0. 03b	54. 90±1. 10 a	8. 74±0. 01a	140. 07±2. 12ab
灌浆期	C0	1. 35±0. 04a	49. 40±1. 23b	8. 76±0. 01a	200. 33±3. 99a
	B0	1. 22±0. 01b	53. 61±0. 51a	8. 74±0. 02a	213. 67±21. 09a
	B5	1. 20±0. 02b	54. 35±0. 57a	8. 72±0. 01a	192. 07±9. 87a
	B15	1. 18±0. 03b	54. 90±1. 07a	8. 62±0. 02b	191. 47±7. 69a
	B25	1. 18±0. 03b	54. 90±1. 00a	8. 73±0. 01a	194. 70±11. 31a
成熟期	C0	1. 22±0. 02a	53. 77±0. 64b	8. 69±0. 01a	197. 50±10. 75a
	B0	1. 21±0. 03a	54. 19±0. 95b	8. 56±0. 02b	174. 93±1. 69ab
	B5	1. 16±0. 01a	55. 84±0. 44ab	8. 52±0. 02b	167. 90±13. 30b
	B15	1. 13±0. 05ab	56. 66±1. 55ab	8. 44±0. 00b	154. 20±5. 33b
	B25	1. 04±0. 07b	59. 47±2. 22a	8. 57±0. 02b	174. 17±2. 29ab

4.3.6 不同施炭处理对土壤养分含量的影响

4.3.6.1 不同施炭处理对土壤中碱解氮含量的影响

由图 4-14 可知，随着不同施炭量的增多，谷子全生育进程中土壤碱解氮含量呈先升高后下降趋势，其中对各个生育期内土壤碱解氮含量影响则不同。与同时期对照 B0 处理相比，拔节期、灌浆期、成熟期均以 B15 施炭处理对碱解氮增幅最高，分别提高 30%、28%、33%，除成熟期外，差异均显著（$P>0.05$）；抽穗期以 B25 施炭处理对其增幅最大，较对照提高 21%，差异不显著（$P>0.05$）。

综合分析，总体以 B15 施炭处理对土壤有效氮含量增高达到最佳水平。说明适量生物炭整体上提升了土壤的有效氮含量，其中成熟期内其含量低于前 3 个生长期，这可能是由于在谷子生长过程中吸取并转化了部分的氮，或在后期的灌溉过程中使其含量有所下降。

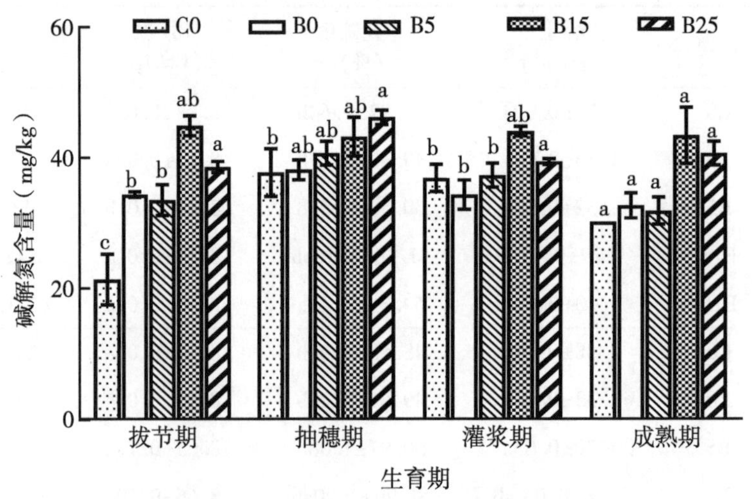

图 4-14 同施炭处理对谷子全生育期土壤碱解氮含量的影响

4.3.6.2 不同施炭处理对土壤中有效磷含量的影响

由图 4-15 可知，随着不同生物炭量的增加，谷子全生育进程中土壤有效磷呈直线下降趋势，其中对各个生育期内土壤有效磷含量影响则不同。与同时期对照 B0 处理相比，拔节、灌浆、成熟期均以 B15 施炭处理对土壤有效磷含量提升幅度最大，分别提高 24%、22%、29%；抽穗期则以 B25 施炭处理对其影响最大，较对照比提升至 37%。除灌浆期外，以上时期差异均显著（$P>0.05$）。

综合分析，总体以 B15 施炭处理施入后使土壤有效磷含量显著增高，对其增效作用较好。说明适量生物炭剂量为谷子生长中后期供给更多的磷素，这可能与生物炭使化肥等肥料在土壤中养分释放速度变缓有着密切关系，然而，当施用量超过一定限度时，增加效果逐渐减弱，过量的生物炭可能会使土壤孔隙度过大，使其淋溶速率变快。

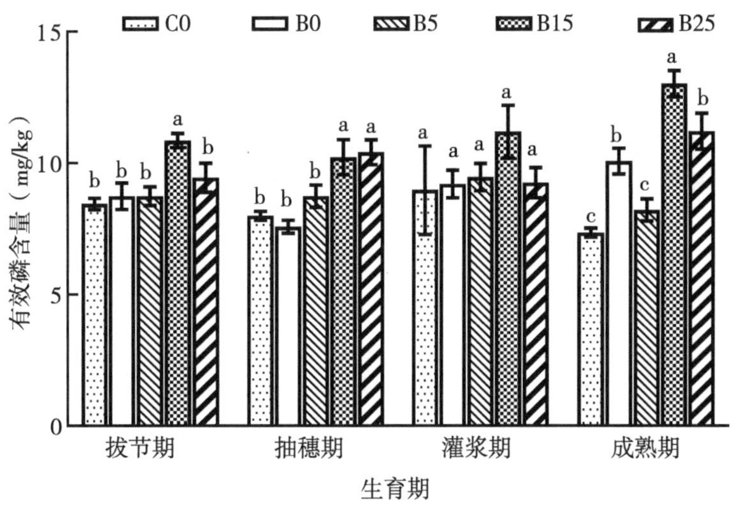

图 4-15　不同施炭处理对谷子全生育期土壤有效磷含量的影响

4.3.6.3　不同施炭处理对土壤速效钾含量的影响

从图 4-16 可以看出，随着不同生物炭量的增加，谷子全生育进程中土壤速效钾呈上升趋势，其中各生育期内土壤速效钾含量影响则不同。与同时期对照 B0 处理相比，拔节期以 B15 施炭处理对其含量的增高达到最大，可达 38%，差异显著（P>0.05）；抽穗期则以 B25 施炭处理对其有效磷含量影响最大，同对照比提高至 76%；灌浆、成熟期与拔节期情况相同，均以 B15 施炭处理增幅最大，提高可达 74%、28%，以上除灌浆期外差异均显著（P>0.05）。

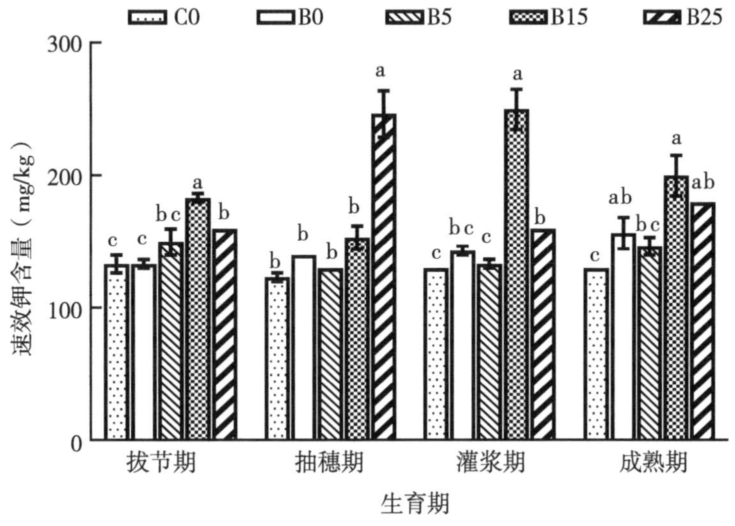

图 4-16　不同施炭处理对谷子全生育期土壤速效钾含量的影响

综合分析，适量生物炭对土壤有效钾含量增加具有显著影响，其中以 B15 施炭处理时对钾有效性含量的增效作用最明显。

4.3.6.4 不同施炭处理对土壤有机碳、全氮含量、碳氮比的影响

从图 4-17 可知，随不同生物炭量的增加，谷子全生育进程中土壤有机碳、全氮含量呈上升趋势，其中谷子各个生育期内土壤有机碳含量的增加均呈升高趋势。与同时期对照 B0 处理相比，不同生育期均以 B25 施炭处理对土壤有机碳含量增幅最大，分别提

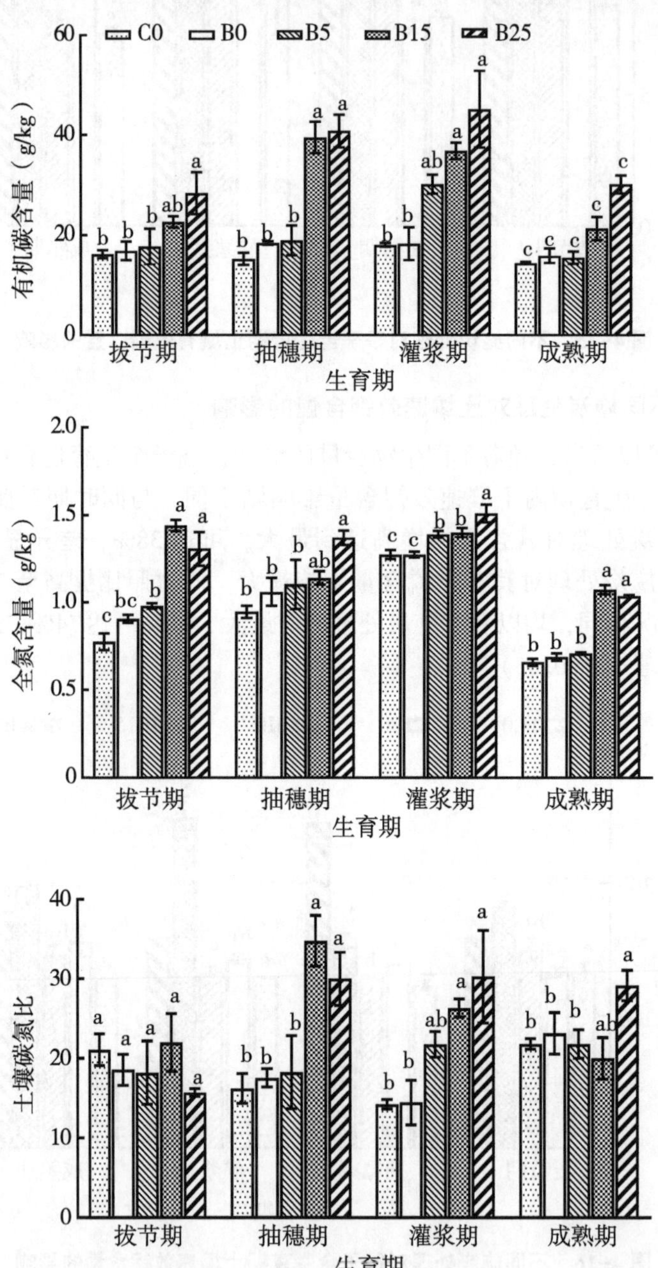

图 4-17 不同施炭处理对土壤有机碳、全氮含量、碳氮比的影响

高 69%、122%、147%、90%；同时不同施炭量对各个生育期内土壤全氮含量均呈上升趋势其作用效果显著。与同期对照 B0 处理相比，在抽穗、灌浆期以 B25 施炭处理对其增幅最高，提高达 29%、19%，在拔节、成熟期均以 B15 施炭处理对其增幅最大，分别提高 59%、56%；以上差异均显著（P>0.05）。

同时随施炭量增多，土壤碳氮比前期呈现先增加后下降的趋势，后期则呈直线升高的趋势。与同期对照 B0 处理相比，拔节期、抽穗期以 B15 施炭处理对其增幅最高，分别提高 18%、110%。灌浆期、成熟期以 B25 施炭处理对其增幅最大，分别提高 98%、26%。

综合分析，总体以 B25 处理对有机碳含量提升作用较好，B15 和 B25 处理对全氮、碳氮比提升作用最好，说明适量的生物炭使土壤中有机碳、全氮含量得到极大提升。可能因生物炭具有碳含量较为丰富，在盐碱低等土壤肥力较低的地块中施入生物炭后增加其土壤中有机碳含量，促进土中微生物的活动且增强了土壤内酶活性，最终达到提高作物生长效果。但是，土壤中碳氮比过高和部分生物炭分解很容易导致固氮，易与植物争夺氮素，从而降低了土壤中有效性氮素的利用速率，降低了植株对氮含量的摄取，对谷子穗部粗蛋白合成也造成一定影响。

4.3.7 不同施炭处理对土壤酶活性的影响

4.3.7.1 不同施炭处理对土壤过氧化氢酶活性的影响

由表 4-10 可知，随着不同生物炭量增加，全生育进程中土壤过氧化氢酶活性呈下降趋势，其中对各个时期内土壤过氧化氢酶活性则表现出不同程度的影响。较同时期对照 B0 处理相比，拔节期、抽穗期以 B25 施炭处理对土壤过氧化氢酶活性增幅最高，均提高 2%；灌浆期、成熟期这两个时期均以 B15 施炭处理对其增幅最高，均提高 7%倍，以上差异均不显著（P>0.05）。

综合分析，适量的生物炭对谷子各生育期内土壤过氧化氢酶活性提升幅度较小，但总体高于对照 B0 处理，其中以 B15 和 B25 施炭处理对增强过氧化氢酶活性影响较大。

4.3.7.2 不同施炭处理对土壤水解酶活性的影响

由表 4-10 可知，随着不同生物炭量的增加，对不同生育期内蔗糖酶、碱性磷酸酶、脲酶表现出不同的趋势。与同时期对照 B0 处理相比，拔节期以 B15 施炭处理对土壤蔗糖酶、脲酶、碱性磷酸酶活性的增加达到最高值，分别提高 196%、32%、88%；抽穗期以 B25 施炭处理对其活性增幅最高，分别提高 140%、190%、223%；在灌浆期均以 B15 施炭处理对蔗糖酶、碱性磷酸酶的增幅最高，分别提高 40%，100%，以 B25 施炭对脲酶活性增幅最大，提高可达 19%；在成熟期均以 B15 施炭处理对碱性磷酸酶、脲酶活性的增幅达到最高，可达 64%，20%，以 B25 施炭处理对蔗糖酶活性提高幅度最大，提高可达 42%。蔗糖酶活性仅拔节期差异均显著（P>0.05），脲酶活性全生育期差异均显著（P>0.05），碱性磷酸酶活性除灌浆期差异均显著（P>0.05）。

综合分析，适量的生物炭增强了土壤中水解酶活性，其中以 B15 和 B25 生物炭处理对蔗糖酶、碱性磷酸酶、脲酶的活性增加幅度较大。

表 4-10 不同施炭处理对谷子全生育期土壤酶活性的影响

生育期	处理	过氧化氢酶 [mg/（g·20min）]	蔗糖酶 [mg/（g·h）]	脲酶 [mg/（g·h）]	碱性磷酸酶 [mg/（g·h）]
拔节期	C0	2.00±0.00b	2.68±0.26b	0.26±0.03b	0.46±0.05c
	B0	2.02±0.02ab	3.64±0.43b	0.32±0.05b	1.00±0.05b
	B5	2.02±0.01ab	4.30±1.67b	0.38±0.06bc	0.98±0.07b
	B15	2.06±0.02a	10.78±1.46a	0.60±0.04b	1.32±0.10a
	B25	2.06±0.02a	8.19±1.05a	0.46±0.01a	1.18±0.08ab
抽穗期	C0	2.02±0.01b	0.51±0.09b	0.08±0.04b	0.82±0.17b
	B0	2.08±0.04ab	3.05±1.71b	0.22±0.02b	0.80±0.04b
	B5	2.06±0.03ab	4.10±1.69ab	0.20±0.04b	1.59±0.08a
	B15	2.11±0.01a	7.19±0.88a	0.43±0.01b	1.69±0.10a
	B25	2.13±0.02a	7.34±0.47a	0.71±0.09a	2.32±0.09a
灌浆期	C0	1.52±0.06b	4.94±0.21b	0.47±0.02b	0.10±0.02b
	B0	1.83±0.04a	6.15±0.48b	0.52±0.02b	0.20±0.07b
	B5	1.83±0.04a	6.41±0.68ab	0.51±0.01b	0.22±0.07b
	B15	1.95±0.00a	8.60±1.27a	0.58±0.02a	0.41±0.04a
	B25	1.92±0.07a	7.05±0.14a	0.62±0.02a	0.24±0.03b
成熟期	C0	1.75±0.05b	9.06±1.03b	0.37±0.02bc	0.05±0.043a
	B0	1.80±0.03ab	9.41±1.19ab	0.44±0.00c	0.25±0.04b
	B5	1.76±0.08b	10.36±0.62a	0.49±0.05ab	0.16±0.07b
	B15	1.93±0.01a	11.52±0.10a	0.53±0.01a	0.40±0.06a
	B25	1.89±0.02ab	13.40±0.18a	0.52±0.01a	0.41±0.02b

4.3.8 不同施炭处理对谷子产量及产量构成要素的影响

4.3.8.1 不同施炭处理对谷子生物量的影响

由图 4-18 可知，随施入量的增多，不同生物炭处理对谷子生物量的影响呈先升高后下降的趋势。与同期对照 B0 处理相比，在灌浆期、成熟期，不同施炭处理对拔节期谷子地上和地下生物量增幅分别为 10%~97%，33%~59%，32%~42%，2%~103%，4%~44%，46%~49%，均以 B15 施炭处理对其累积效果最好；抽穗期随施入量的增多，谷子地上部和地下部生物量呈升高趋势，较对照 B0 处理比，增幅 22%~24%，1%~31%。其中以 B25 施炭处理对其累积效果最好，以上时期差异均显著（P>0.05）。

综合分析，适量的生物炭施入有利于谷子的营养和生殖生长，从而增加地上部和地下部生物量的累积，综合促进效果来看，总体以 B15 施炭处理对地上和地下部分的促进效果较好。

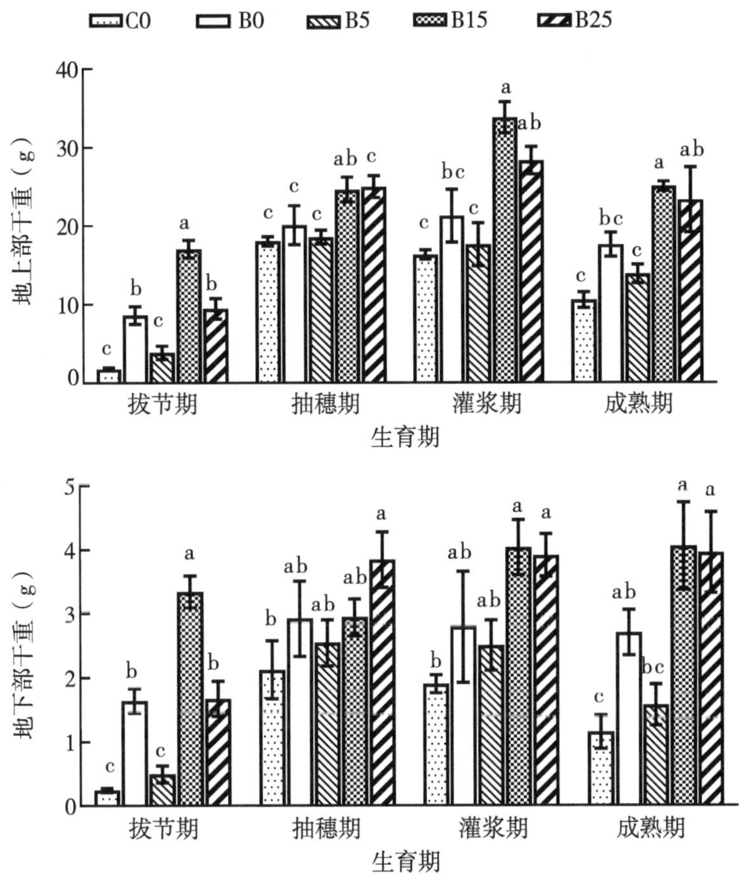

图 4-18 不同施炭处理对谷子全生育期生物量的影响

注：地上部生物量为非籽粒部分。

4.3.8.2 不同施炭处理对谷子根冠比的影响

由图 4-19 可知，不同生物炭处理对谷子根冠比的影响，总体表现为随施入量的增加，呈先升加后降的单峰型变化，拔节期达到最峰值。与同时期对照 B0 处理相比，拔节期、灌浆、成熟均以 B15 施炭处理对根冠比的提高达到最大，分别提高 12%、10%、28%；抽穗期则以 B25 施炭处理对其影响最大，较对照比提高 9%；不同生育期差异均不显著（$P>0.05$）。

综合分析，总体以 B15 施炭处理对协调根冠比效果较好。说明适量的生物炭促进了谷子生育前期根系伸长发育，为营养生长稳下根基。在生育后期使根系衰老延迟，促使作物根冠比仍保持较高的水平，同时还使根系吸收效率得到了提升，进而平衡了地下与地上部生长发育状况。

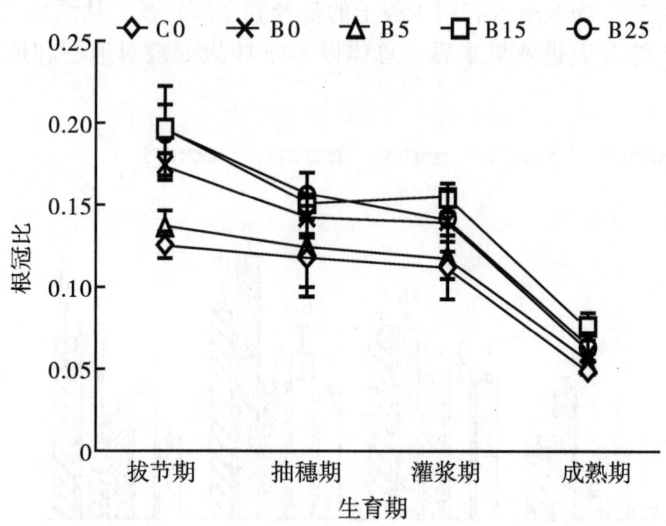

图 4-19　不同施炭处理对不同生育期谷子根冠比的影响

4.3.8.3　不同施肥处理对谷子产量及产量构成要素的影响

由表 4-11 可知，不同生物炭处理对谷子实际产量影响，总体表现为随施入量的增加呈先升后降的变化趋势，与对照 B0 处理相比，不同施炭处理增幅约 23%～54%，各处理间变化为 B15>B25>B0>B5>C0。其中以 B15 施炭处理增产效果明显，B25 施炭处理较 B15 施炭水平甚至略有降低，但均高于对照 B0 处理。

同时随施入量的增加，谷子穗重、粒重、码数、码粒数及千粒重的变化，呈现先增加后降低的趋势，与对照 B0 处理相比，不同施炭处理增幅约 42%～88%、24%～88%、21%～52%、121%～144%、6%～12%，均以 B15 施炭处理谷子对产量构成因素及千粒重增幅最高，以上差异均显著（$P>0.05$）。

表 4-11　不同施炭处理对谷子产量及产量构成要素的影响

处理	穗重（g）	粒重（g）	码数（个）	码粒数（个）	千粒重（g）	实际产量（kg/hm^2）
C0	8.94±1.15d	7.16±1.07c	53.40±4.78b	40.00±3.09c	2.41±0.01b	1 171.22±41.51e
B0	22.62±2.00c	18.08±1.56b	59.60±4.17ab	78.00±10.72bc	2.59±0.16b	2 837.16±36.81c
B5	14.75±1.00cd	9.44±1.29c	56.20±3.75b	56.00±5.24c	2.51±0.10b	2 123.09±13.68d
B15	42.57±4.24a	34.03±3.60a	90.80±6.42a	190.00±72.07a	2.90±0.05a	4 375.37±24.42a
B25	32.01±3.60b	22.44±3.02b	72.40±0.87b	172.00±8.38ab	2.75±0.01a	3 495.48±19.65b

综合分析，当生物炭处理为 B15（1 500 g/m^2）时，对作物产量及产量形成能力的效果较好，说明适量的生物炭配施化肥后对土壤物理结构、肥力水平得到有效改善，在促进作物生长的基础上，达到增产的目的。其中因 B5 施炭处理所处地势较低洼，而

2019 年雨水增多，整个生育期谷子发育不良呈现矮小发黄的现象，因生长缓慢而直接影响了产量，对试验结果均有一定程度的影响。

4.3.9 不同施炭处理对谷子品质的影响

由图 4-20 可知，随着生物炭施入量的增加，谷子粗蛋白、粗脂肪含量呈现先升高后下降的趋势，与对照 B0 处理相比，不同施炭处理增幅 17%～27%，2%～5%，其中以 B15 施炭处理对谷子粗蛋白、粗脂肪含量的增加效果较好。同时，谷子粗淀粉含量则随施入量的增多呈直线升高趋势，与对照 B0 处理相比，增幅 1%～13%，其中 B25 施炭处理对其含量影响最大，以上处理差异均不显著（$P>0.05$）。

总体来说，以 B15 施炭处理对谷子品质提升效果较好，说明适量的生物炭处理对谷子蛋白质、粗脂肪含量增加及促进籽粒淀粉的积累效果明显。可能生物炭改变了盐碱土壤物理结构、提升了土壤养分含量，增强酶活从而提升了作物品质。

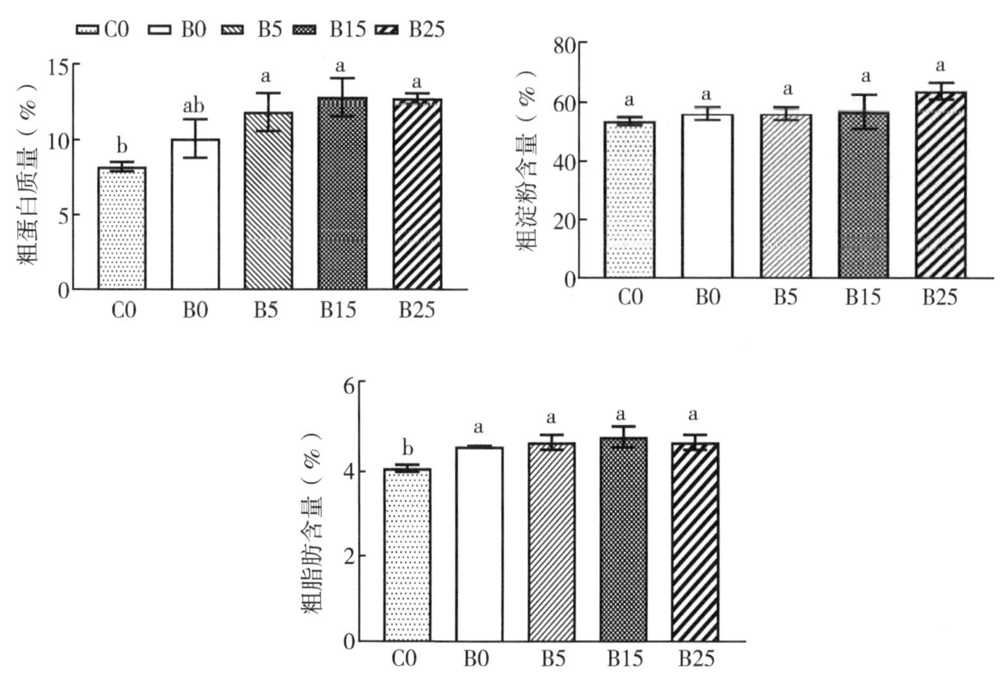

图 4-20 不同施炭处理对谷子品质的影响

4.3.10 不同施炭处理对谷子成熟期秸秆及籽粒养分含量的影响

由表 4-12 可知，随不同生物炭量的增加，谷子成熟期茎秆氮、磷元素含量有所提升，呈现出先增加后降低的趋势，与对照 B0 处理相比，不同施炭处理使茎秆氮、磷元素含量提升 34%～52%、13%～113%，其中以 B15 施炭处理对其增加效果较好，差异均显著（$P>0.05$）。与对照 B0 处理相比，不同施炭处理对茎秆部钾元素含量提升 4%～12%，其中以 B25 施炭处理对其增加效果较好。谷子成熟期籽粒氮、钾元素含量随不同施炭量的增加，呈先升后降的趋势，磷元素则呈上升趋势。与对照 B0 处理相比，提升 7%~8%、4%~5%、5%~21%除磷元素外以上差异均不显著（$P>0.05$）。

综合分析，在成熟期基本为谷子茎秆中钾元素含量较高，籽粒中氮、磷元素含量较高。其中以 B15 施炭处理对茎秆氮、磷及籽粒氮、磷、钾含量的增加效果较好，B25 对茎秆钾含量增加效果较好。说明适当的生物炭可以显著增加谷子秸秆和籽粒中大量元素的积累，植株充足的养分供应可以延缓作物的衰老速率，进而可以有效地增强光合特性，促进干物质积累与分配能力的提高。

表 4-12　不同施炭处理对谷子成熟期植株氮、磷、钾含量和累积量的影响

处理	秸秆			籽粒		
	N（%）	P（%）	K（%）	N（%）	P（%）	K（%）
C0	0.54±0.08c	0.07±0.01c	1.70±0.02c	1.32±0.05b	0.16±0.02a	0.75±0.06a
B0	0.83±0.12b	0.08±0.02c	2.15±0.04ab	1.91±0.20ab	0.19±0.01ab	0.84±0.03a
B5	0.59±0.04c	0.09±0.01c	1.83±0.01bc	1.62±0.21b	0.20±0.04b	0.80±0.08a
B15	1.26±0.15a	0.17±0.01a	2.23±0.19ab	2.07±0.21a	0.23±0.01b	0.88±0.01a
B25	1.11±0.13ab	0.12±0.01b	2.40±0.08a	2.05±0.06a	0.21±0.01b	0.87±0.02a

4.4　讨论

4.4.1　不同施炭处理对谷子生长的影响

多数研究学者认为土壤中施入生物炭后促进作物的生长（Hossain，2010；Zhang，2012）。王健宁（2019）研究表明苹果枝炭、烟秸秆炭及玉米秸秆炭施用后促进了樱桃干高、干径及叶面积的生长，对整株植物生物量的增加呈显著的正效应。夏阳（2015）研究表明，盐碱地田菁/锦葵生物量随施炭量的增加而增高，同时土壤中施入生物炭后影响作物根系的生长，而根系的空间分布和生长发育情况决定了植株地上部产量的形成。蒋健（2015）研究表明，添加生物炭能够改善作物根系构型，增加根的干物质质量，保持较高的根冠比。

本试验研究表明，施入不同剂量的生物炭可促进盆栽与大田内各生育期谷子株高、茎粗、生物量、根系各指标提高及协调根冠比，其中，室内盆栽与田间微区试验均以施入范围内中剂量生物炭处理（50~90 g/kg、1 500 g/m^2）对其增加效果最好。与前人研究结果一致。说明室内盆栽与田间微区条件下施入适量生物炭后对盐碱土中根系发育的促进效果较好，可能因生物炭稳定性强不易降解，适量的生物炭处理使谷子具有较长的根，有利于其根系下扎，较多的根尖数和分枝数有利于吸收更多的营养元素，使土壤肥水利用率得到提升，使谷子吸收了充足的养分，在促进作物生长的同时为后期增产打下基础。

大量研究表明适量生物炭改善了土壤水肥特性且显著提升作物产量、品质（孙海妮等，2018）。牛同旭等（2018）研究表明，与只施用肥料的处理相比，施入生物炭后极大程度上提升水稻有效穗数、穗粒数和结实率，最终使产量大幅度提高，同时生物炭处理均提升了稻米品质，及食味评分值。本研究表明，在总体表现为随施入量的增多，谷子粗蛋白、粗脂肪含量呈现先上升后下降的趋势，粗淀粉含量呈上升趋势。以 B15 施炭处理谷子对产量及穗长、穗重、粒重等产量构成因素的增幅最高，研究结果与前人结果相似。施用生物炭剂量对谷子的产量性状和产量形成能力产生较大影响，主要归因于生物炭和无机肥的配合施用，有效地改良了土壤物理和化学特性，增加土壤孔隙度并降低容重，同时有助于土壤水分的聚集，促进了作物生长发育（Asai，2008）。同时适量的生物炭提升了土壤中速效养分，促进作物对氮素等各种元素的吸收转化，提高谷子结实率和饱满度，增加作物产量，且促进籽粒淀粉的积累，从而改善品质，但具体的影响机理仍需进一步探究。

矿物质元素也可以在某些条件下缓解逆境胁迫带来的压力（李娥，2018）。尚杰（2016）研究表明，在塿土中施用 60~80 t/hm^{2}施炭量促进玉米秸秆中氮、磷、钾的吸收，但对籽粒中其元素吸收并成效不显著。本研究表明，不同施炭处理对谷子成熟期茎秆与籽粒中氮、磷、钾元素含量均有所一定程度的提升，可能与生物炭的多孔结构使土壤的微域环境发生极大的改变，为土壤微生物活动提供场所，增加了其群落微生物活性及功能多样性，使土壤养分的转化、吸收及累积的能力得到加强。

4.4.2　不同施炭处理对谷子生理特性的影响

植物对抗盐胁迫是较为复杂的生物学过程，在此过程中通常将抗氧化酶系统活性及渗透调节物质作为直观反映抵抗逆境胁迫的强弱主要测定指标。研究表明，不同生物炭处理对盐化潮土中玉米幼苗叶片抗氧化酶活性起到显著提升的作用（武沛然，2019）。还有研究表明，随着施入适量的生物炭增加碱蓬叶片内可溶性糖、可溶性蛋白含量等渗透调节物质的含量累积量（Novak，2009）。本研究表明，在室内盆栽、田间微区试验中，不同生物炭量提高了谷子抗氧化酶活性及渗透调节物质含量，其中均以施入范围内中剂量 B5、B15 施炭处理提升效果最好。这与周翠香（2019）研究得出，盐碱地中随着施炭量的增加，碱蓬叶片 SOD、POD 活性呈现出先高后低的趋势研究结果一致。表明生物炭可以吸收土壤中的盐离子，改善植物中渗透调节水平，增强谷子对盐碱土壤的抗逆性，减轻盐分胁迫对植物细胞的伤害程度。同时当谷子开花灌浆期时，生物炭施入有效控制或延缓开花叶片的衰老进程，维持叶片的生理功能，在籽粒灌浆中后期使功能叶片衰老过程中抗氧化酶活性下降较慢，叶片功能期持续时间变长，减少活性氧伤害，维持叶片生理功能最终对作物生长及籽粒产量的形成具有重要作用。

4.4.3　不同施炭处理对土壤特性的影响

生物炭介导的植物耐盐性的提高与土壤性质的改善有关。相关研究表明，施入生物炭后显著减小滨海盐碱土容重，且随着添加量的增加变化越明显。本研究表明，室内盆栽与田间微区试验中随施炭量的增多，土壤容重均呈显著下降趋势，而对土壤总孔隙度的增加均呈显著上升趋势，均以中、高剂量生物炭添加范围 50～90 g/kg、1 500～2 500 g/m²对改善土壤物理性质具有最显著的作用。这可能与生物炭孔隙度、较大比表面积较大有关，极大程度上改善了土壤结构，但施入剂量较高时土壤总孔隙度过大，不利于水分养分的固持。前人研究表明，盐碱条件下施加生物炭后，土壤内水分的有效性得到增加，致使土壤溶液中盐分浓度得到稀释，对土壤盐碱度和电导率均不同程度的降低（韩剑宏等，2017；Zwieten，2010）。本文研究表明，室内盆栽、田间微区试验中以低、中剂量 10～50 g/kg、1 500～2 500 g/m²对谷子 pH 值、电导率有一定程度的下降效果，这与前人的试验研究结果相似。首先因生物炭施入后增加了土壤总孔隙度，降低土壤密度，起到疏松土壤的目的，提高了植物-土壤中水分、养分利用状况，从而减少了 Na^+的吸收（武玉等，2014）。其次，可能受根系中分泌物的影响以及多次进行灌溉的产生的稀释作用有关。同时发现土壤 pH 值和电导率的下降与生物炭的施用量不成正比，太多或太少的施入剂量都无法获得最佳的改进效果，这可能是因为施用量过低，不能充分发挥改善效果，太高则使土壤盐分偏高，具体原因需要进一步分析和验证。

盐碱土壤中磷和钾供应不足，而生物炭中氮，磷，钾等元素的含量较高，在改善土壤的物理和化学特性基础上增加农作物的产量（Gunes，2014）。杨芳芳（2019）研究表明，在盐碱土中施入炭基肥有效提升了甜菜根际土壤有效磷、速效钾养分含量。同时还提升土壤总有机碳含量，对土壤碳氮比的提高效果较明显（Agegnehu，2015）。本研究表明，室内盆栽试验中，B5 中剂量生物炭处理对碱解氮、有效磷、全氮、总有机碳含量促进最优。其中对土壤中全氮、总有机碳含量的增加与赵朋成（2017）研究表明，50 g/kg 的生物炭处理对土壤总有机碳的含量增加效果较好研究结果一致。在田间试验中，当施炭处理为 B15 时对碱解氮含量提升的效果最佳，以 B25 施炭处理对土壤总有机碳提高效果最优。与周翠香（2019）、王桂君（2018）等研究结果相似。说明适量的生物炭可增加盐碱土的养分含量，首先由于生物炭本身具有较高的矿质元素，施入后土壤溶液中这些矿物养分有效性得到增加，可能导致钠离子吸收减少，有效降低盐胁迫；其次其强大吸附性能减少养分及有机质的损失（韩剑宏，2017），提升土壤肥力的基础上，最终使作物产量得到增加。但生物炭过量输入后会造成土壤碳氮比偏高，微生物的分解作用较慢，且需耗损土中的有效态氮素。所以施入大量生物炭可能会使土壤氮素有效利用率降低，影响农作物对氮的吸收，最终影响其生长。

相关研究发现，施加生物炭对土壤酶活性起到增强的作用（熊佰炼等，2017）。刘领等（2016）研究表明，生物炭可用作肥料的缓释载体，其强大的吸附力增加了脲酶和转化酶的反应底物。本研究表明，室内盆栽条件下施入不同剂量的生物炭的土壤酶活性均高于对照处理，其中尤以中剂量生物炭处理 B5 对增强土壤酶活性效果最佳。田间试验条件下，随施炭量的增多对谷子各生育期内土壤过氧化氢酶活性影响幅度较小，对水解酶活性影响较大，与李少朋等（2019）研究结果一致。综合分析，可能生物炭因本身具有的多孔隙构造为土壤中磷的水解创造了较适的空间，使其被更好地吸收与利用，加速了土壤中磷的转化速率（王明元等，2019；张文玲等，2009；冯轲等，2016）。同时因施入生物炭使土壤有机碳含量增高，在提高转化酶的酶催化反映速率的同时，还增加了酶底复合物的稳定性，从而提高了土壤转化酶的潜在活性。因此，适量生物炭施入剂量在促进土壤酶活性增强，促进了作物的生长发育，最终使产量得到提高。

生物炭作为改良剂首要作用是成作为肥料的增效介质载体，延长有机、无机肥料在土壤中的养分释放速率，其次生物炭作为土壤养分供给者，本身具一定的来源，但也有一定局限性，超过其“限度”增效作用则会发生改变。生物炭在将来更长的时间内对土壤特性的影响仍需日后深入探讨。

4.5　本章小结

本文通过对盐碱土壤施入不同剂量的生物炭，设计了室内盆栽试验与田间微区种植试验，探索通过生物炭技术实现对盐碱土壤的改善，以及缓解盐碱胁迫对谷子生长过程中的抑制作用，得出以下结论。

第一，室内盆栽试验中，以 B5 处理（50 g/kg）对谷子幼苗形态、生物量与光合色素、抗氧化酶活性、脯氨酸、可溶性糖含量积累的增加及程度达到最高；B9 处理（90 g/kg）谷子幼苗叶片中可溶性蛋白含量、幼苗钾素含量及根系构型提高程度最大。

第二，室内盆栽试验中，以 B1 处理（10 g/kg）对盐碱土 pH 值的降幅最大；B5 处理（50 g/kg）对土壤电导率、碱解氮、有效磷含量及过氧化氢酶、碱性磷酸酶和脲酶活性的增加幅度最大，B9 处理对土壤物理性质及速效钾、有机质、全氮、碳氮比、蔗糖酶活性的增幅最高。

第三，田间微区试验中，以生施炭处理 B15（1 500 g/m^2）和 B25（2 500 g/m^2）均能促进谷子各生育期的生长及产量的增加，显著提高谷子生物量及成熟期植株养分；中剂量施炭处理 B15（1 500 g/m^2），对作物根系构建、产量及产量构成因素、品质的提升效果最显著。

第四，田间微区试验中，不同生物炭剂量均可改善土壤的理化性质、增加土壤的养分含量，小幅度降低了土壤的电导率及 pH 值。其中以生物炭处理 B15（1 500 g/m^2）对苏打盐碱土质量的改善效果最优。

综合以上结果，室内盆栽试验中施炭量（50 g/kg）显著缓解盐胁迫对谷子幼苗造成的危害，促进幼苗生长，对提高叶片光合色素含量、抗氧化酶活性及渗透调节系统、盐碱土壤的化学性质方面促进效果最优；田间微区试验中施炭量在（1 500 g/m^2）阈值范围内对盐碱土壤理化性质的改良效果、根系构型、谷子产量及品质方面促进效果均较优。

参考文献

白伟，孙占祥，张立祯，等，2020. 耕层构造对土壤三相比和春玉米根系形态的影响［J］. 作物学报，46（5）：759-771.

鲍士旦，2005. 土壤农化分析（第三版）［M］. 北京：中国农业出版社.

才吉卓玛，2013. 生物炭对不同类型土壤中磷有效性的影响研究［D］. 北京：中国农业科学院.

蔡江平，2017. 氮水添加对草地土壤缓冲性能及植物矿质元素吸收的影响［D］. 北京：中国科学院大学.

蔡丽君，2014. 土壤耕作方式对土壤理化性状及夏玉米生长发育的影响［D］. 保定：河北农业大学.

曹雪娜，2017. 生物炭对设施土壤养分及作物生长的影响初探［D］. 沈阳：沈阳农业大学.

曾爱，廖允成，张俊丽，等，2013. 生物炭对塿土土壤含水量、有机碳及速效养分含量的影响［J］. 农业环境科学学报，32（5）：1009-1015.

陈少瑜，郎南军，李吉跃，等，2004. 干旱胁迫下 3 树种苗木叶片相对含水量、质膜相对透性和脯氨酸含量的变化［J］. 西部林业科学，33（3）：30-34.

陈温福，徐正进，2008. 水稻超高产育种理论与方法［M］. 北京：科学出版社.

陈温福，张伟明，孟军，2013. 农用生物炭研究进展与前景［J］. 中国农业科学，46：3324-3333.

陈心想，耿增超，王森，等，2014. 施用生物炭后塿土土壤微生物及酶活性变化特征［J］. 农业环境科学学报，33（4）：751-758.

程效义，2016. 生物炭还田对棕壤氮素利用及玉米生长的影响［D］. 沈阳：沈阳农业大学.

褚军，薛建辉，金梅娟，等，2014. 生物炭对农业面源污染氮、磷流失的影响研究进展［J］. 生态与农村环境学报，30（4）：409-415.

崔豫川，张文辉，王校锋，2013. 栓皮栎幼苗对土壤干旱胁迫的生理响应［J］. 西北植物学报，33（2）：364-370.

戴静，刘阳生，2013. 生物炭的性质及其在土壤环境中应用的研究进展［J］. 土壤通报，44（6）：1520-1525.

单玮玉，徐永清，孙美丽，等，2017. 黑龙江省主栽马铃薯品种对燕麦镰刀菌（*F. avenaceum*）和拟枝孢镰刀菌（*F. sporotrichioides*）的抗病性评价［J］. 作物杂志，2：38-43.
邓霞，2012. 湿地植物生物炭的制备及其对土壤氮素生物有效性的影响［D］. 青岛：中国海洋大学.
段永平，涂仕华，冯文强，等，2010. 镉胁迫对不同小麦品种生理特性及抗氧化酶类活性的影响［J］. 四川大学学报（自然科学版），47（4）：887-892.
范亚文，2001. 种植耐盐植物改良盐碱土的研究［D］. 哈尔滨：东北林业大学.
冯慧琳，徐辰生，何欢辉，等，2021. 生物炭对土壤酶活和细菌群落的影响及其作用机制［J］. 环境科学，42（1）：422-432.
冯轲，田晓燕，王莉霞，等，2016. 化肥配施生物炭对稻田面水氮磷流失风险影响［J］. 农业环境科学学报，35（2）：329-335.
伏广农，程根，官利兰，等，2013. 生物炭对菜园土化学肥力的影响（英文）［J］. 农业科学与技术（英文版），12：1804-1809.
高芬，吴元华，2008. 链格孢属（Alternaria）真菌病害的生物防治研究进展［J］. 植物保护，34（3）：1-6.
高海英，何绪生，耿增超，等，2011. 生物炭及炭基氮肥对土壤持水性能影响的研究明［J］. 中国农学通报，27（24）：207-213.
高凯芳，简敏菲，余厚平，等，2016. 裂解温度对稻秆与稻壳制备生物炭表面官能团的影响［J］. 环境化学，35（8）：1663-1669.
勾芒芒，屈忠义，2013. 生物炭对改善土壤理化性质及作物产量影响的研究进展［J］. 中国土壤与肥料（5）：1-5.
勾芒芒，屈忠义，杨晓，等，2014. 生物炭对砂壤土节水保肥及番茄产量的影响研究［J］. 农业机械学报（1）：137-142.
顾美英，徐万里，唐光木，等，2014. 生物炭对灰漠土和风沙土土壤微生物多样性及与氮素相关微生物功能的影响［J］. 新疆农业科学，51（5）：926-934.
关胜超，2017. 松嫩平原盐碱地改良利用研究［D］. 北京：中国科学院大学.
关松荫，1986. 土壤酶及其研究法［M］. 北京：农业出版社.
郭婷，2018. 短期耕作和施肥对草甸黑土酶活性和细菌多样性的影响［D］. 哈尔滨：东北农业大学.
韩光明，2013. 生物炭对不同类型土壤理化性质和微生物多样性的影响［D］. 沈阳：沈阳农业大学.
韩贵清，周连仁，2011. 黑龙江盐渍土改良与利用［M］. 北京：中国农业出版社.
韩剑宏，李艳伟，张连科，等，2017. 生物炭和脱硫石膏对盐碱土壤基本理化性质及玉米生长的影响［J］. 环境工程学报，11（9）：5291-5297.
郝蓉，彭少麟，宋艳墩，等，2010. 不同温度对黑碳表面官能团的影响［J］. 生态环境学报，19（3）：528-531.
何秀峰，赵丰云，于坤，等，2020. 生物炭对葡萄幼苗根际土壤养分、酶活性及微生物多样性的影响［J］. 中国土壤与肥料（6）：19-26.
何绪生，耿增超，佘雕，等，2011. 生物炭生产与农用的意义及国内外动态

[J]. 农业工程学报，27（2）：1-7.
何绪生，张树清，佘雕，等，2011. 生物炭对土壤肥料的作用及未来研究［J］. 中国农学通报，27（15）：16-25.
洪灿，2018. 土壤改良剂对酸性土壤磷的生物有效性和土壤物理性质的影响［D］. 杭州：浙江大学.
呼红梅，2015. 氮磷钾对谷子抗逆的影响［D］. 太原：山西师范大学.
胡一，韩霁昌，张扬，2015. 盐碱地改良技术研究综述［J］. 陕西农业科学，61（2）：67-71.
黄绍文，金继运，王泽良，等，1998. 北方主要土壤钾形态及其植物有效性研究［J］. 植物营养与肥料学报，4（2）：156-164.
黄哲，曲世华，白岚，等，2017. 不同秸秆混合生物炭对盐碱土壤养分及酶活性的影响［J］. 水土保持研究，24（4）：290-295.
简敏菲，高凯芳，余厚平，2016. 不同裂解温度对水稻秸秆制备生物炭及其特性的影响［J］. 环境科学学报，36（5）：1757-1765.
江琳琳，2016. 生物炭对土壤微生物多样性和群落结构的影响［D］. 沈阳：沈阳农业大学.
蒋建，王宏伟，刘国玲，等，2015. 生物炭对玉米根系特性及产量的影响［J］. 玉米科学，23（4）：62-66.
金梁，魏丹，郭文义，等，2015. 化肥单施及生物炭与化肥配施对土壤物理性质、大豆形态学指标及产量影响［J］. 中国土壤与肥料，2（6）：29-32.
靖彦，陈效民，刘祖香，等，2013. 生物黑炭与无机肥料配施对旱作红壤有效磷含量的影响［J］. 应用生态学报，24（4）：989-994.
孔祥清，韦建明，常国伟，等，2018. 生物炭对盐碱土理化性质及大豆产量的影响［J］. 大豆科学，37（4）：647-651.
李昌见，屈忠义，句芒芒，等，2014. 生物炭对土壤水肥热效应的影响试验研究［J］. 生态环境学报，23（7）：1141-1147.
李娥，2018. 改良剂和 AM 真菌对盐渍化土壤中玉米生长的影响［D］. 呼和浩特：内蒙古大学.
李娇，卜宁，辛世刚，等，2013. Na_2CO_3 胁迫对水稻幼苗光合、荧光及抗氧化酶的影响［J］. 沈阳师范大学学报（自然科学版），31（4）：556-560.
李明，李忠佩，刘明，等，2015. 不同秸秆生物炭对红壤性水稻土养分及微生物群落结构的影响［J］. 中国农业科学，48（7）：1361-1369.
李少朋，陈昢圳，周艺艺，等，2019. 生物炭施用对滨海盐碱土速效养分和酶活性的影响［J］. 南方农业学报，50（7）：1460-1465.
李帅霖，2019. 生物炭对旱作农田土壤生态功能的影响机制研究［D］. 北京：中国科学院大学.
李帅霖，王霞，王朔，等，2016. 生物炭施用方式及用量对土壤水分入渗与蒸发的影响［J］. 农业工程学报，32（14）：135-144.

李文雪，2018. 生物炭添加对盐碱土水气传导的影响［D］. 烟台：鲁东大学.

李秀军，2000. 松嫩平原西部土地盐碱化与农业可持续发展［J］. 地理科学（1）：51-55.

梁成华，魏丽萍，罗磊，等，2002. 土壤固钾与释钾机制研究进展［J］. 地球科学进展（17）：679-684.

刘德福，2020. 生物炭对盐碱化农田土壤微环境和大豆生长的影响［D］. 大庆：黑龙江八一农垦大学.

刘国玲，王宏伟，蒋健，等，2016. 生物炭对郑单 958 生理生化指标及产量的影响［J］. 玉米科学，24（4）：105-109.

刘欢欢，董宁禹，柴升，等，2015. 生态炭肥防控小麦根腐病效果及对土壤健康修复机理分析［J］. 植物保护学报，42（4）：504-509.

刘卉，2018. 生物炭对植烟土壤理化特性及根际微生物的影响［D］. 长沙：湖南农业大学.

刘领，马宜林，悦飞雪，等，2021. 生物炭对褐土旱地玉米季氮转化功能基因、丛枝菌根真菌及 N_2O 释放的影响［J］. 生态学报，41（7）：2803-2815.

刘领，王艳芳，宋久洋，等，2016. 生物炭与氮肥减量配施对烤烟生长及土壤酶活性的影响［J］. 河南农业科学，45（2）：62-66.

刘宁，2014. 生物炭的理化性质及其在农业中应用的基础研究［D］. 沈阳：沈阳农业大学.

刘晓冰，王光华，张秋英，2010. 作物根际和产量生理研究［M］. 北京：科学出版社.

刘阳春，何文寿，何进智，等，2007. 盐碱地改良利用研究进展［J］. 农业科学研究（2）：68-71.

刘悦，史文琦，曾凡松，等，2020. 生物炭对小麦赤霉病的防治效果及产量的影响［J］. 植物保护，46（4）：270-274.

刘志坤，叶黎佳，2007. 生物质炭化材料制备及性能测试［J］. 生物质化学工程，41（5）：29-32.

鲁如坤，1999. 土壤农业化学分析方法［M］. 北京：中国农业科技出版社.

鲁新蕊，陈国双，李秀军，2017. 酸化生物炭改良苏打盐碱土的效应［J］. 沈阳农业大学学报，48（4）：462-466.

马金丰，李延东，王绍滨，等，2010. 黑龙江省谷子生产现状与产业化发展对策［J］. 黑龙江农业科学（4）：139-141.

毛玉梅，李小平，2016. 烟气脱硫石膏对滨海滩涂盐碱地的改良效果研究［J］. 中国环境科学，36（1）：225-231.

孟繁昊，2018. 生物炭配施氮肥对土壤理化性质及春玉米产量和氮效率的影响机制［D］. 呼和浩特：内蒙古农业大学.

穆心愿，赵霞，谷利敏，等，2020. 秸秆还田量对不同基因型夏玉米产量及干物质转运的影响［J］. 中国农业科学，53（1）：29-41.

牛同旭，郑桂萍，姜玉伟，等，2018. 生物炭对垦粳 5 号产量及品质的影响［J］. 中国稻米，24（6）：76-79.

牛政洋，闰伸，郭青青，等，2017. 生物炭对两种典型植烟土壤养分、碳库及烤烟产质量的影响［J］. 土壤通报，48（1）：155-161.

潘洁，肖辉，程文娟，等，2013. 生物黑炭对设施土壤理化性质及蔬菜产量的影响［J］. 中国农学通报（31）：174-178.

乔治，2017. 生物炭和秸秆对土壤呼吸和团聚体的影响［D］. 哈尔滨：东北农业大学.

冉成，2019. 生物炭对苏打盐碱稻田土壤理化性质及水稻产量的影响［D］. 长春：吉林农业大学.

尚杰，2016. 添加生物炭对𫇯土理化性质和作物生长的影响［D］. 杨凌：西北农林科技大学.

尚杰，耿增超，陈心想，等，2015. 施用生物炭对旱作农田土壤有机碳、氮及其组分的影响［J］. 农业环境科学学报，34（3）：509-517.

盛海君，杜岩，施那峰，等，2016. 碳调节剂降低次生盐渍化土壤中可溶性盐含量的可行性［J］. 植物营养与肥料学报，22（1）：192-200.

石元春，2011. 中国生物质原料资源［J］. 中国工程科学，13（2）：16-23.

史文娟，杨军强，马媛，2015. 旱区盐碱地盐生植物改良研究动态与分析［J］. 水资源与水工程学报，26（5）：229-234.

司振江，张忠学，李芳花，等，2010. 松嫩平原盐碱土集成治理技术的研究［J］. 灌溉排水学报，29（3）：80-84.

宋文洋，刘领，陈明灿，等，2014. 生物炭施用对烤烟生长及光合特性的影响［J］. 河南科技大学学报，34（4）：68-73.

宋延静，张晓黎，龚骏，2014. 添加生物质炭对滨海盐碱土固氮菌丰度及群落结构的影响［J］. 生态学杂志，33（8）：2168-2175.

苏斌贵，刘婧，陈志国，等，2018. 生物炭炭基缓释肥对玉米农艺性状及产量的影响［J］. 现代化农业（8）：26-27.

孙广友，王海霞，2016. 松嫩平原盐碱地大规模开发的前期研究、灌区格局与风险控制［J］. 资源科学，38（3）：407- 413.

孙海妮，王仕稳，李雨霖，等，2018. 生物炭施用量对冬小麦产量及水分利用效率的影响研究［J］. 干旱地区农业研究，36（6）：159-167.

孙一博，2020. 生物炭和腐殖酸联合修复盐碱土的研究［D］. 包头：内蒙古科技大学.

覃光球，严重玲，韦莉莉，2006. 秋茄幼苗叶片单宁、可溶性糖和脯氨酸含量对 Cd 胁迫的响应［J］. 生态学报，26（10）：3366-3371.

汤嘉雯，2020. 生物炭与褐球固氮菌对滨海盐碱土的联合改良作用及机制［D］. 上海：华东师范大学.

唐春双，杨克军，李佐同，等，2016. 生物炭对玉米茎秆性状及产量的影响

［J］. 中国土壤与肥料（3）：93-97，133.
唐裙瑶，2017. 生物炭对淹水土壤中铁还原过程的影响及对减弱土壤盐渍化的贡献［D］. 杨凌：西北农林科技大学.
田丹，屈忠义，勾芒芒，等，2013. 生物炭对不同质地土壤水分扩散率的影响及机理分析［J］. 土壤通报，44（6）：1374-1378.
王爱国，罗广华，1990. 植物的超氧物自由基与羟胺反应的定量关系［J］. 植物生理学通讯（6）：55-57.
王道源，2015. 气候变化背景下生物炭对农田土壤环境过程影响的研究［D］. 上海：东华大学.
王典，张祥，姜存仓，等，2012. 生物质炭改良土壤及对作物效应的研究进展［J］. 中国生态农业学报，20（8）：963-967.
王恩姮，赵雨森，陈祥伟，2009. 基于土壤三相的广义土壤结构的定量化表达［J］. 生态学报，29（4）：2067-2072.
王富华，黄容，高明，等，2019. 生物炭与秸秆配施对紫色土团聚体中有机碳含量的影响［J］. 土壤学报，56（4）：929-939.
王光飞，马艳，郭德杰，等，2015. 秸秆生物炭对辣椒疫病的防控效果及机理研究［J］. 土壤，47（6）：1107-1114.
王光华，刘俊杰，于镇华，等，2016. 土壤酸杆菌门细菌生态学研究进展［J］. 生物技术通报，32（2）：14-20.
王桂君，2018. 生物炭和有机肥对松嫩平原沙化土壤的改良效应及其机制研究［D］. 长春：东北师范大学.
王宏燕，许毛毛，孟雨田，等，2017. 玉米秸秆与秸秆生物炭对 2 种黑土有机碳含量及碳库指数的影响［J］. 江苏农业科学，45（12）：228-232.
王欢欢，元野，任天宝，等，2018. 生物炭对东北黑土理化性质影响研究［J］. 中国农学通报，34（35）：67-71.
王健宁，2019. 生物炭对“玛瑙红”樱桃生长及生理特性的影响［D］. 贵阳：贵州大学.
王婧，翟伟卜，高环，等，2017. 链格孢引起的病害严重危害农作物生产并危及农产品安全［J］. 植物保护，43（4）：9-15.
王明元，侯式贞，董涛，等，2019. 香蕉假茎生物炭对根际土壤细菌丰度和群落结构的影响［J］. 微生物学报，59（7）：1363-1372.
王文华，2011. 吉林省西部地区盐渍土水分迁移及冻胀特性研究［D］. 长春：吉林大学.
王学奎，2006. 植物生理生化实验原理和技术［M］. 北京：高等教育出版社.
王雪玉，刘金泉，胡云，等，2018. 生物炭对黄瓜根际土壤细菌丰度、速效养分含量及酶活性的影响［J］. 核农学报，32（2）：370-376.
王亚琼，2019. 生物炭对土壤团聚体和钾素的影响［D］. 北京：中国科学院大学.
王奕然，2020. 秸秆生物质炭对土壤酶活性和农田温室气体排放的影响［D］. 淮北：

淮北师范大学.

王毅，2020. 小麦秸秆及其生物炭对山东烟区植烟潮褐土的改良效应研究［D］. 北京：中国农业科学院.

王颖，2019. 生物炭添加对半干旱区土壤酶活性及细菌多样性影响的定位研究［D］. 杨凌：西北农林科技大学.

王玉珏，付秋实，郑禾，等，2010. 干旱胁迫对黄瓜幼苗生长、光合生理及气孔特征的影响［J］. 中国农业大学学报，15（5）：12-18.

王智慧，殷大伟，王洪义，等，2019. 生物炭对土壤养分、酶活性及玉米产量的影响［J］. 东北农业科学，44（3）：14-19.

王遵亲，祝寿泉，俞仁培，等，1993. 中国盐渍土［M］. 北京：科学出版社.

韦思业，2017. 不同生物质原料和制备温度对生物炭物理化学特征的影响［D］. 北京：中国科学院大学.

魏永霞，张翼鹏，张雨凤，等，2018. 黑土坡耕地连续施加生物炭的土壤改良和节水增产效应［J］. 农业机械学报，49（2）：284-291，312.

武沛然，2019. 生物炭与氮肥配施对盐碱胁迫下甜菜生长及土壤特性的影响［D］. 哈尔滨：东北农业大学.

武玉，徐刚，吕迎春，等，2014. 生物炭对土壤理化性质影响的研究进展［J］. 地球科学进展，29（1）：68-79.

肖茜，2017. 生物炭对旱作春玉米农田水氮运移、利用及产量形成的影响［D］. 杨凌：西北农林科技大学.

肖强，郑海雷，陈瑶，等，2005. 盐度对互花米草生长及脯氨酸、可溶性糖和蛋白质含量的影响［J］. 生态学杂志，24（4）：373-376.

谢祖彬，刘琦，许燕萍，等，2011. 生物炭研究进展及其研究方向［J］. 土壤，43（6）：857-861.

熊佰炼，谭必勇，2017. 生物质炭还田利用对土壤酶活性影响研究现状［J］. 遵义师范学院学报，19（3）：106-110.

徐北春，刘慧涛，杨双，等，2018. 基于节本增效的东北松嫩平原玉米种植模式评价［J］. 玉米科学，26（1）：167-172.

徐东星，金洁，颜钰，等，2014. X 射线光电子能谱与 13C 核磁共振在生物质碳表征中的应用［J］. 光谱学与光谱分析，34（12）：3415-3418.

徐璐，王志春，赵长巍，等，2011. 东北地区盐碱土及耕作改良研究进展［J］. 中国农学通报，27（27）：23-31.

徐绮雯，马淑敏，朱波，等，2020. 生物炭与化肥配施对紫色土肥力与微生物特征及油菜产量品质的影响［J］. 草业学报，29（5）：121-131.

徐子棋，许晓鸿，2018. 松嫩平原苏打盐碱地成因、特点及治理措施研究进展［J］. 中国水土保持（2）：54-59，69.

许健，陈清利，宝新，等，2018. 黑龙江省西部半干旱地区玉米生产现状与对策［J］. 中国种业，285（12）：26-29.

许欣桐，2019. 减肥条件下生物炭与耕作方式对玉米养分吸收及产量影响［D］. 哈尔滨：东北农业大学.

阎海涛，2017. 生物炭对植烟褐土的改良效应及其微生态机理研究［D］. 郑州：河南农业大学.

阎海涛，殷全玉，丁松爽，等，2018. 生物炭对褐土理化特性及真菌群落结构的影响［J］. 环境科学，39（5）：2412-2419.

杨芳芳，2019. 盐碱胁迫下炭基有机肥对甜菜生长及其根际土壤特性的影响［D］. 哈尔滨：东北农业大学.

杨建昌，2011. 水稻根系形态生理与产量、品质形成及养分吸收利用的关系［J］. 中国农业科学，44（1）：36-46.

杨兰芳，曾巧，李海波，等，2011. 紫外分光光度法测定土壤过氧化氢酶活性［J］. 土壤通报，42（1）：207-210.

姚钦，2017. 生物炭施用对东北黑土土壤理化性质和微生物多样性的影响［D］. 北京：中国科学院大学.

叶协锋，周涵君，于晓娜，等，2017. 热解温度对玉米秸秆炭产率及理化特性的影响［J］. 植物营养与肥料学报，23（5）：1268-1275.

殷厚民，胡建，王青青，等，2017. 松嫩平原西部盐碱土旱作改良研究进展与展望［J］. 土壤通报，48（1）：236-242.

于崧，郭潇潇，梁海芸，等，2017. 不同基因型绿豆萌发期耐盐碱性分析及其鉴定指标的筛选［J］. 植物生理学报，53（9）：1629-1639.

俞冰倩，2019. 我国不同盐碱土生态系统土壤微生物群落多样性研究［D］. 镇江：江苏大学.

袁金华，徐仁扣，2011. 生物质炭的性质及其对土壤环境功能影响的研究进展［J］. 生态环境学报，20（4）：779-785.

岳燕，2017. 耐盐植物生物质炭特性及对盐渍化土壤改良培肥的作用与机理［D］. 北京：中国农业大学.

岳燕，郭维娜，林后美，等，2014. 加入不同量生物质炭盐渍化土壤盐分淋洗的差异与特征［J］. 土壤学报，51（4）：914-919.

张豪，2017. 盐碱农田全年候土壤活性和惰性有机碳变化及其微生物作用研究［D］. 长春：吉林大学.

张杰，2015. 秸秆、木质素及生物炭对土壤有机碳氮和微生物多样性的影响［D］. 北京：中国农业科学院.

张军，周丹丹，吴敏，等，2018. 生物炭对土壤硝化反硝化微生物群落的影响研究进展［J］. 应用与环境生物学，24（5）：993-999.

张丽，耿肖兵，王春玲，等，2014. 黑龙江省大豆镰孢根腐病菌鉴定及致病力分析［J］. 植物保护，40（3）：165-168.

张娜，李佳，刘学欢，等，2014. 生物炭对夏玉米生长和产量的影响［J］. 农业环境科学学报，3（8）：1569-1574.

张千丰，孟军，刘居东，等，2013. 热解温度和时间对三种作物残体生物炭 pH 值及碳氮含量的影响［J］. 生态学杂志，32（9）：2347-2353.

张仁和，郑友军，马国胜，等，2011. 干旱胁迫对玉米苗期叶片光合作用和保护酶的影响［J］. 生态学报，31（5）：1303-1311.

张瑞，2015. 生物炭对滨海盐碱土理化特性和小白菜生长的影响研究［D］. 上海：上海交通大学.

张万杰，李志芳，张庆忠，等，2011. 生物质炭和氮肥配施对菠菜产量和硝酸盐含量的影响［J］. 农业环境科学学报，30（10）：1946-1952.

张巍，冯玉杰，2009. 松嫩平原盐碱土理化性质与生态恢复［J］. 土壤学报，46（1）：169-172.

张伟明，管学超，黄玉威，等，2015. 生物炭与化学肥料互作的大豆生物学效应［J］. 作物学报，41（1）：109-122.

张伟明，修立群，吴迪，等，2021. 生物炭的结构及其理化特性研究回顾与展望［J］. 作物学报，47（1）：1-18.

张文玲，李桂花，高卫东，2009. 生物质炭对土壤性状和作物产量的影响［J］. 中国农学通报，25（17）：153-157.

张星，刘杏认，张晴雯，等，2015. 生物炭和秸秆还田对华北农田玉米生育期土壤微生物量的影响［J］. 农业环境科学学报，34（10）：1943-1950.

张毅博，韩燕来，吴名宇，等，2018. 生物炭与有机肥施用对黄褐土土壤酶活性及微生物碳氮的影响［J］. 中国农学通报，34（13）：113-118.

张英，2018. 不同来源生物质生物炭的制备、表征及对 Cr（VI）和偶氮染料的吸附研究［D］. 西安：西北大学.

张勇勇，2016. 长期施肥对农田土壤酸缓冲容量及中微量元素的影响［D］. 北京：中国科学院大学.

张云舒，唐光木，葛春辉，等，2018. 生物炭对灌耕风沙土土壤性质及玉米产量的影响［J］. 干旱地区农业研究，36（6）：180-183.

张震中，张金旭，黄佳盛，等，2018. 不同排水措施对青海高寒区盐碱地改良效果的研究［J］. 灌溉排水学报，37（12）：78-85.

张志良，瞿伟菁，李小方，2009. 植物生理学实验指导［M］. 北京：高等教育出版社.

赵迪，黄爽，黄介生，2015. 生物炭对粉黏壤土水力参数及胀缩性的影响［J］. 农业工程学报，31（17）：136-143.

赵丽英，邓西平，山仑，2005. 活性氧清除系统对干旱胁迫的响应机制［J］. 西北植物学报，25（2）：413-418.

赵朋成，2017. 生物炭与木醋液对盐碱土关键化学障碍因子的影响［D］. 哈尔滨：东北农业大学.

赵昕，吴雨霞，赵敏桂，等，2007. NaCl 胁迫对盐芥和拟南芥光合作用的影响［J］. 植物学通报，24（2）：154-160.

郑悦，2015. 生物炭与秸秆还田对盐碱地水稻土壤理化形状及产量的影响［D］. 大庆：黑龙江八一农垦大学.

中国科学院南京土壤研究所土壤物理研究室，1978. 土壤物理性质测定法［M］. 北京：科学出版社.

周翠香，2019. 黄河三角洲滨海盐碱土壤—植物系统对生物炭添加的响应机理研究［D］. 烟台：鲁东大学.

周红娟，耿玉清，丛日春，等，2016. 木醋液对盐碱土化学性质、酶活性及相关性的影响［J］. 土壤通报，47（1）：105-111.

周阳雪，2017. 秸秆及其生物炭对农田土壤系统碳氮循环的影响［D］. 杨凌：西北农林科技大学.

周震峰，王建超，饶潇潇，2015. 添加生物炭对土壤酶活性的影响［J］. 江西农业学报，27（6）：110-112.

ABBAS T，RIZWAN M，ALI S，et al.，2017. Effect of biochar on cadmium bioavailability and uptake in wheat（*Triticum aestivum* L.）grown in a soil with aged contamination［J］. Ecotoxicology and Environmental Safety，140：37-47.

ABRISHAMKESH S，GORJI M，ASADI H，et al.，2016. Effects of rice husk biochar application on the properties of alkaline soil and lentil growth［J］. Plant Soil & Environment，61（11）：475-482.

ABROL I P，YADAV J S P，MASSOUD F I，1988. Salt-affected soils and their management，soil resources，management and conservation service［R］. FAO Land Division，FAO of United Nation.

ADAMS R I，MILETTO M，TAYLOR J W，et al.，2013. Dispersal in microbes：fungi in indoor air are dominated by outdoor air and show dispersal limitation at short distances［J］. The ISME Journal，7（7）：1262-1273.

AGEGNEHU G，BASS A M，NELSON P N，et al.，2015. Biochar and biochar compost as soil amendments：Effects on peanut yield，soil properties and greenhouse gas emissions in tropical North Queensland，Australia［J］. Agriculture，Ecosystems and Environment，213：72-85.

AGEGNEHU G，SRIVASTAVA A K，BIRD M I，2017. The role of biochar and biochar-compost in improving soil quality and crop performance：a review［J］. Applied Soil Ecology，119：156-177.

AKHTAR S S，ANDERSEN M N，LIU F，2015. Residual effects of biochar on improving growth，physiology and yield of wheat under salt stress［J］. Agricultural Water Manag，158，61-68.

ALGHAMDI A G，2018. Biochar as a potential soil additive for improving soil physical properties a review［J］. Arabian Journal of Geosciences，11（24）：766.

ALI S，RIZWAN M，QAYYUM M F，et al.，2017. Biochar soil amendment on alleviation of drought and salt stress in plants：a critical review［J］. Environmental science and pollution research international, 24 (14): 12700-12712.

ANDERSON C R, CONDRON L M, CLOUGH T J, et al., 2011. Biochar induced soil microbial community change: Implications for biogeochemical cycling of carbon, nitrogen and phosphorus [J]. Pedobiologia, 54: 309-320.

ASAI H, SAMSON B K, STEPHAN H M, et al., 2008. Biochar amendment techniques for upland rice production in Northern Laos: Soil physical properties, leaf SPAD and grain yield [J]. Field Crops Research, 111 (1-2): 81- 84.

ASHRAF M, 2004. Some important physiological selection criteria for salt tolerance in plants [J]. Flora, 199: 361-376.

BAILEY V L, FANSLER S J, SMITH J L, et al., 2011. Reconciling apparent variability in effects of biochar amendment on soil enzyme activities by assay optimization [J]. Soil Biology and Biochemistry, 43: 296-301.

BARONTI S, ALBERTI G, VEDOVE G D, et al., 2010. The biochar option to improve plant yields: first results from some field and pot experiments in Italy [J]. Italian Journal of Agronomy, 5: 3-11.

BECRAFT E D, WOYKE T, JARETT J, et al., 2017. Rokubacteria: Genomic Giants among the Uncultured Bacterial Phyla [J]. Frontiers in Microbiology, 8: 2264.

BEESLEY L, MORENO-JIMENEZ E, GOMEZ-EYLES J L, et al., 2011. A review of biochars' potential role in the remediation, revegetation and restoration of contaminated soils [J]. Environmental Pollution, 159 (12): 3269-3282.

BENGOUGH A G, MULLINS C E, 1990. Mechanical impedance to root growth: a review of experimental techniques and root growth responses [J]. Journal of Soil Science, 41: 341-358.

BENGOUGH A G, MULLINS C E, 1990. The resistance experienced by roots growing in a pressurized cell-A reappraisal [J]. Plant and Soil, 123 (1): 73-82.

BHADURI D, SAHA A, DESAI D, et al., 2016. Restoration of carbon and microbial activity in salt-induced soil by application of peanut shell biochar during short-term incubation study [J]. Chemosphere, 148: 86-98.

BIEDERMAN L A, HAIPOLE W S, 2013. Biochar and its effects on plant productivity and nutrient cycling: a meta-analysis [J]. Global Change Biology Bioenergy, 5: 202-214.

BURNS R G, DEFOREST J L, MARXSEN J, et al., 2013. Soil enzyme in changing environment: current knowledge and future directions [J]. Soil Biology and Biochemistry, 58: 216-234.

CANBOLAT M Y, BILEN S, et al., 2006. Effect of plant growth promoting bacteria and soil compaction on barley seedling growth, nutrient uptake, soil properties and rhizosphere microflora [J]. Biology and Fertility of Soils, 42 (4): 350-357.

CANFORA L, BACCI G, PINZARI F, et al., 2014. Salinity and bacterial diversity: to what extent does the concentration of salt affect the bacterial community in a saline soil [J]. Plos One, 9: e106662.

CANTRELL KB, HUNT P G, UCHIMIYA M, et al., 2012. Impact of pyrolysis temperature and manure source on physicochemical characteristics of biochar [J]. Bioresource Technology, 107 (2): 419-428.

CAO J, LIU C, ZHANG W, et al., 2012. Effect of integrating straw into agricultural soils on soil infiltration and evaporation [J]. Water Science & Technology A Journal of the International Association on Water Pollution Research, 65 (12): 2213.

CHAN K, ZWIETEN L V, MESZAROS I, et al., 2008. Using poultry litter biochars as soil amendments [J]. Soil Research, 46: 437-444.

CHEN F S, CHEN G S, ZENG D H, et al., 2002. Effects of peat and weathered coal on the growth of Pinus sylvestris var. mongolica seedlings on aeolian sandy soil [J]. Journal of Forest Research, 13 (4): 251-254.

CHEN H L, LIU G S, YANG Y F, et al., 2013. Effects of rotten wheat straw on organic carbon and microbial biomass carbon of tobacco-planted soil [J]. Journal of Food, Agriculture & Environment, 11 (1): 1017-1021.

CHENG C H, LEHMANN J, 2009. Ageing of black carbon along a temperature gradient [J]. Chemosphere, 75: 1021-1027.

CHINTALA R, SCHUMACHER T E, MCDONALD L M et al., 2014. Phosphorus sorption and availability from biochar and soil/biochar mixtures [J]. Clean - Soil Air Water, 42 (5): 626-634.

CHRISTIANL L, MICHAELS S, MARKA B, et al., 2008. The influence of soil properties on the structure of bacterial and fungal communities across land - use types [J]. Soil Biology & Biochemistry, 40: 2407-2415.

CHUN Y, SHENG GY, CHIOU CT, et al., 2004. Compositions and sorptive properties of crop residue - derived chars [J]. Environmental Science Technology, 38: 4649-4655.

COX D, BEZDICEK D, FAUCI M, 2001. Effects of compost, coal ash, and straw amendments on restoring the quality of eroded Palouse soil [J]. Biology and Fertility of Soils, 33 (5): 365-372.

CRIQUET S, FERRE E, FARNET A M, 2014. Annual dynamics of phosphatase activities in an evergreen oak litter: influence of biotic and abiotic factors [J]. Soil Biology & Biochemistry, 36 (7): 1111-1118.

CURTIN D, NAIDU R, 1998. Fertility constraints to plant production. In: Summer, M. E., Naidu, R. (Eds.), Sodic Soil: Distribution, Management and Environmental Consequences [M]. New York: Oxford University Press.

CZIMCZIK C I, MASIELLO C A, 2007. Controls on black carbon storage in soils [J]. Clohal Biogeochemistry Cycles, 21 (3): GB3005.

DAI Z M, HU J J, XU X K, et al., 2016. Sensitive responders among bacterial and fungal microbiome to pyrogenic organic matter (biochar) addition differed greatly between rhizosphere and bulk soils [J]. Scientific Reports, 6: 36101.

DAIMS H, LEBEDEVA E V, PJEVAC P, et al., 2015. Complete nitrification bynitrospirabacteria [J]. Nature, 528: 504-509.

DEENIK J L, CLELLAN T M, UEHARA G, 2010. Charcoal volatile matter content influences plant growth and soil nitrogen transformations [J]. Soil Fertility and Plant Nutrition, 74 (4): 1259-1270.

DELUCA T H, MACKENZIE M D, GUNDALE M J, 2009. Biochar effects on soil nutrient transformations [J]. Biochar for Environmental Management: Science and Technology, 251-270.

DELUCA T H, MACKENZIE M D, GUNDALE M J, et al., 2006. Wildfire-produced charcoal directly influences nitrogen cycling in ponderosa pine forests [J]. Soil Science Society of America Journal, 70 (2): 448-453.

DENEF K, 2010. Clay mineralogy determines the importance of biological versus abiotic processes for macroaggregate formation and stabilization [J]. European Journal of Soil Science, 56 (4): 469-479.

DOWNIE A, VAN ZWIETEN L, CHAN Y, et al., 2008. Biochar feedstock choice: An economic/agronomic balance [C]. Conference of the international biochar initiative: Biochar, sustainability and security in a changing climate, Newcastle.

DUCEY T F, IPPOLITO J A, CANTRELL K B, et al., 2013. Addition of activated switchgrass biochar to an acidic subsoil increases microbial nitrogen cycling gene abundances [J]. Applied Soil Ecology, 65: 65-72.

EGAMBERDIEVA D, RENELLA G, WIRTH S, et al., 2010. Secondary salinity effects on soil microbial biomass [J]. Biology and Fertility of Soils, 46 (5): 445-449.

ELZOBAIR K A, STROMBERGER M E, IPPOLITO J A, et al., 2016. Contrasting effects of biochar versus manure on soil microbial communities and enzyme activities in an Aridisol [J]. Chemosphere, 142: 145-152.

EYNARD A, SCHUMACHER T E, LINDSTROM M J, et al., 2005. Effects of agricultural management systems on soil organic carbon in aggregates of Ustolls and Usterts [J]. Soil and Tillage Research, 81: 253-263.

FANG Q, CHEN B, LIN Y, et al., 2014. Aromaticand hydrophobic surfaces of wood-derived biochar enhance perchlorate adsorption via hydrogen bonding to oxygen-containing organic groups [J]. Environmental Science Technology, 48 (1), 279-288.

FRANKENBERGER W T, BINGHAM F T, 1982. Influence of salinity on soil enzyme activities [J]. Soil Science Society of America Journal, 46: 1173-1177.

FUERTES A B, CAMPS ARBESTAIN M, SEVILLA M, et al., 2010. Chemical and structural properties of carbonaceous products obtained by pyrolysis and hydrothermal carbonization of corn stover [J]. Australian Journal of Soil Research, 48: 618-626.

GASKIN J W, STEINER C, HARRIS K, et al., 2008. Effect of low-temperature pyrolysis conditions on biochar for agricultural use [J]. Transactions of the Asabe, 51 (6): 2061-2069.

GHUOLAM C, FURSY J, FARES K, 2002. Effects of salt stress on growth, inorganic ions and proline accumulation in relation to osmotic adjustment in five sugar beet cultivars [J]. Environmental and Experimental Botany, 47 (1): 39-50.

GROSSMAN J M, O'NEILL B E, TSAI S M, et al., 2010. Amazonian anthrosols support similar microbial communities that differ distinctly from those extant in adjacent, unmodified soils of the same mineralogy [J]. Microbial Ecology, 60 (1): 192-205.

GUL S, WHALEN J K, THOMAS B W, et al., 2015. Physico-chemical properties and microbial responses in biochar-amended soils: mechanisms and future directions [J]. Agriculture, Ecosystems and Environment, 206: 46-59.

GUNES A, INAL A, TASKIN M B, et al., 2014. Effect of phosphorus-enriched biochar and poultry manure on growth and mineral composition of lettuce (*Lactuca sativa* L. cv.) grown in alkaline soil [J]. Soil Use and Management, 30 (2): 182-188.

HARTER J, KRAUSE H M, SCHUETTLER S, et al., 2014. Linking N2O emissions from biochar-amended soil to the structure and function of the N-cycling microbial community [J]. ISME Journal, 8 (3): 660-674.

HOECKER N, KELLER B, PIEPHO H P, et al., 2006. Manifestation of heterosis during early maize (Zea mat's L.) root development [J]. Theoretical and Applied Genetics, 112 (3): 421-429.

HOSSAIN M K, STREZOV V, CHAN K Y, et al., 2010. Agronomic properties of waste water sludge biochar and bioavailability of metals in production of cherr tomato (Lycopersicon esculentum) [J]. Chemosphere, 78 (9): 1167-1171.

HU L, CAO L X, ZHANG R D, 2014. Bacterial and fungal taxon changes in soil microbial community composition induced by short-term biochar amendment in red oxidized loam soil [J]. World Journal of Microbiology and Biotechnology, 30: 1085-1092.

INUKAI Y, ASHIKARI M, KITANO H, 2004. Function of the root system and molecular mechanism of crown root formation in rice [J]. Plant Cell Physiology, 45: 17.

JEFFERY S, BEZEMER T M, CORNELISSEN G, et al., 2015. The way forward in biochar research: targeting trade-offs between the potential wins [J]. Global Change Biology Bioenergy, 7 (1): 1-13.

JEFFERY S, VERHEIJEN F G A, VANDER V, et al., 2011. A quantitative review of the effects of biochar application to soils on crop productivity using meta-analysis [J]. Agriculture, Ecosystems and Environment, 144 (1): 175-187.

JENKINS S N, RUSHTON S P, LANYON C V, et al., 2010. Taxon-specific responses of soil bacteria to the addition of low level C inputs [J]. Soil Biology & Biochemistry, 42: 1624-1631.

JIANG M Y, ZHANG J H, 2002. Water stress-induced abscisic acid accumulation triggers the increased generation of reactive oxygen species and up-regulates the activities of antioxidant enzymes in maize leaves [J]. Journal of Experimental Botany, 379: 2401-2410.

JIN Y, LIANG X, HE M, et al., 2016. Manure biochar influence upon soil properties, phosphorus distribution and phosphatase activities: a microcosm incubation study [J]. Chemosphere, 142: 128-135.

JINDO K, MIZUMOTO H, SAWADA Y, et al., 2014. Physical and chemical characterization of biochars derived from different agricultural residues [J]. Biogeosciences, 11 (23): 6613-6621.

JOERGENSEN R G, WICHERN F, 2008. Quantitative assessment of the fungal contribution to microbial tissue in soil [J]. Soil Biology and Biochemistry, 40 (12): 2977-2991.

JOHN D T, EDZEL E, JENNELYN B, et al., 2020. Pathogenicity of epicoccum sorghinum towards dragon fruits (Hylocereus species) and in vitro evaluation of chemicals with antifungal activity [J]. Journal of phytopathology, 168 (6): 303-310.

JOSEPH S, CAMPS-ARBESTAIN M, LIN Y, et al., 2010. An investigation into the reactions of biochar in soil [J]. Soil & Tillage Research, 48: 501-515.

JOSEPH S, GRABER E, CHIA C, et al., 2013. Shifting paradigms: development of high-efficiency biochar fertilizers based on nano-structures and soluble components [J]. Carbon Management, 4 (3): 323-343.

KARHU K, MANILA T, BERGSTROM I, et al., 2011. Biochar addition to agricultural soil increased CH4 uptake and water holding capacity-results from a short-term pilot field study [J]. Agriculture Ecosystems and Environment, 140, 309-313.

KEILUWEIT M, NICO P S, JOHNSON M G, et al., 2010. Dynamic molecular structure of plant biomass-derived black (biochar) [J]. Environmental Science & Technology, 44 (4): 1247-1253.

KIM H, KIM K, YANG J E, et al., 2016. Effect of biochar on reclaimed tidal land soil properties and maize (*Zea mays* L.) response [J]. Chemosphere, 142: 153-159.

KIMETU J M, LEHMANN J, 2010. Stability and stabilisation of biochar and green manure in soil with different organic carbon contents [J]. Soil Research, 48 (7): 577-585.

KLOSS S, ZEHETNER F, DELLANTONIO A, et al., 2012. Characterization of slow pyrolysis biochars: effects of feedstocks and pyrolysis temperature on biochar properties [J]. Journal of Environmental Quality, 41 (4): 990-1000.

KOLTON M, HAREL Y M, PASTERNAK Z, et al., 2011. Impact of biochar Application to soil on the root-associated bacterial community structure of fully developed Greenhouse pepper plants [J]. Applied and Environmental Microbiology, 77 (14): 4924-4930.

KUMMEROVA M, KRULOVA J, ZEZULKA S, 2006. Evaluation of floranthene phytotoxicity in pea plants by Hill reaction and chlorophyll florescence [J]. Chemosphere, 65 (3): 489-496.

KUROSAKI F, KOYANAKA H, HATA T, et al., 2007. Macroporous carbon prepared by flash heating of sawdust [J]. Carbon, 45 (3): 671-673.

KUZYAKOV Y, BOGOMOLOVA L, GLASER B, 2014. Biochar stability in soil: Decomposition during eight years and transformation as assessed by compound-specific 14C analysis. Soil Biology and Biochemistry, 70: 229-236.

LAGHARI M, MIRJAT M, HU Z, et al., 2015. Effects of biochar application rate on sandy desert soil properties and sorghum growth [J]. Catena, 135: 313-320.

LAIRD D A, FLEMING P, DAVIS D D, et al., 2010. Impact of biochar amendments on the quality of atypical midwestern agricultural soil [J]. Geoderma, 158: 443-449.

LASHARI M S, LIU Y, LI L, et al., 2013. Effects of amendment of biochar-manure compost in conjunction with pyroligneous solution on soil quality and wheat yield of a salt-stressed cropland from Central China Great Plain [J]. Field Crops Research, 144: 113-118.

LASHARI M S, YE Y, JI H, et al., 2015. Biochar-manure compost in conjunction with pyroligneous solution alleviated salt stress and improved leaf bioactivity of maize in a saline soil from central China: a 2-year field experiment [J]. Journal of the Science of Food and Agriculture, 95 (6): 1321-1327.

LEHMANN J, 2007. A handful of carbon [J]. Nature, 447: 143-144.

LEHMANN J, 2007. Bio-energy in the black [J]. Frontiers in Ecology and the Environment, 5 (7): 381-387.

LEHMANN J, Dasilva J P, Steiner C, 2003. Nutrient availability and leaching in an archaeological Anthrosol and Ferralsol of the Central Amazon basin: fertilizer, Manure and charcoal amendments [J]. Plant and Soil, 249: 343-357.

LEHMANN J, GAUNT J, RONDON M, 2006. Biochar sequestration in terrestrial ecosystems-a review [J]. Mitigation and Adaptation Strategies for Global Change, 11: 395-419.

LEHMANN J, JOSEPH S, 2009. Biochar for environmental management: Science and technology [M]. London: Earthscan Ltd.

LI X, SHEN Q, ZHANG D, et al., 2013. Functional Groups Determine Biochar Properties pH and EC as Studied by Two-Dimensional 13C NMR Correlation Spectroscopy

[J]. Plos One, 8 (6): e65949.

LIANG B, LEHMANN J, SOLOMON D, et al., 2006. Black carbon increases cation exchange capacity in soils [J]. Soil Science Society of America Journal, 70 (5): 1719-1730.

LIU J J, SUI Y Y, YU Z H, et al., 2015. Soil carbon content drives the biogeographical distribution of fungal communities in the black soil zone of northeast China [J]. Soil Biology and Biochemistry, 83: 29-39.

LIU S, MENG J, JIANG L, et al., 2017. Rice husk biochar impacts soil phosphorous availability, phosphatase activities and bacterial community characteristics in three different soil types [J]. Applied Soil Ecology, 116: 12-22.

LIU X, ZHANG X, 2012. Effect of biochar on pH of alkaline soils in the loess plateau: results from incubation experiments [J]. International Journal of Agriculture and Biology, 14 (5): 745-750.

LONARDO S, BARONTI S, VACCARI F P, et al., 2017. Biochar-based nursery substrates: the effect of peat substitution on reduced salinity [J]. Urban Forestry & Urban Greening, 23, 27-34.

LU H, LASHARI M S, LIU X, et al., 2015. Changes in soil microbial community structure and enzyme activity with amendment of biochar-manure compost and pyroligneous solution in a saline soil from Central China [J]. European Journal of Soil Biology, 70: 67-76.

LUCHETA A R, CANNAVAN F S, ROESCH L F W, et al., 2016. Fungal community assembly in the Amazonian dark Earth [J]. Microbial Ecology, 71: 962-973.

LUO X, LIU G, XIA Y, et al., 2017. Use of biochar-compost to improve properties and productivity of the degraded coastal soil in the Yellow River Delta, China [J]. Journal of Soils and Sediments, 17 (3): 780-789.

MAKOI J H, NDAKIDEMI P A, 2008. Selected soil enzymes: examples of their potential roles in the ecosystem [J]. Afri J Biotechnol, 7 (3): 181-191.

MAKOTO K, TAMAI Y, KIM Y S, et al., 2009. Buried charcoal layer and ectomycorrhizae cooperatively promote the growth of Larix gnelinii seedlings [J]. Plant and Soil, 327 (1-2): 143-152.

MASTO R E, KUMAR S, ROUT T K, et al., 2013. Biochar from water hyacinth (*Eichornia crassipes*) and its impact on soil biological activity [J]. Catena, 111 (1): 64-71.

MASULILI A, UTOMO W H, SYECHFANI M S, 2010. The characteristics of rice husk biochar and Its Influence on the properties of acid sulfate soils and rice growth in west Kalimantan, Indonesia [J]. Journal of Agricultural Science, 2 (1): 39-47.

METTERNICHT G I, ZINK J A, 1996. Modelling salinity - alkalinity classes for mapping salt - affected topsoils in the semi - arid valleys of Cochabamba (Bolivia)

[J]. ITC Journal, 2: 125-135.

MUNNS R, TESTER A M, 2008. Mechanisms of salinity tolerance [J]. Annual Review of Plant Biology, 59: 651-681.

NAIDU R, SYERS J K, TILLMAN R W, et al., 1991. Assessment of plant-available phosphate in limed, acid soils using several soil-testing procedures [J]. Fertilizer Research, 30 (1): 47-53.

NAN X, TAN G, WANG H, et al., 2016. Effect of biochar additions to soil on nitrogen leaching, microbial biomass and bacterial community structure [J]. European Journal of Soil Biology, 74: 1-8.

NEROME M, TOYOTA K, ISLAM T M, et al., 2005. Suppression of bacterial wilt of tomato by incorporation of municipal biowaste charcoal into soil [J]. Soil Microorganisms, 59: 9-14.

NGUYEN B, LEHMANN J, HOCKADAY W C, et al., 2010. Tempera-tore sensitivity of black carbon decomposition and oxidation [J]. Environmental Science and Technology, 44: 3324-3331.

NLWR A, 2001. Austrilian agriculture assessment [R]. National Land and Water Resources Audit.

NORWOOD M J, LOUCHOUARN P, KUO L J, et al., 2013. Characterization and biodegradation of water-soluble biomarkers and organic carbon extracted from low temperature chars [J]. Organic Geochemistry, 56: 111-119.

NOURBAKHSH F, MONREAL C M, 2004. Effects of soil properties and trace metals on urease activities of calcareous soils [J]. Biology and Fertility of Soils, 40: 359-362.

NOVAK J M, LIMA I, XING B, et al., 2009. Characterization of designer biochar produced at different temperatures and their effects on a loamy sand [J]. Annals of Environmental Science, 3 (1): 195-206.

OLESZCZUK P, JOSKO I, FUTA B, et al., 2014. Effect of pesticides on microorganisms, enzymatic activity and plant in biochar-amended soil [J]. Geoderma, 214: 10-18.

OTEINO N, LALLY R D, KIWANUKA S, et al., 2015. Plant growth promotion induced by phosphate solubilizing endophytic Pseudomonas isolates [J]. Frontiers in Microbiology, 6: 745.

PATHAK H, RAO D L, 1998. Carbon and nitrogen mineralization from added organic matter in saline and alkali soils [J]. Soil Biology and Biochemistry (30): 695-702.

PIETIKAINEN J, KIIKKILA O, FRITZE H, et al., 2000. Charcoal as a habitat for microbes and its effect on the microbial community of the underlying humus [J]. Oikos, 89: 231-242.

PRENDERGAST-MILLER M T, DUVALL M, SOHI S P, 2014. Biochar-root interactions are mediated by biochar nutrient content and impacts on soil nutrient availability [J]. European Journal of Soil Science, 65: 173-185.

QADIR M, SCHUBERT S, 2002. Degradation processes and nutrient constraints in sodic soils [J]. Land Degradation Development, 13 (4): 275-294.

QIAN X, PATRIEK B, XU J C, et al., 2016. Osmotic stress - and salt stress - inhibition and gibberellin - mitigation of leaf elongation associated with up regulation of genes controlling cell expansion [J]. Environmental and Experimental Botany, 131: 101-109.

QU X, FU H, MAO J, et al., 2016. Chemical and structural properties of dissolved black carbon released from biochars [J]. Carbon, 96: 759-767.

QUILLIAM R S, GLANVILLE H C, WADE S C, et al., 2013. Life in the 'charosphere' does biochar in agricultural soil provide a significant habitat for microorganisms [J]. Soil Biology & Biochemistry, 65: 287-293.

RAIESI F, KHADEM A, 2019. Short-term eff ects of maize residue biochar on kinetic and thermodynamic parameters of soil β-glucosidase [J]. Biochar, 1: 213-227.

REN X, SUN H, WANG F, et al., 2016. The changes in biochar properties and sorption capacities after being cultured with wheat for 3 months [J]. Chemosphere, 144: 2257-2263.

RENGASAMY P, 2010. Soil processes affecting crop production in salt - affected soils [J]. Functional Plant Biology, 37: 613-620.

RIETZ D N, HAYNES R J, 2003. Effects of irrigation - induced salinity and sodicity on soil microbial activity [J]. Soil Biology & Biochemistry, 35 (6): 845-854.

ROBERTSON S J, RUTHERFORD P M, LOPEZGUTIERREZ J C, et al., 2012. Biochar enhances seedling growth and alters root symbioses and properties of sub - boreal forest soils [J]. Canadian Journal of Soil Science, 92 (2): 329-240.

RONG L, JUN L, JIANI L, et al., 2020. Straw input can parallelly influence the bacterial and chemical characteristics of maize rhizosphere [J]. Environmental Pollutants and Bioavailability, 32: 1-11.

RONSSE F, VAN HECKE S, DICKINSON D, et al., 2013. Production and characterization of slow pyrolysis biochar: influence of feedstock type and pyrolysis conditions [J]. Global Change Biology Bioenergy, 5 (2): 104-115.

ROUQUEROL J, ROUQUEROL F, LIEWWLLYN P, 1999. Adsorption by powders and porous solids: principles, methodology and applications [M]. Pittsburgh: Academic Press.

SADAKA S, SHARARA M A, ASHWORTH A, et al., 2014. Characterization of biochar from switchgrass carbonization [J]. Energies, 7, 548-567.

SAIFULLAH, SAAD D, ASIF N, et al., 2018. Biochar application for the remediation of salt-affected soils: Challenges and opportunities [J]. Science of the Total Environment, 625: 320-335.

SARIKHANI M R, KHOSHRU B, OUSTAN S, 2016. Efficiency of Some Bacterial Strains in Potassium Release from Mica and Phosphate Solubilization under In Vitro Conditions [J]. Geomicrobiology Journal, 33 (9): 1-7.

SCHOCH C L, SUNG G H, LOPEZ-GIRALDEZ F, et al., 2009. The Ascomycota tree of life: a phylum-wide phylogeny clarifies the origin and evolution of fundamental reproductive and ecological traits. -S2 [J]. Systematic Biology, 58 (2): 224.

SINGH A, PANDA S N, 2012. Effect of saline irrigation water on mustard (Brassica Juncea) crop yield and soil salinity in a semi-arid area of north India [J]. Australian Journal of Experimental Agriculture, 48 (1): 99-110.

SPAIN A M, KRUMHOLZ L R, ELSHAHED M S, 2009. Abundance, composition, diversity and novelty of soil proteobacteria [J]. ISME Journal, 3: 992-1000.

SPOKAS K, CANTRELL K, NOVAK J, et al., 2012. Biochar: a synthesis of its agronomic impact beyond carbon sequestration [J]. Journal of Environmental Quality, 41: 973-989.

STEINBEISS S, GLEIXNER G, ANTONIETTI M, 2009. Effect of biochar amendment on soil carbon balance and soil microbial activity [J]. Soil Biology and Biochemistry, 41: 1301-1310.

SUMMER M E, 1993. Sodic soils-new perspectives [J]. Soil Research, 31 (6): 683-750.

SUN H, LU H, CHU L, et al., 2017. Biochar applied with appropriate rates can reduce N leaching, keep N retention and not increase NH3 volatilization in a coastal saline soil [J]. Science of the Total Environment, 575: 820-825.

TAGHIZADEH-TOOSI A, CLOUGH T J, SHERLOCK R R, et al., 2012. Biochar adsorbed ammonia is bioavailable [J]. Plant and Soil, 350: 57-69.

TANG G M, GE C H, XU W L, et al., 2011. Effect of applying biochar on the quality of grey desert soil and maize cropping in Xin jiang, China [J]. Journal of Agro-Environment Science, 30 (9): 1797-1802.

TISCHER A, BLAGODATSKAYA E, HAMER U, 2015. Microbial community structure and resource availability drive the catalytic efficiency of soil enzymes under land use change conditions [J]. Soil Biology Biochemistry, 89: 226-237.

TRIPATHI S, KUMARI S, CHAKRABORTY A, et al., 2006. Microbial biomass and its activities in salt-affected coastal soils [J]. Biology and Fertility of Soils, 42: 273-277.

TRIVEDI P, ANDERSON I C, SINGH B K, 2013. Microbial modulators of soil carbon storage: integrating genomic and metabolic knowledge for global prediction [J]. Trends in Microbiology, 21 (12): 641-651.

TSAI W T, LIU S C, CHEN H R, et al., 2012. Textural and chemical properties of swine-manure-derived biochar pertinent to its potential use as a soil amendment [J]. Chemosphere, 89: 198-203.

UCHIMIYA M, LIMA I M, KLASSON K T, et al., 2010. Immobilization of heavy metal ions (CuII, CdII, NiII, and PbII) by broiler litter-derived biochars in water and soil [J]. Journal of Agricultural and Food Chemistry, 58 (9): 5538-5544.

UCHIMIYA M, ORLOV A, RAMAKRISHNAN G, et al., 2013. In situ and ex situ spectroscopic monitoring of biochar's surface functional groups [J]. Journal of Analytical and Applied Pyrolysis, 102: 53-59.

ULYETT J, SAKRABANI R, KIBBLEWHITE M, et al., 2014. Impact of biochar addition on water retention, nitrification and carbon dioxide evolution from two sandy loam soils [J]. European Journal of Soil Science, 65 (1): 96-104.

UZOMA K C, INOUE M, ANDRY H, et al., 2011. Effect of cow manure biochar on maize productivity under sandy soil condition [J]. Soil Use and Management, 27 (2): 205-212.

VAN ZWIETEN L, KIMBER S, MORRIS S, et al., 2010. Effects of biochar from slow pyrolysis of papermill waste on agronomic performance and soil fertility [J].Plant and Soil, 327 (1-2): 235-246.

VELIKOVA V, YORDANOV I, EDREVA A, 2000. Oxidative stress and some antioxidant systems in acid rain-treated bean plants-protective role of exogenous polyamines [J]. Plant Science, 151 (1): 59-66.

WAKEEL A, 2013. Potassium-sodium interactions in soil and plant under saline-sodic conditions [J]. Journal of Plant Nutrition and Soil Science, 176 (3): 344-354.

WANG C, CHEN D, SHEN J L, et al., 2021. Biochar alters soil microbial communities and potential functions 3-4 years after amendment in a double rice cropping system [J]. Agriculture, Ecosystems and Environment, 311, 107291.

WANG S, GAO B, LI Y, et al., 2015. Manganese oxide-modified biochars: Preparation, characterization, and sorption of arsenate and lead [J]. Bioresource Technol, 181: 13-17.

WANG X P, GENG S J, RI Y J, et al., 2011. Physiological responses and adaptive strategies of tomato plants to salt and alkali stresses [J]. Scientia Horticulturae, 130 (1): 248-255.

WANG Z H, TANG C S, WANG H Y, et al., 2019. Effect of different amounts of biochar on meadow soil characteristics and maize yields over three years [J]. Bioresources, 14 (2): 4194-4209.

WARDLE D A, NILSSON M C, ZACKRISSON O, 2008. Fire-derived charcoal causes loss of forest humus [J]. Science, 320 (5876): 629.

WARNOCK D D, LEHMANN J, KUYPER T W, et al., 2007. Mycorrhizal responses to biochar in soil-concepts and mechanisms [J]. Plant soil, 300: 9-20.

WHALLEY W R, CLARK L J, GOWING D J G, et al., 2006. Does soil strength play a role in wheat yield losses caused by soil drying? [J]. Plant and Soil, 280: 279-290.

WHITMAN T, PEPE-RANNEY C, ENDERS A, et al., 2016. Dynamics of microbial community composition and soil organic carbon mineralization in soil following addition of pyrogenic and fresh organic matter [J]. The ISME journal, 10 (12): 2918-2930.

WICHERN J, WICHERN F, JOERGENSEN R G, 2006. Impact of salinity on soil microbial communities and decomposition of maize in acidic soils [J]. Geoderma, 137: 100-108.

WILDMAN J, DERBYSHIRE F, 1991. Origins and Functions of Macroporosity in Activated Carbons from Coal and Wood Precursors [J]. Fuel, 70 (5): 655-661.

WONG V N L, GREENE R S B, DALAL R C, et al., 2010. Soil carbon dynamics in saline and sodic soils: a review [J]. Soil Use and Management, 26 (1): 2-11.

WONG V N, DALAL R C, GREENE R S, 2008. Salinity and sodicity effects on respiration and microbial biomass of soil [J]. Biology and Fertility of Soils, 44: 943-953.

WOOLF D, AMONETTE J E, STREET-PERROTT F A, et al., 2010. Sustainable biochar to mitigate global climate change [J]. Nature Communications, 1: 56.

WU F P, JIA Z K, WANG S G, et al., 2012. Contrasting effects of wheat straw and its biochar on greenhouse gas emissions and enzyme activities in a Chernozemic soil [J]. Biology and Fertility of Soils, 49 (5): 555-565.

XIAO X, CHEN B L, ZHU L Z, 2014. Transformation, morphology, and dissolution of silicon and carbon in rice straw-derived biochars under different pyrolytic temperatures [J]. Environmental Science &Technology, 48: 3411-3419.

XU L, RAVNSKOV S, LARSEN J, et al., 2012. Soil fungal community structure along a soil health gradient in pea fields examined using deep amplicon sequencing [J]. Soil Biology & Biochemistry, 46: 26-32.

XU N, TAN G C, WANG H Y, et al., 2016. Effect of biochar additions to soil on nitrogen leaching, microbial biomass and bacterial community structure [J]. European Journal of Soil Biology, 74: 1-8.

XU R, ZHAO A, YUAN J, et al., 2012. pH buffering capacity of acid soils from tropical and subtropical regions of China as influenced by incorporation of crop straw biochars [J]. Journal of Soils and Sediments, 12 (4): 494-502.

YAN N, MARSCHNER P, 2013. Response of soil respiration and microbial biomass to changing EC in saline soils [J]. Soil Biol Biochem, 65: 322-328.

YANG L, YANQI Y, FEI S, et al., 2019. Partitioning biochar properties to elucidate their contributions to bacterial and fungal community composition of purple soil [J]. Scinece of the total environment, 15 (648): 1333-1341.

YANG X, LIU J, MC GROUTHER K, et al., 2016. Effect of biochar on the extractability of heavy metals (Cd, Cu, Pb, and Zn) and enzyme activity in soil [J]. Environmental Science and Pollution Research, 23, 974-984.

YAO Q, LIU J J, YU Z H, et al., 2017. Changes of bacterial community compositions after three years of biochar application in a black soil of northeast China [J]. Applied Soil Ecology, 113: 11-21.

YAO, Q, LIU, J, YU, Z, et al., 2017. Three years of biochar amendment alters soil physiochemical properties and fungal community composition in a black soil of northeast China [J]. Soil Biology and Biochemistry, 110: 56-67.

YIN Y F, HE X H, REN G A O, et al., 2014. Effects of rice straw and its biochar addition on soil labile carbon and soil organic carbon [J]. Journal of Integrative Agriculture, 13 (3): 491-498.

YONG-KEUN C, EUNSUNG K, 2019. Effects of pyrolysis temperature on the physicochemical properties of alfalfa-derived biochar for the adsorption of bisphenol A and sulfamethoxazole in water [J]. Chemosphere, 218: 741-748.

YUAN J H, XU R K, ZHANG H, 2011. The forms of alkalis in the biochar produced from crop residues at different temperatures [J]. Bioresource Technology, 102: 3488-3497.

YUE Y, GUO W, LIN Q, et al., 2016. Improving salt leaching in a simulated saline soil column by three biochars derived from rice straw, sunflower straw and cow manure [J]. Journal of Soil and Water Conservation, 71: 467-475.

ZAHRAN H H, 1997. Diversity, Adaptation and activity of the bacterial flora in saline environments [J]. Biology and Fertility of Soils, 25 (3): 211-223.

ZAIDI A, KHAN M S, AHEMAD M, et al., 2009. Plant growth promotion by phosphate Solubilizing bacteria [J]. Acta Microbiologicaet Immunologica Hungarica, 56 (3): 263-284.

ZAVALLONI C, ALBERTI G, BIASIOL S, et al., 2011. Microbial mineralization of biochar and wheat straw mixture in soil: A short-term study [J]. Applied Soil Ecology, 50: 45-51.

ZENG A, LIAO Y C, ZHANG J L, et al., 2013. Effects of biochar on soil moisture, organic carbon and available nutrient contents in manural loessial soils [J]. Journal of Agro-Environment Science, 32 (5): 1009-1015.

ZHANG A F, LIU Y M, PAN G X, et al., 2012. Effect of biochar amendment on maize yield and greenhouse gas emissions from a soil organic carbon poor calcareous loamy soil from Central China Plain [J]. Plant and Soil, 351 (1-2): 263-275.

ZHANG D, YAN M, NIU Y, et al., 2016. Is current biochar research addressing global soil constraints for sustainable agriculture? [J]. Agriculture, Ecosystems & Environment, 226: 25-32.

ZHANG H, LI D S, ZHOU Z G, et al., 2017. Soil water and salt affect cotton (*Gos-*

sypium hirsutum L.) photosynthesis, yield and fiber quality in coastal saline soil [J]. Agricultural Water Management, 187: 112-121.

ZHANG J, LU F, LUO C, et al., 2014. Humification characterization of biochar and its potential as a composting amendment [J]. Journal of Environmental Sciences, 26 (2): 390-397.

ZHANG T Y, WALAWENDER W P, FAN L T, et al., 2004. Preparation of activated carbon from forest and agricultural residues through CO_2 activation [J]. Chemical Engineering Journal, 105 (1-2): 53-59.

ZHENG H, WANG X, CHEN L, et al., 2017. Enhanced growth of halophyte plants in biochar-amended coastal soil: roles of nutrient availability and rhizosphere microbial modulation [J]. Plant Cell and Environment, 41 (3): 517-532.

ZHENG J F, CHEN J H, PAN G X, et al., 2016. Biochar decreased microbial metabolic quotient and shifted community composition four years after a single incorporation in a slightly acid rice paddy from southwest China [J]. Science of the Total Environment, 571: 206-217.

ZHOU G Y, DOU S, LIU S J, 2011. The Structural characteristics of biochar and its effects on soil available nutrients and humus composition [J]. Journal of Agro-Environment Science, 30 (10): 2075-2080.

ZWIETEN L V, KIMBER S, MORRIS S, et al., 2010. Effects of biochar from slow pyrolysis of papermill waste on agronomic performance and soil fertility [J]. Plant and Soil, 327 (1-2): 235-246.

附　　录

附录一　附表

附表 1　主要细菌纲相对丰度的影响

单位:%

细菌纲	拔节期				灌浆期			
	B0	B20	B40	B80	B0	B20	B40	B80
Alphaproteobacteria	18. 48±0. 69b	20. 34±1. 01b	19. 41±1. 04b	24. 73±3. 77a	18. 48±0. 95c	22. 03±0. 92ab	20. 84±0. 84b	23. 20±1. 81a
Actinobacteria	18. 527±0. 46a	17. 67±0. 69ab	16. 11±1. 01b	17. 56±1. 58ab	14. 94±0. 91a	16. 60±0. 94a	15. 64±0. 85a	16. 25±1. 29a
Subgroup_6	14. 70±1. 09a	10. 60±1. 45b	10. 90±1. 95b	8. 89±2. 64b	13. 04±0. 94a	11. 23±1. 20a	10. 86±1. 72a	7. 92±1. 31b
Gammaproteobacteria	9. 42±0. 28b	9. 45±0. 44b	11. 24±0. 10a	11. 38±1. 16a	9. 24±0. 25b	10. 61±0. 32a	10. 71±0. 29a	11. 49±0. 86a
Gemmatimonadetes	5. 56±0. 20b	5. 79±0. 27b	6. 04±0. 04b	7. 07±0. 60a	6. 38±0. 39b	6. 36±0. 03b	6. 44±0. 22b	7. 15±0. 26a
Blastocatellia_Subgroup_4	5. 89±0. 47a	6. 18±0. 80a	5. 53±1. 30ab	3. 94±0. 56b	7. 94±0. 91a	5. 89±0. 77b	6. 40±1. 04ab	4. 64±1. 16b
Bacteroidia	3. 92±0. 28c	4. 35±0. 18bc	5. 40±0. 32a	4. 89±0. 51ab	4. 05±0. 08b	4. 07±0. 02b	4. 61±0. 10ab	4. 98±0. 82a
Deltaproteobacteria	3. 26±0. 14a	4. 03±0. 57a	3. 86±0. 89a	3. 78±0. 32a	3. 35±0. 09a	3. 88±0. 51a	4. 00±0. 87a	4. 02±0. 43a
Chloroflexia	4. 13±0. 11a	3. 50±0. 37ab	3. 20±0. 26b	3. 01±0. 66b	2. 79±0. 44a	3. 09±0. 08a	2. 60±0. 10a	2. 63±0. 34a
Anaerolineae	1. 96±0. 31a	1. 66±0. 12ab	1. 98±0. 10a	1. 58±0. 17b	1. 94±0. 14a	2. 02±0. 23a	2. 09±0. 14a	1. 80±0. 37a

（续表）

细菌纲	拔节期				灌浆期			
	B0	B20	B40	B80	B0	B20	B40	B80
KD4-96	1. 58±0. 18a	1. 26±0. 17ab	1. 14±0. 05b	0. 99±0. 37b	1. 55±0. 32a	1. 18±0. 12a	1. 19±0. 10a	1. 23±0. 18a
Holophagae	0. 97±0. 06b	1. 21±0. 09a	1. 05±0. 05b	1. 26±0. 07a	1. 46±0. 11a	1. 14±0. 06c	1. 15±0. 06c	1. 29±0. 05b
Acidobacteriia	1. 26±0. 03ab	1. 33±0. 05a	1. 19±0. 11bc	1. 10±0. 06c	1. 13±0. 03a	1. 13±0. 05a	1. 13±0. 07a	1. 04±0. 12a
NC10	1. 02±0. 13a	1. 26±0. 13a	1. 12±0. 26a	0. 90±0. 28a	0. 87±0. 04a	1. 07±0. 10a	1. 08±0. 15a	1. 02±0. 13a
JG30-KF-CM66	0. 60±0. 09b	0. 67±0. 03ab	0. 77±0. 02a	0. 68±0. 02ab	0. 82±0. 05a	0. 74±0. 04a	0. 85±0. 11a	0. 92±0. 26a
Nitrospira	0. 76±0. 04a	0. 91±0. 02a	0. 90±0. 10a	0. 88±0. 14a	0. 47±0. 06b	0. 57±0. 05ab	0. 68±0. 04a	0. 66±0. 08a

附表 2　主要细菌 OTU 相对丰度的影响

单位:%

OTU 数量	物种分类	拔节期				灌浆期			
		B0	B20	B40	B80	B0	B20	B40	B80
OTU8940	Proteobacteria; Sphingomonas_jaspsi	2. 33±0. 24b	2. 43±0. 07b	2. 81±0. 20ab	3. 53±1. 02a	2. 45±0. 06c	3. 02±0. 09b	2. 93±0. 18b	3. 46±0. 14a
OTU7454	Proteobacteria; Sphingomonas	1. 93±0. 16b	2. 86±0. 17ab	2. 23±0. 13bc	3. 23±0. 88a	2. 39±0. 21b	2. 98±0. 34a	2. 87±0. 12a	3. 04±0. 12a
OTU4021	Proteobacteria; Sphingomonas	2. 05±0. 10b	2. 24±0. 25a	2. 29±0. 02a	2. 87±0. 54a	2. 31±0. 08ab	2. 46±0. 20a	2. 12±0. 13b	2. 79±0. 22a
OTU4762	Actinobacteria; Arthrobacter	2. 46±0. 33a	2. 41±0. 34a	2. 21±0. 09a	1. 99±0. 67a	1. 70±0. 25b	2. 40±0. 29a	2. 15±0. 18ab	1. 68±0. 39b
OTU9211	Actinobacteria; Blastococcus	1. 43±0. 08a	1. 07±0. 07b	0. 98±0. 16b	1. 31±0. 10a	1. 21±0. 15a	1. 21±0. 14a	1. 10±0. 16a	1. 39±0. 35a
OTU3443	Actinobacteria; Rubrobacter	1. 14±0. 20a	1. 07±0. 11a	0. 10±0. 02a	0. 76±0. 31a	0. 73±0. 23a	0. 79±0. 04a	0. 77±0. 13a	0. 52±0. 15a

（续表）

OTU 数量	物种分类	拔节期				灌浆期			
		B0	B20	B40	B80	B0	B20	B40	B80
OTU5779	Proteobacteria; Sphingomonas	0. 72±0. 07b	0. 85±0. 10ab	0. 87±0. 01ab	1. 15±0. 33a	0. 79±0. 09b	1. 03±0. 09a	1. 05±0. 05a	1. 14±0. 07a
OTU2216	Gemmatimonadetes; Gemmatimonadaceae	0. 74±0. 03c	0. 82±0. 03b	0. 76±0. 02bc	0. 91±0. 07a	0. 60±0. 03b	0. 76±0. 10a	0. 74±0. 04ab	0. 76±0. 11a
OTU6778	Acidobacteria; Subgroup_6	1. 13±0. 19a	0. 73±0. 10b	0. 75±0. 09b	0. 53±0. 17b	0. 83±0. 11a	0. 69±0. 09a	0. 71±0. 14a	0. 46±0. 12b
OTU5972	Proteobacteria; Deltaproteobacteria	0. 48±0. 07a	0. 66±0. 17a	0. 77±0. 33a	0. 55±0. 22a	0. 31±0. 03a	0. 46±0. 18a	0. 44±0. 16a	0. 39±0. 05a
OTU921	Nitrospirae; Nitrospira	0. 58±0. 04a	0. 61±0. 01a	0. 59±0. 08a	0. 61±0. 07a	0. 32±0. 05a	0. 37±0. 06a	0. 41±0. 03a	0. 42±0. 07a
OTU4316	Gemmatimonadetes; Gemmatimonadaceae	0. 47±0. 03c	0. 57±0. 03b	0. 58±0. 02b	0. 74±0. 08a	0. 65±0. 09b	0. 65±0. 03b	0. 70±0. 02b	0. 81±0. 02a
OTU5052	Proteobacteria; Azospirillales	0. 54±0. 04ab	0. 53±0. 02b	0. 42±0. 06c	0. 63±0. 07a	0. 45±0. 03ab	0. 48±0. 03a	0. 38±0. 03b	0. 49±0. 06a
OTU2701	Chloroflexi; JG30-KF-CM45	0. 76±0. 06a	0. 56±0. 06b	0. 40±0. 03bc	0. 39±0. 14c	0. 42±0. 03a	0. 40±0. 08a	0. 30±0. 03a	0. 30±0. 09a
OTU4413	Proteobacteria; Microvirga	0. 41±0. 03b	0. 45±0. 03b	0. 53±0. 05a	0. 58±0. 03a	0. 37±0. 03a	0. 51±0. 06a	0. 52±0. 12a	0. 46±0. 08a
OTU5417	Acidobacteria; RB41	0. 69±0. 12a	0. 58±0. 09ab	0. 57±0. 11ab	0. 42±0. 12b	0. 68±0. 09a	0. 41±0. 04b	0. 46±0. 05b	0. 38±0. 06b
OTU5398	Chloroflexi; KD4-96	0. 62±0. 09a	0. 43±0. 09ab	0. 45±0. 06ab	0. 40±0. 15b	0. 65±0. 10a	0. 46±0. 04b	0. 47±0. 02b	0. 47±0. 07b
OTU8858	Proteobacteria; Sphingomonas	0. 38±0. 02b	0. 40±0. 02b	0. 45±0. 07ab	0. 64±0. 20a	0. 44±0. 07c	0. 53±0. 04b	0. 48±0. 02bc	0. 64±0. 04a

（续表）

OTU 数量	物种分类	拔节期				灌浆期			
		B0	B20	B40	B80	B0	B20	B40	B80
OTU6743	Actinobacteria; Gaiellales	0. 39±0. 02c	0. 43±0. 06bc	0. 50±0. 03ab	0. 53±0. 04a	0. 41±0. 04a	0. 39±0. 05a	0. 44±0. 07a	0. 42±0. 06a
OTU3626	Actinobacteria; Microlunatus	0. 45±0. 01a	0. 45±0. 05a	0. 46±0. 03a	0. 47±0. 07a	0. 31±0. 03b	0. 38±0. 05a	0. 38±0. 04a	0. 34±0. 01ab
OTU3271	Bacteroidetes; Microscillaceae	0. 28±0. 06c	0. 50±0. 02b	0. 67±0. 11a	0. 35±0. 10c	0. 25±0. 04a	0. 23±0. 03a	0. 32±0. 02a	0. 38±0. 20a
OTU521	Actinobacteria; Gaiella	0. 40±0. 02a	0. 50±0. 06a	0. 40±0. 03a	0. 45±0. 10a	0. 39±0. 03a	0. 38±0. 03a	0. 37±0. 04a	0. 37±0. 04a
OTU418	Chloroflexi; JG30-KF-CM45	0. 51±0. 04a	0. 49±0. 06a	0. 36±0. 04a	0. 36±0. 14a	0. 39±0. 05a	0. 36±0. 09a	0. 31±0. 05a	0. 28±0. 06a
OTU2592	Acidobacteria; Blastocatellaceae	0. 73±0. 10a	0. 57±0. 08ab	0. 48±0. 06b	0. 41±0. 10b	0. 48±0. 02a	0. 45±0. 08ab	0. 46±0. 13ab	0. 31±0. 03b
OTU5728	Proteobacteria; Steroidobacteraceae	0. 35±0. 06b	0. 42±0. 06ab	0. 42±0. 03ab	0. 47±0. 01a	0. 40±0. 07a	0. 40±0. 05a	0. 46±0. 04a	0. 39±0. 02a
OTU9041	Acidobacteria; RB41	0. 80±0. 13a	0. 65±0. 10ab	0. 59±0. 15ab	0. 43±0. 09b	0. 48±0. 11a	0. 46±0. 10ab	0. 42±0. 12ab	0. 27±0. 04b
OTU1184	Acidobacteria; RB41	0. 36±0. 03ab	0. 48±0. 13a	0. 45±0. 03ab	0. 29±0. 10b	0. 37±0. 10b	0. 53±0. 06a	0. 41±0. 06ab	0. 32±0. 04b
OTU8071	Proteobacteria; Steroidobacter	0. 34±0. 03a	0. 43±0. 05a	0. 43±0. 01a	0. 42±0. 08a	0. 31±0. 01b	0. 45±0. 04a	0. 50±0. 03a	0. 45±0. 04a
OTU36	Proteobacteria; Burkholderiaceae	0. 42±0. 11a	0. 39±0. 02a	0. 41±0. 01a	0. 32±0. 02a	0. 38±0. 02a	0. 36±0. 03ab	0. 37±0. 02ab	0. 30±0. 01b
OTU8149	Acidobacteria; RB41	0. 39±0. 06a	0. 33±0. 06ab	0. 29±0. 05ab	0. 24±0. 04b	0. 45±0. 11a	0. 43±0. 08a	0. 40±0. 09a	0. 26±0. 10a

（续表）

OTU 数量	物种分类	拔节期				灌浆期			
		B0	B20	B40	B80	B0	B20	B40	B80
OTU5448	Proteobacteria; Geminicoccaceae	0. 48±0. 05a	0. 33±0. 04bc	0. 30±0. 05c	0. 40±0. 04b	0. 33±0. 03a	0. 31±0. 05a	0. 33±0. 03a	0. 35±0. 02a
OTU4337	Proteobacteria; Sphingomonas	0. 29±0. 02b	0. 44±0. 04a	0. 30±0. 01b	0. 42±0. 123a	0. 38±0. 04b	0. 46±0. 03a	0. 42±0. 05ab	0. 45±0. 04ab
OTU8104	Actinobacteria; Sporichthyaceae	0. 29±0. 02b	0. 37±0. 02a	0. 38±0. 02a	0. 40±0. 03a	0. 32±0. 02a	0. 34±0. 01a	0. 34±0. 08a	0. 35±0. 03a
OTU3540	Actinobacteria; Streptomyces_microflavus	0. 40±0. 03a	0. 35±0. 04ab	0. 27±0. 01b	0. 40±0. 10a	0. 34±0. 08a	0. 30±0. 03a	0. 27±0. 02a	0. 33±0. 11a
OTU2681	Proteobacteria; Skermanella	0. 39±0. 05a	0. 34±0. 02a	0. 30±0. 04a	0. 33±0. 08a	0. 33±0. 08a	0. 27±0. 04a	0. 29±0. 09a	0. 32±0. 07a
OTU7868	Proteobacteria; Devosia	0. 29±0. 03b	0. 30±0. 04b	0. 34±0. 02b	0. 43±0. 06a	0. 25±0. 01b	0. 33±0. 04a	0. 37±0. 03a	0. 37±0. 04a
OTU3065	Acidobacteria; RB41	0. 36±0. 05a	0. 25±0. 05a	0. 29±0. 06a	0. 25±0. 11a	0. 37±0. 06a	0. 32±0. 10a	0. 34±0. 06a	0. 26±0. 08a
OTU3389	Proteobacteria; Ramlibacter	0. 33±0. 03a	0. 31±0. 07a	0. 30±0. 01a	0. 36±0. 02a	0. 43±0. 02ab	0. 37±0. 04ab	0. 33±0. 07b	0. 45±0. 09a
OTU7724	Acidobacteria; Subgroup_6	0. 45±0. 07a	0. 34±0. 05ab	0. 25±0. 07b	0. 23±0. 08b	0. 38±0. 04a	0. 35±0. 02a	0. 32±0. 07ab	0. 24±0. 06b
OTU5487	Proteobacteria; SC-I-84	0. 24±0. 03b	0. 33±0. 02a	0. 31±0. 04ab	0. 39±0. 075a	0. 29±0. 03a	0. 34±0. 04a	0. 32±0. 03a	0. 35±0. 05a
OTU3305	Proteobacteria; Nitrosospira	0. 39±0. 08a	0. 33±0. 07ab	0. 30±0. 08ab	0. 24±0. 04b	0. 48±0. 12a	0. 38±0. 03ab	0. 30±0. 06b	0. 26±0. 07b
OTU7532	Proteobacteria; PLTA13	0. 28±0. 02a	0. 32±0. 06a	0. 30±0. 03a	0. 33±0. 04a	0. 30±0. 03b	0. 40±0. 01a	0. 35±0. 03ab	0. 40±0. 05a

（续表）

OTU 数量	物种分类	拔节期				灌浆期			
		B0	B20	B40	B80	B0	B20	B40	B80
OTU496	Acidobacteria；RB41	0. 35±0. 09a	0. 26±0. 03ab	0. 30±0. 04ab	0. 22±0. 04b	0. 39±0. 09a	0. 34±0. 06ab	0. 29±0. 10ab	0. 22±0. 05b
OTU4804	Proteobacteria；CCD24	0. 27±0. 03b	0. 29±0. 02ab	0. 33±0. 03a	0. 34±0. 03a	0. 24±0. 02a	0. 29±0. 04a	0. 29±0. 03a	0. 32±0. 09a
OTU8423	Actinobacteria；Actinobacteria	0. 36±0. 02a	0. 34±0. 06a	0. 27±0. 04a	0. 24±0. 09a	0. 35±0. 10a	0. 27±0. 07a	0. 28±0. 05a	0. 24±0. 03a
OTU5588	Acidobacteria；Subgroup_6	0. 39±0. 03a	0. 27±0. 06a	0. 28±0. 10a	0. 26±0. 09a	0. 37±0. 05a	0. 30±0. 05ab	0. 29±0. 04ab	0. 22±0. 02b

附表 3　主要真菌 OTU 相对丰度的影响

单位：%

OTU 数量	物种分类	拔节期				灌浆期			
		B0	B20	B40	B80	B0	B20	B40	B80
OTU2259	Ascomycota；Chaetomiaceae	11. 21±0. 29c	21. 96±0. 96b	26. 39±0. 83a	22. 17±0. 53b	6. 48±1. 31b	5. 76±1. 26b	7. 63±0. 37b	11. 50±0. 55a
OTU606	Basidiomycota；Guehomyces	4. 80±0. 26ab	2. 80±0. 73b	4. 98±0. 22ab	6. 93±1. 31a	6. 31±1. 90b	14. 95±1. 17a	12. 57±2. 08a	10. 91±1. 04ab
OTU702	Ascomycota；Lasiosphaeriaceae	5. 22±1. 74b	8. 92±0. 77ab	6. 17±1. 26ab	9. 39±0. 53a	7. 77±0. 54ab	5. 64±0. 69b	5. 86±0. 70b	8. 79±1. 02a
OTU385	Ascomycota；Nectriaceae	6. 72±0. 80a	6. 17±0. 80a	5. 42±0. 44ab	3. 26±0. 80b	8. 79±0. 92a	5. 70±0. 42b	6. 39±0. 46b	4. 71±0. 11b
OTU1051	Ascomycota；Pyronemataceae	5. 64±2. 63a	9. 88±2. 16a	3. 53±0. 69a	6. 18±1. 39a	4. 94±1. 67a	5. 88±2. 87a	2. 33±0. 22a	3. 48±1. 08a
OTU109	Mortierellomycota；Mortierella	6. 01±0. 73a	4. 43±0. 30b	3. 78±0. 27b	3. 23±0. 12b	4. 71±0. 55a	5. 20±0. 15a	6. 97±1. 40a	4. 77±0. 52a

（续表）

OTU 数量	物种分类	拔节期				灌浆期			
		B0	B20	B40	B80	B0	B20	B40	B80
OTU480	Ascomycota; Gibberella	5. 40±1. 57a	3. 71±0. 49a	1. 98±0. 58a	5. 03±1. 03a	3. 74±0. 78a	4. 04±0. 72a	2. 85±0. 15a	3. 68±1. 24a
OTU2312	Basidiomycota; Guehomyces	0. 96±0. 24c	0. 92±0. 25c	2. 09±0. 26b	3. 22±0. 19a	2. 42±0. 88a	5. 61±0. 22a	5. 52±1. 62a	4. 15±0. 59a
OTU2170	Ascomycota; Monodictys	2. 36±0. 52a	2. 08±0. 69a	2. 44±0. 48a	2. 14±0. 56a	1. 46±0. 35a	3. 31±0. 91a	3. 85±0. 86a	3. 93±0. 77a
OTU2284	Mortierellomycota; Mortierella	3. 57±1. 27a	2. 11±0. 28a	3. 06±0. 31a	2. 51±0. 47a	2. 03±0. 16a	2. 28±0. 38a	2. 54±0. 36a	2. 49±0. 25a
OTU1639	Ascomycota; Didymellaceae	4. 17±0. 58a	2. 06±0. 40b	1. 65±0. 38b	2. 05±0. 33b	2. 59±0. 56a	2. 07±0. 39a	3. 16±0. 08a	2. 79±0. 29a
OTU1044	Ascomycota; Thelebolus	2. 19±0. 50a	1. 45±0. 11a	2. 45±0. 77a	1. 78±0. 39a	2. 78±0. 73a	2. 86±0. 45a	3. 41±0. 40a	2. 03±0. 24a
OTU1285	Ascomycota; Pezizales	0. 70±0. 25c	2. 38±0. 10a	1. 66±0. 11b	1. 42±0. 09b	2. 65±0. 29a	2. 68±0. 69a	2. 43±0. 30a	3. 39±1. 09a
OTU927	Ascomycota; Nectriaceae	2. 52±0. 27a	1. 79±0. 39a	1. 65±0. 12a	2. 07±0. 82a	3. 11±0. 54a	1. 67±0. 21b	1. 88±0. 43b	1. 60±0. 12b
OTU584	Ascomycota; Preussia	1. 77±0. 63a	1. 47±0. 45a	2. 15±1. 05a	1. 84±0. 53a	2. 56±0. 67a	0. 97±0. 08b	1. 32±0. 49ab	0. 69±0. 22b
OTU2262	Ascomycota; Pleosporales	1. 50±0. 14a	1. 24±0. 10a	1. 30±0. 06a	1. 23±0. 09a	1. 86±0. 24a	1. 59±0. 17a	1. 84±0. 17a	1. 77±0. 09a
OTU1178	Ascomycota; Fusarium	1. 25±0. 19b	1. 78±0. 12a	1. 34±0. 09b	0. 75±0. 01c	1. 80±0. 07a	1. 41±0. 26a	1. 61±0. 50a	1. 97±0. 13a
OTU498	Ascomycota; Fusarium	1. 38±0. 05a	1. 57±0. 35a	1. 36±0. 35a	1. 04±0. 02a	1. 28±0. 17a	1. 09±0. 13ab	1. 26±0. 19a	0. 74±0. 03b

（续表）

OTU 数量	物种分类	拔节期				灌浆期			
		B0	B20	B40	B80	B0	B20	B40	B80
OTU1498	Ascomycota; Stachybotrys	1. 36±0. 45a	0. 84±0. 12a	1. 04±0. 29a	0. 75±0. 10a	1. 38±0. 43a	0. 96±0. 22a	1. 29±0. 37a	0. 79±0. 14a
OTU2020	Ascomycota; Humicola	1. 28±0. 07a	0. 85±0. 11a	1. 08±0. 22a	0. 99±0. 16a	1. 10±0. 21a	0. 74±0. 05ab	0. 63±0. 08b	1. 03±0. 07ab
OTU1543	Ascomycota; Tetracladium	0. 54±0. 16a	0. 53±0. 06a	0. 52±0. 02a	0. 71±0. 04a	1. 83±0. 08a	1. 40±0. 32a	1. 28±0. 44a	0. 77±0. 28a
OTU105	Ascomycota; Fusarium	1. 96±1. 44a	0. 29±0. 02a	0. 67±0. 10a	1. 19±0. 17a	0. 77±0. 23a	0. 58±0. 35a	0. 22±0. 04a	0. 46±0. 08a
OTU621	Ascomycota; Fusarium	0. 82±0. 12a	0. 68±0. 05a	0. 67±0. 07a	0. 55±0. 07a	0. 95±0. 07a	0. 78±0. 12a	0. 78±0. 13a	0. 73±0. 07a
OTU988	Mortierellomycota; Mortierella	0. 76±0. 08a	0. 31±0. 03b	0. 47±0. 02b	0. 69±0. 05a	0. 29±0. 13b	0. 47±0. 11ab	0. 65±0. 06a	0. 46±0. 10ab
OTU706	Ascomycota; Stachybotrys	0. 42±0. 01a	0. 20±0. 04c	0. 29±0. 03b	0. 20±0. 01c	0. 37±0. 08a	0. 38±0. 07a	0. 39±0. 01a	0. 47±0. 07a
OTU1510	Mortierellomycota; Mortierella	0. 32±0. 08a	0. 37±0. 14a	0. 54±0. 03a	0. 43±0. 07a	0. 32±0. 06b	0. 51±0. 13ab	0. 89±0. 11a	0. 61±0. 19ab
OTU1831	Ascomycota; Nectria	0. 74±0. 19a	0. 51±0. 07a	0. 53±0. 20a	0. 36±0. 06a	0. 59±0. 12a	0. 37±0. 07a	0. 37±0. 10a	0. 47±0. 06a
OTU1454	Mortierellomycota; Mortierella	0. 65±0. 08a	0. 29±0. 12a	0. 37±0. 11a	0. 51±0. 36a	0. 54±0. 18a	0. 09±0. 06a	0. 58±0. 38a	0. 22±0. 03a
OTU2025	Ascomycota; Pleosporales	0. 04±0. 02b	0. 06±0. 02b	0. 02±0. 01b	0. 31±0. 14a	0. 25±0. 08a	1. 27±0. 86a	0. 20±0. 07a	0. 64±0. 32a
OTU1083	Mortierellomycota; Mortierella	0. 80±0. 31a	0. 22±0. 05b	0. 35±0. 08ab	0. 36±0. 06ab	0. 11±0. 06b	0. 21±0. 04ab	0. 21±0. 03ab	0. 32±0. 06a

（续表）

OTU 数量	物种分类	拔节期				灌浆期			
		B0	B20	B40	B80	B0	B20	B40	B80
OTU404	Basidiomycota; Solicoccozyma	0.22±0.05a	0.39±0.20a	0.44±0.31a	0.22±0.01a	0.29±0.05a	0.32±0.08a	0.45±0.16a	0.26±0.11a
OTU335	Ascomycota; Cladosporium	0.72±0.31a	0.36±0.19a	0.17±0.05a	0.27±0.05a	0.51±0.06a	0.10±0.04b	0.18±0.01b	0.13±0.04b
OTU1272	Ascomycota; Sordariomycetes	0.05±0.03a	0.21±0.03a	0.67±0.36a	0.08±0.04a	0.27±0.20a	0.17±0.05a	0.67±0.35a	0.21±0.06a
OTU340	Ascomycota; Microdochium	0.26±0.01a	0.57±0.34a	0.23±0.05a	0.13±0.04a	0.22±0.03a	0.13±0.03a	0.20±0.04a	0.22±0.08a
OTU1987	Ascomycota; Metarhizium	0.13±0.09a	0.04±0.01a	0.11±0.05a	0.05±0.01a	0.11±0.03b	0.71±0.31a	0.11±0.04b	0.26±0.10ab
OTU1784	Ascomycota; Preussia	0.08±0.04a	0.19±0.12a	0.03±0.02a	0.04±0.01a	0.16±0.05a	0.21±0.10a	0.04±0.01a	0.68±0.59a
OTU1643	Ascomycota; Periconia	0.10±0.03a	0.08±0.02a	0.08±0.01a	0.08±0.02a	0.11±0.04b	0.68±0.27a	0.11±0.04b	0.11±0.01b
OTU575	Ascomycota; Epicoccum	0.78±0.46a	0.03±0.02a	0.04±0.03a	0.06±0.02a	0.13±0.05a	0.02±0.01b	0.03±0.01b	0.02±0.01b

附录二　附图

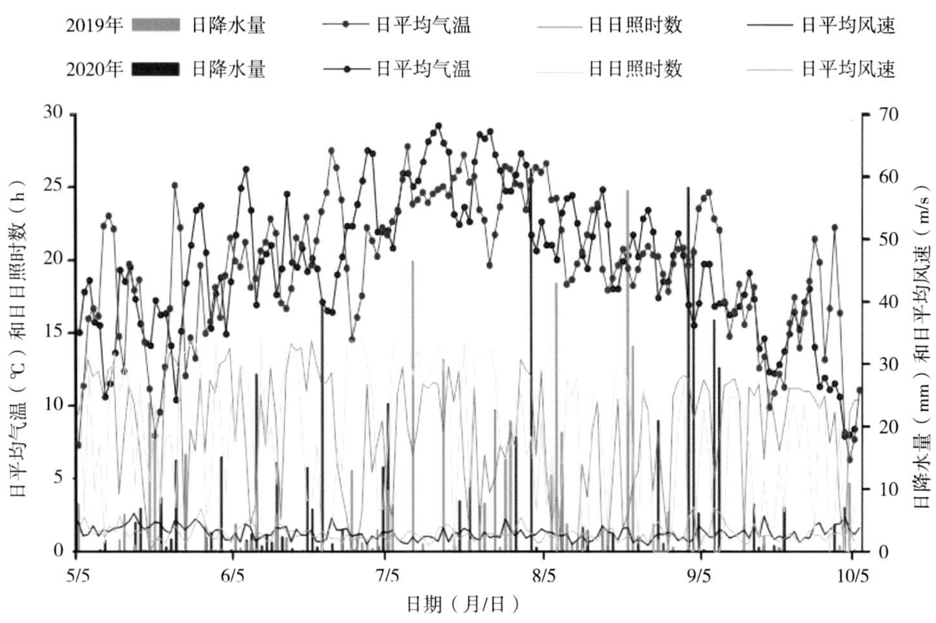

彩图1　玉米生育期日均气象条件

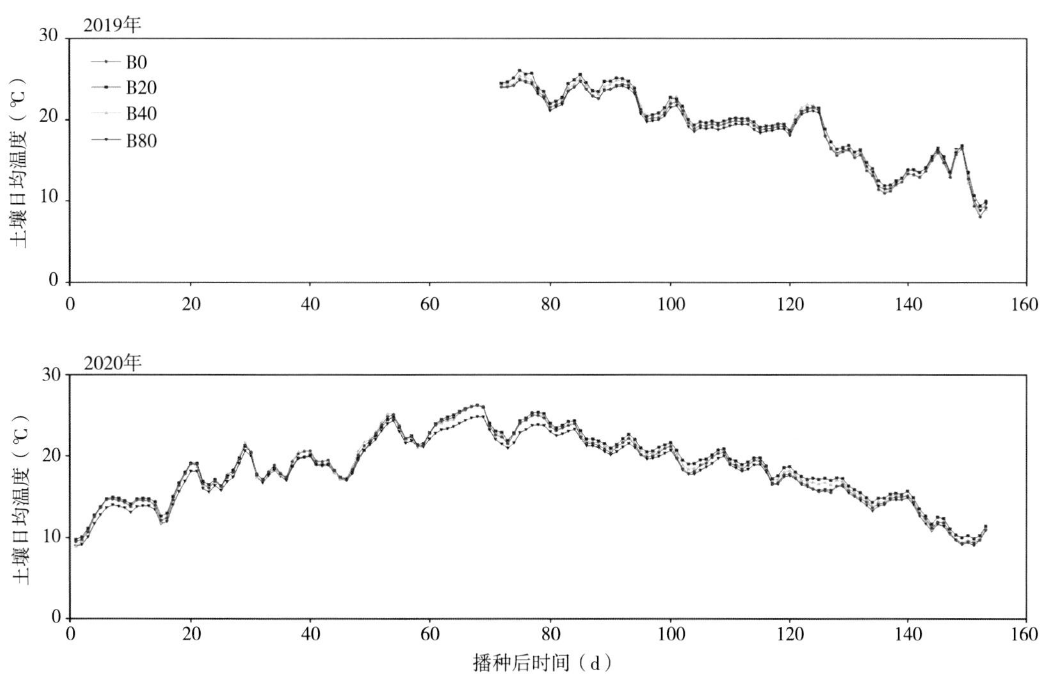

彩图2　生物炭不同施用量下玉米生育期内各处理土壤日均温度动态

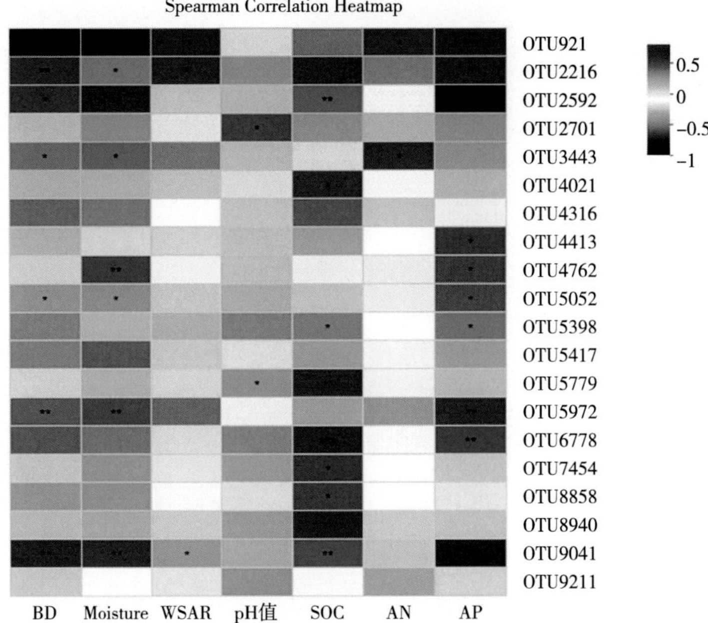

彩图3　土壤细菌群落与环境因子的相关分析热图

注：* 0.01<P≤0.05，** 0.001<P≤0.01，*** P≤0.001。BD（容重）、Moisture（土壤含水量）、WSAR（团聚体稳定率）、SOC（有机碳）、AN（碱解氮）、AP（有效磷）。

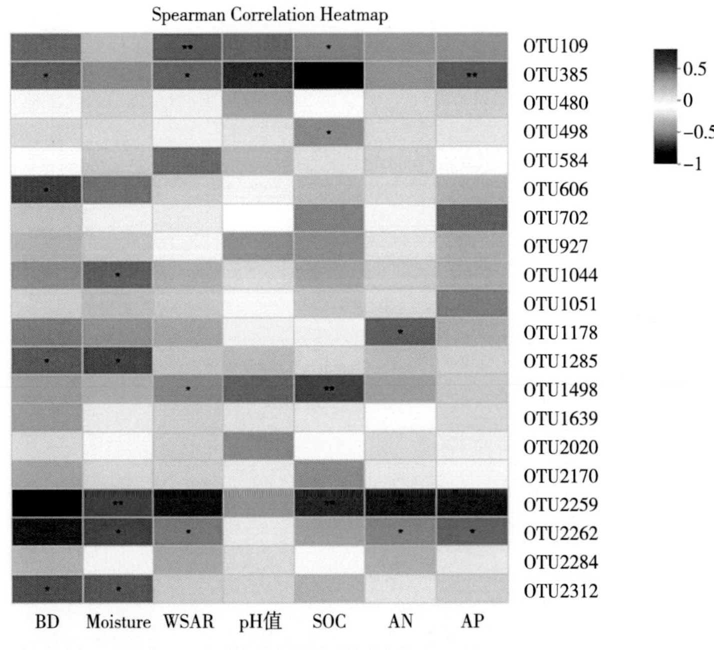

彩图4　土壤真菌群落与环境因子的相关分析热图

注：* 0.01<P≤0.05，** 0.001<P≤0.01，*** P≤0.001。BD（容重）、Moisture（土壤含水量）、WSAR（团聚体稳定率）、SOC（有机碳）、AN（碱解氮）、AP（有效磷）。

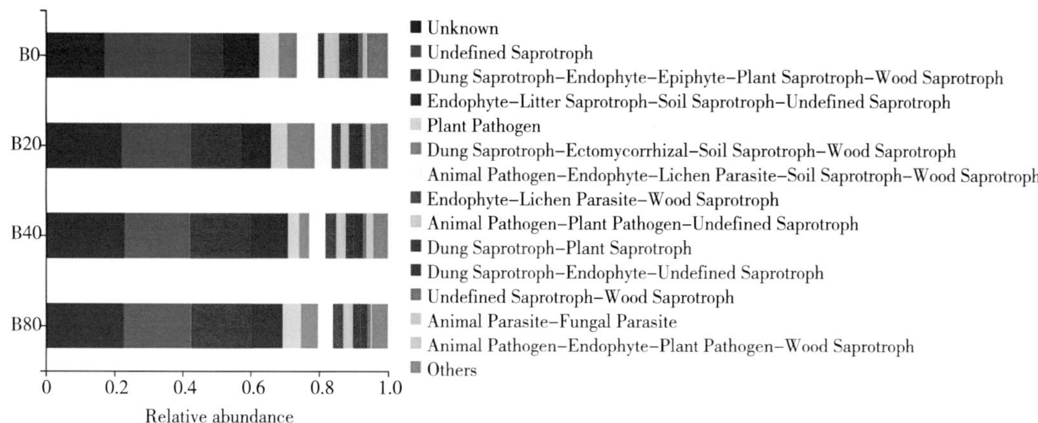

彩图5 土壤真菌FUN Guild功能预测分析

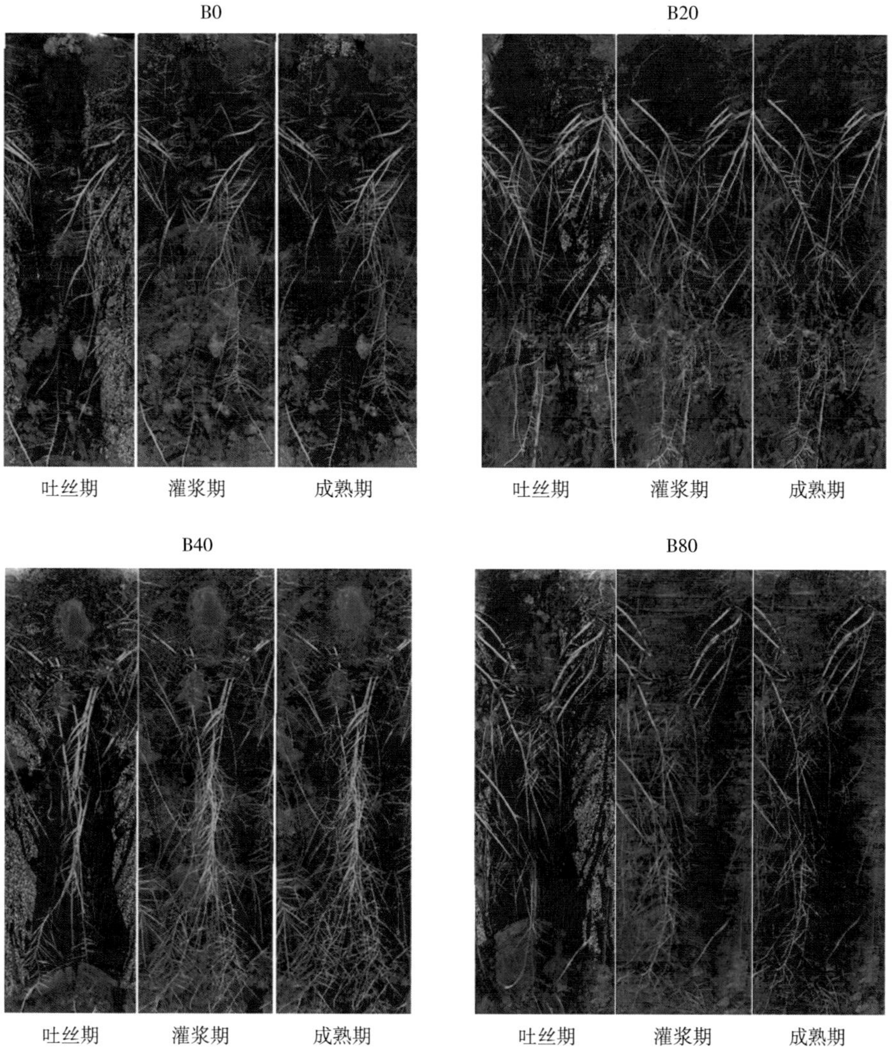

B0

吐丝期 灌浆期 成熟期

B20

吐丝期 灌浆期 成熟期

B40

吐丝期 灌浆期 成熟期

B80

吐丝期 灌浆期 成熟期

彩图6 玉米吐丝期、灌浆期、成熟期根系生长扫描图（2019年）

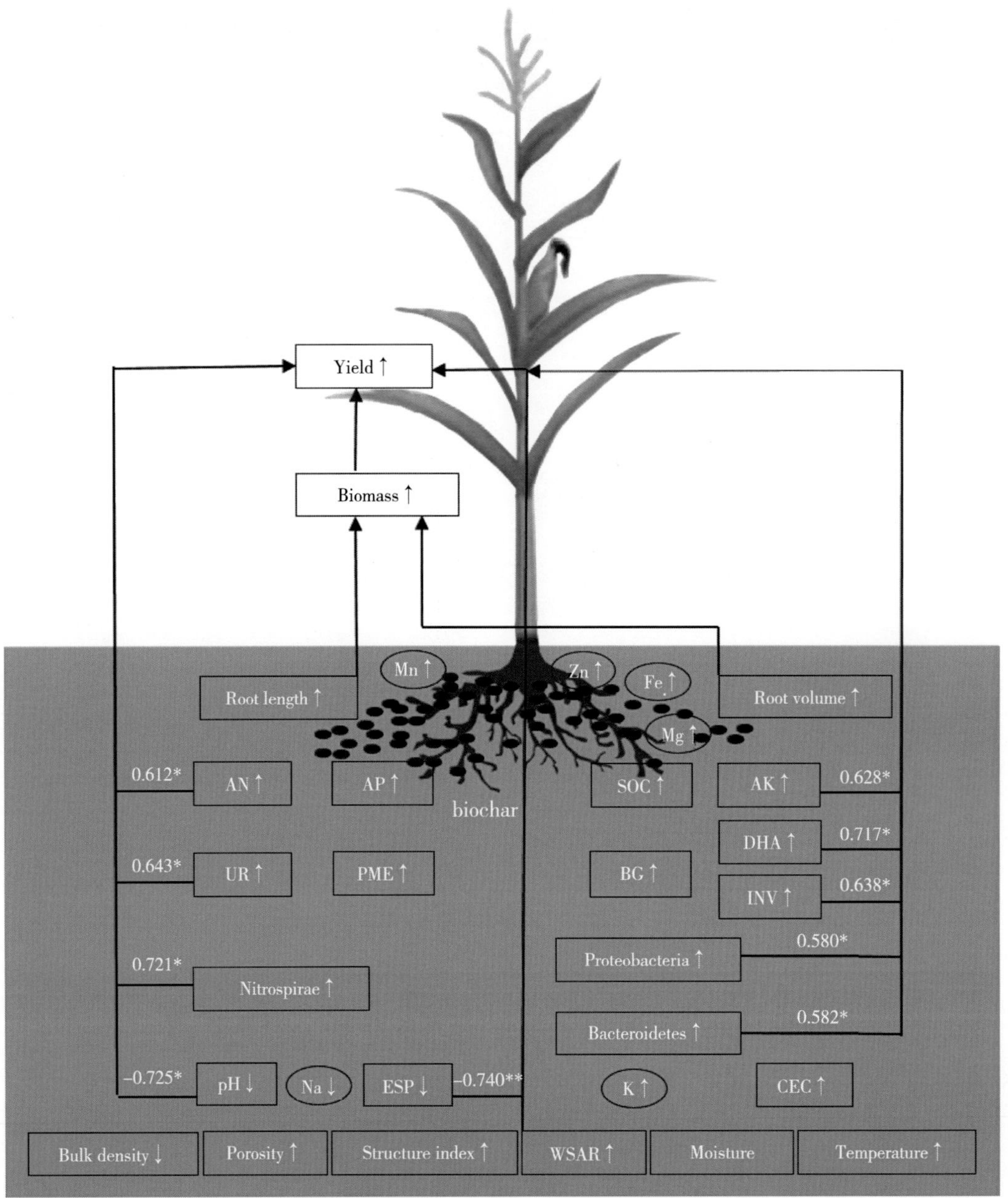

彩图7　土壤微生态环境及玉米产量对生物炭的响应

注：Bulk density为容重；Porosity为孔隙度；Structure index为土壤结构指数；WSAR为水稳性团聚体稳定率；Moisture为含水量；Temperature为温度；ESP为碱化度；CEC为阳离子交换量；Nitrospirae为硝化螺旋菌门；Proteobacteria为变形菌门；Bacteroidetes为拟杆菌门；UR为脲酶；PME为碱性磷酸酶；BG为β-葡萄糖苷酶；DHA为脱氢酶；INV为蔗糖酶；SOC为有机碳；AN为碱解氮；AP为有效磷；AK为速效钾；Root volume为根体积；Biomass为植株生物量；Yield为产量。↑表示增加。↓表示降低。图中数值为相关系数。*表示$P<0.05$；**表示$P<0.01$。

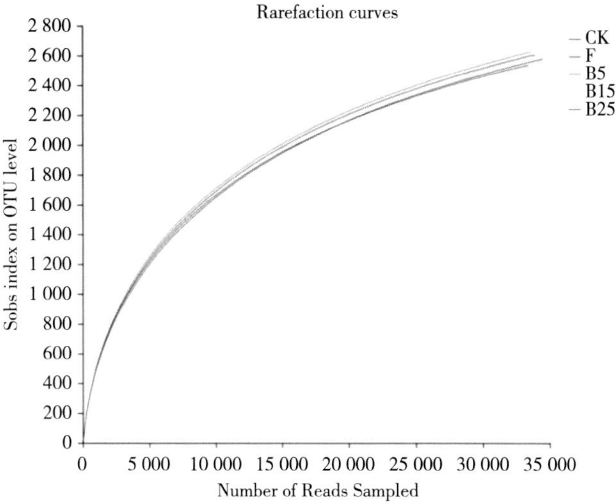

彩图8　97%相似水平下绿豆土壤细菌稀释性曲线

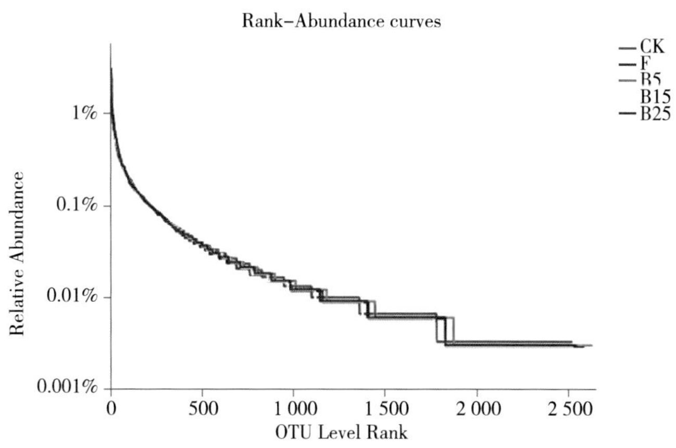

彩图9　不同生物炭处理对细菌等级丰度曲线的影响

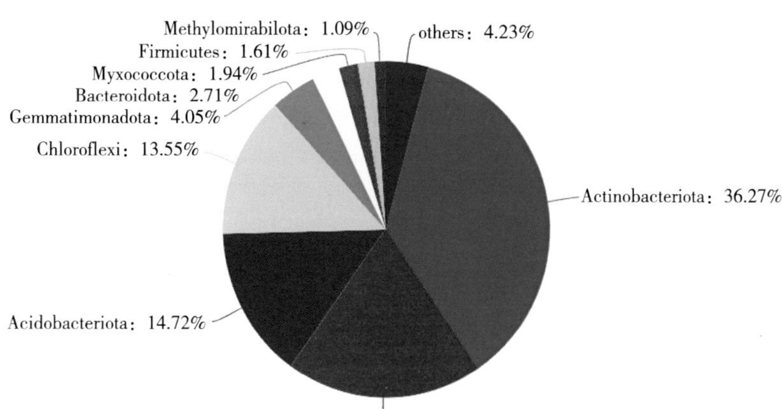

彩图10　土壤优势细菌群落在门水平上分布

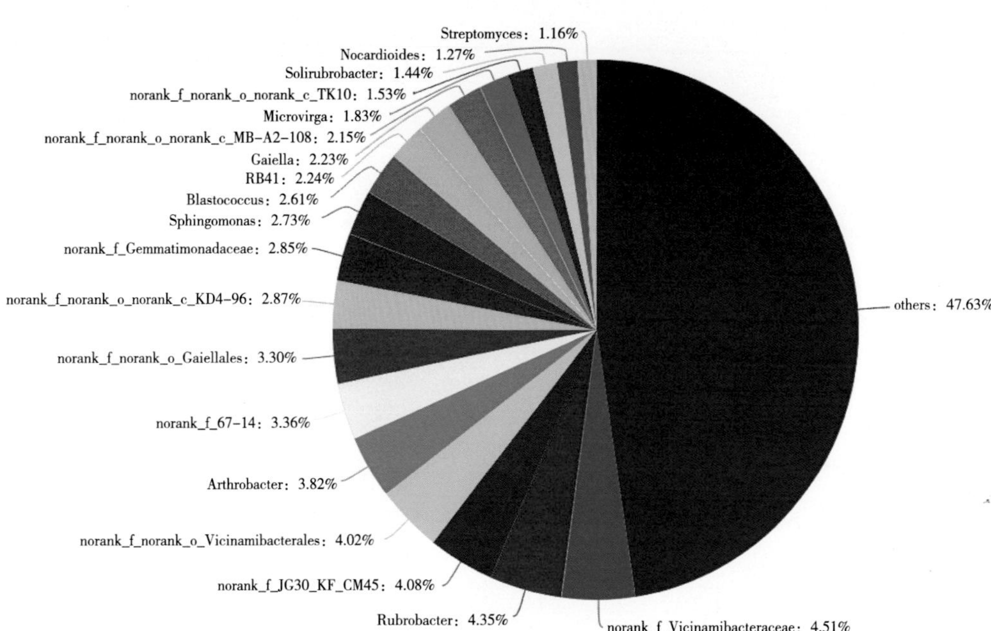

彩图11　土壤优势细菌群落在属水平上分布

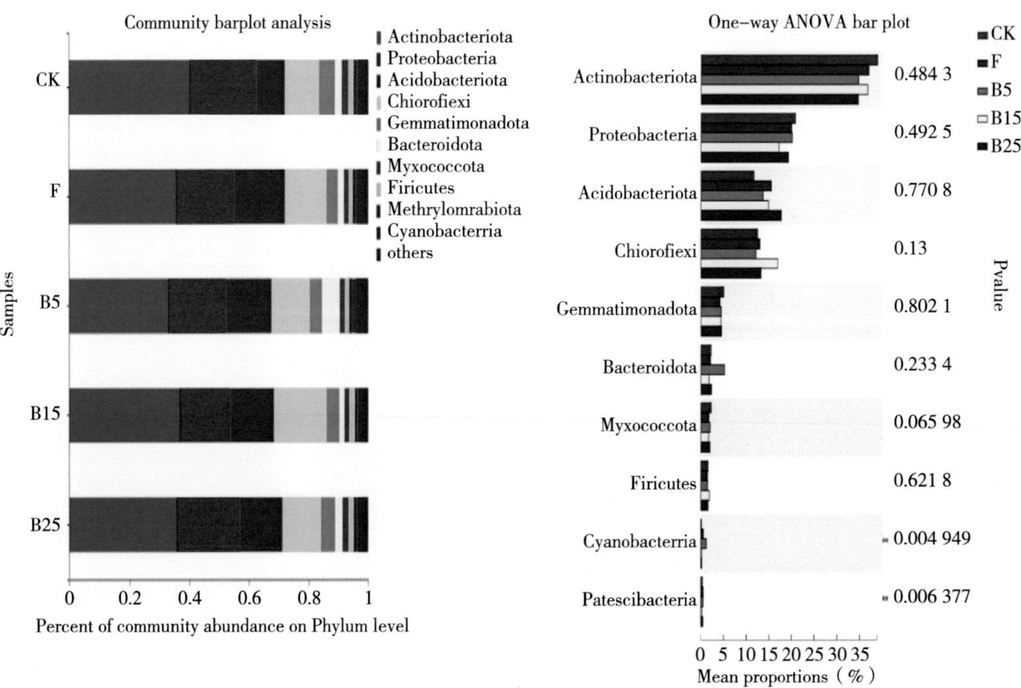

彩图12　门水平上绿豆根际土壤细菌群落相对丰度

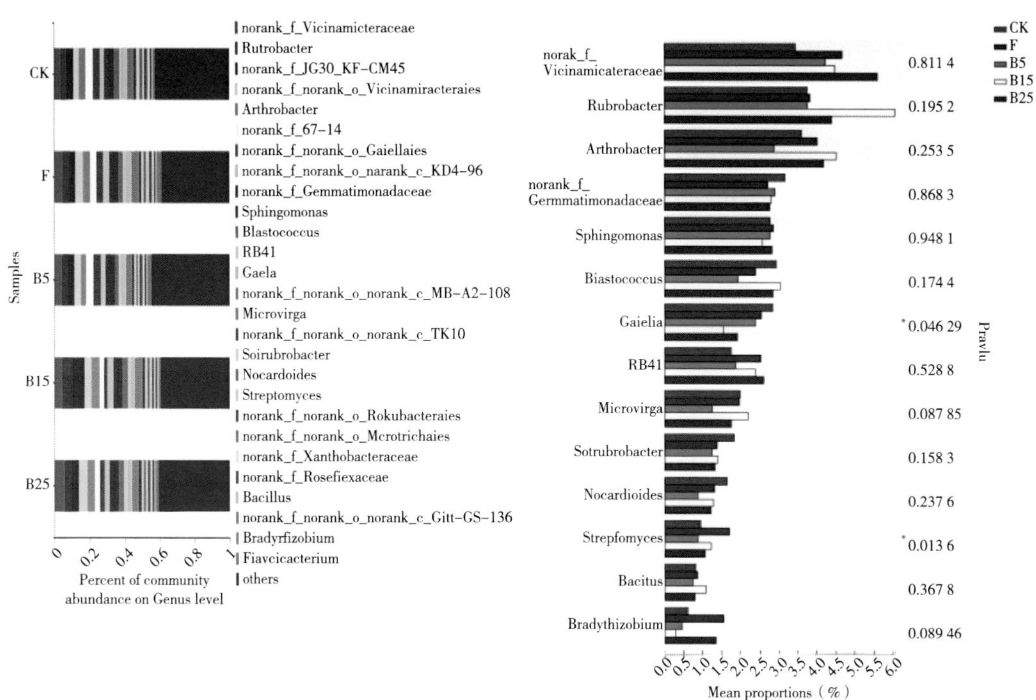

彩图13　属水平上绿豆根际土壤细菌群落相对丰度

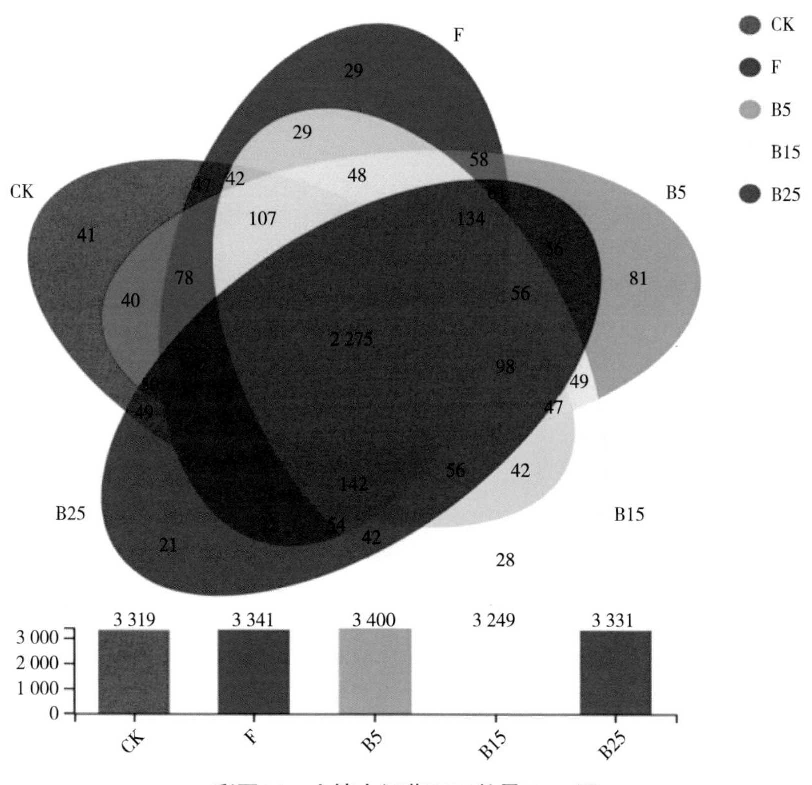

彩图14　土壤中细菌OTU数量Venn图

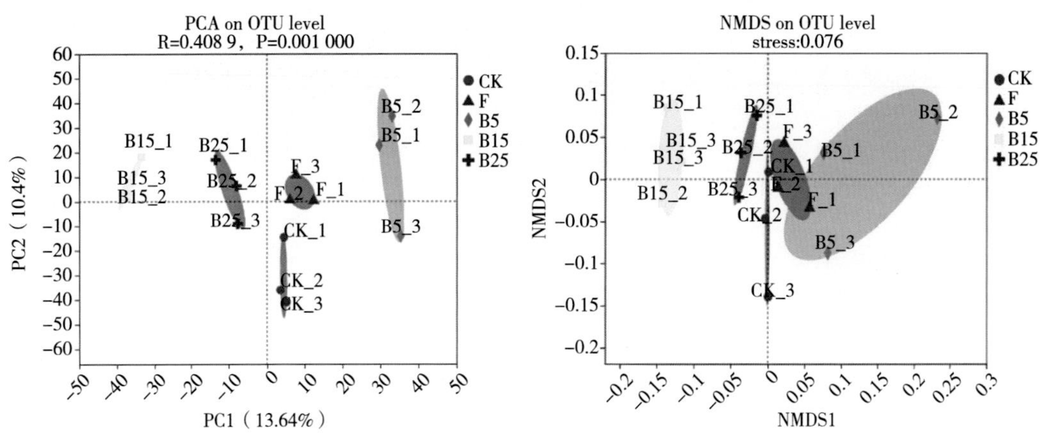

彩图15　不同处理细菌群落OTUs的主成分分析

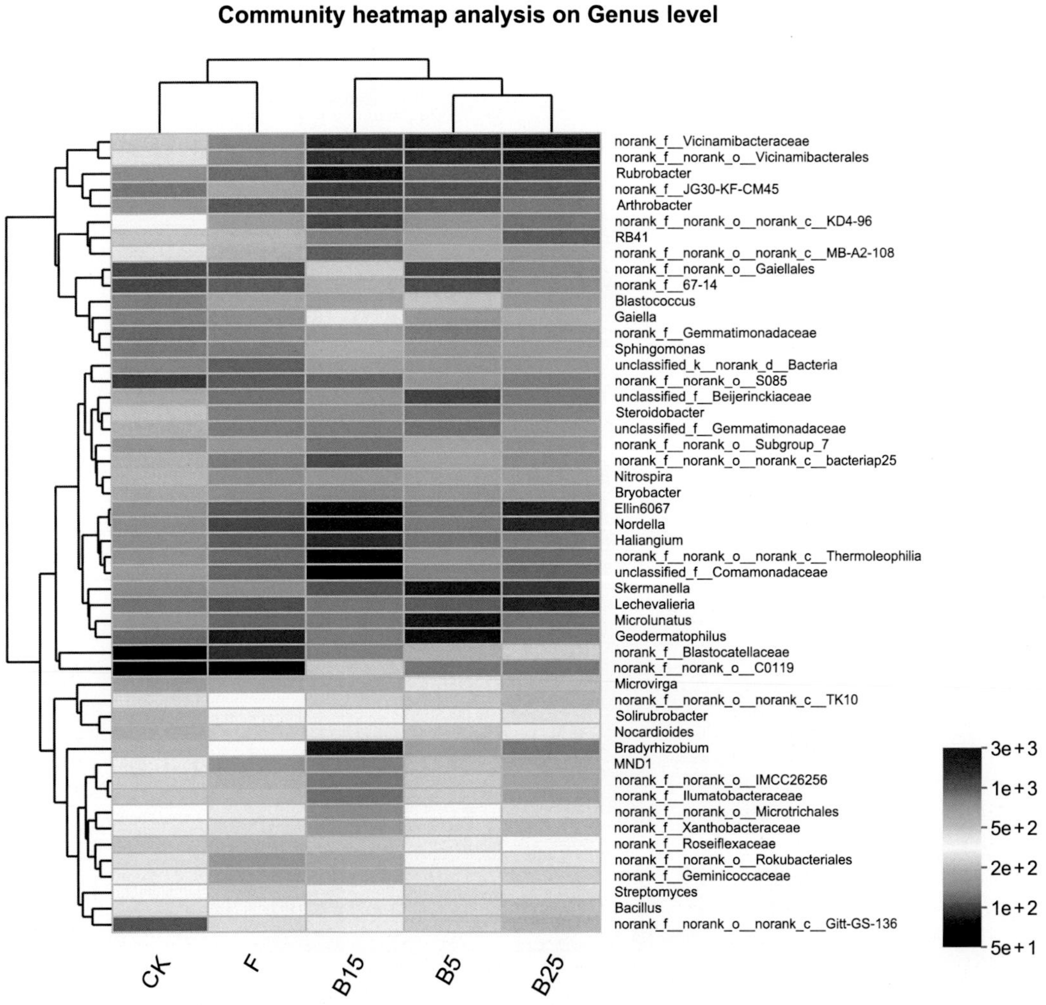

彩图16　不同处理土壤细菌属水平菌群热图

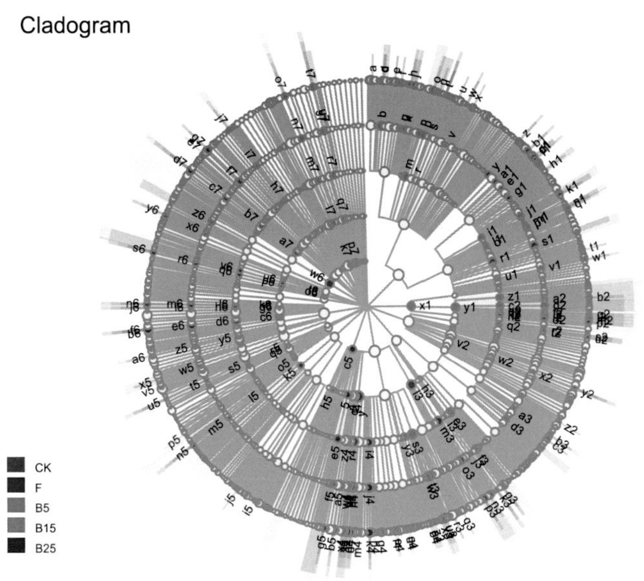

a : g__FFCH5858
b : f__Rhizobiaceae
c : g__Allorhizobium_Neorhizobium_Pararhizobium_Rhizobium
d : g__Mesorhizobium
e : g__Bradyrhizobium
f : g__Nordella
g : f__Methyloligellaceae
h : g__norank_f__Methyloligellaceae
i : f__D05_2
j : g__norank_f__D05_2
k : f__norank_o__Rhizobiales
l : g__norank_f__norank_o__Rhizobiales
m : o__Azospirillales
n : f__norank_o__Azospirillales
o : g__norank_f__norank_o__Azospirillales
p : f__Caulobacteraceae
q : g__norank_f__Caulobacteraceae
r : o__Paracaedibacterales
s : f__Paracaedibacteraceae
t : g__Candidatus_Paracaedibacter
u : g__Geminicoccus
v : f__Magnetospiraceae
w : g__norank_f__Magnetospiraceae
x : g__Rubellimicrobium
y : f__norank_o__Burkholderiales
z : g__norank_f__norank_o__Burkholderiales
a1 : f__Sutterellaceae
b1 : g__norank_f__Sutterellaceae
c1 : g__mle1_7
d1 : g__Ellin6067
e1 : f__A21b
f1 : g__norank_f__A21b
g1 : f__Methylophilaceae
h1 : g__MM2
i1 : o__Pseudomonadales
j1 : f__Pseudomonadaceae
k1 : g__Azotobacter
l1 : o__Nitrosococcales
m1 : f__Nitrosococcaceae
n1 : g__wb1_P19
o1 : o__unclassified_c__Gammaproteobacteria
p1 : f__unclassified_c__Gammaproteobacteria
q1 : g__unclassified_c__Gammaproteobacteria
r1 : o__Steroidobacterales
s1 : f__Steroidobacteraceae
t1 : g__Ahniella
u1 : o__PLTA13
v1 : f__norank_o__PLTA13
w1 : g__norank_f__norank_o__PLTA13
x1 : p__Cyanobacteria
y1 : c__Cyanobacteriia
z1 : o__Cyanobacteriales
a2 : f__unclassified_o__Cyanobacteriales
b2 : g__unclassified_o__Cyanobacteriales
c2 : o__Oxyphotobacteria_Incertae_Sedis
d2 : f__unclassified_o__Oxyphotobacteria_Incertae_Sedis
e2 : o__Chloroplast
f2 : f__norank_o__Chloroplast
g2 : g__norank_f__norank_o__Chloroplast
h2 : o__unclassified_c__Cyanobacteriia
i2 : f__unclassified_c__Cyanobacteriia
j2 : g__unclassified_c__Cyanobacteriia
k2 : o__Phormidesmiales
l2 : f__Nodosilineaceae
m2 : g__Nodosilinea_PCC_7104
n2 : o__Thermosynechococcales
o2 : f__Thermosynechococcaceae
p2 : g__Synechococcus_IR11
q2 : o__Acidobacteriales
r2 : f__Koribacteraceae
s2 : g__Candidatus_Koribacter
t2 : f__norank_o__Acidobacteriales
u2 : g__norank_f__norank_o__Acidobacteriales
v2 : c__AT_s3_28
w2 : o__norank_c__AT_s3_28
x2 : f__norank_o__norank_c__AT_s3_28
y2 : g__norank_f__norank_o__norank_c__AT_s3_28
z2 : g__Mucilaginibacter
a3 : f__AKYH767
b3 : g__norank_f__AKYH767
c3 : g__Adhaeribacter
d3 : f__Spirosomaceae
e3 : o__Flavobacteriales
f3 : f__Weeksellaceae
g3 : g__Chryseobacterium
h3 : c__SJA_28
i3 : o__norank_c__SJA_28
j3 : f__norank_o__norank_c__SJA_28
k3 : g__norank_f__norank_o__norank_c__SJA_28
l3 : c__Acidimicrobiia
m3 : o__Microtrichales
n3 : g__norank_f__Ilumatobacteraceae
o3 : f__norank_o__Microtrichales
p3 : g__norank_f__norank_o__Microtrichales
q3 : g__Agromyces
r3 : g__Paenarthrobacter
s3 : o__Frankiales
t3 : f__Geodermatophilaceae
u3 : g__Geodermatophilus
v3 : g__Modestobacter
w3 : f__Sporichthyaceae
x3 : g__norank_f__Sporichthyaceae
y3 : o__Streptosporangiales
z3 : g__unclassified_f__Thermomonosporaceae
a4 : g__Actinomadura
b4 : g__Nonomuraea
c4 : g__Krasilnikovia
d4 : g__unclassified_f__Micromonosporaceae
e4 : g__unclassified_f__Propionibacteriaceae
f4 : g__Microlunatus
g4 : g__Pseudonocardia
h4 : g__Nocardia
i4 : o__Streptomycetales
j4 : f__Streptomycetaceae
k4 : g__Streptomyces
l4 : c__Thermoleophilia
m4 : g__Conexibacter
n4 : f__unclassified_o__Solirubrobacterales
o4 : g__unclassified_o__Solirubrobacterales
p4 : f__67_14
q4 : g__norank_f__67_14
r4 : o__Gaiellales
s4 : f__Gaiellaceae
t4 : g__Gaiella
u4 : f__unclassified_o__Gaiellales
v4 : g__unclassified_o__Gaiellales
w4 : f__norank_o__Gaiellales
x4 : g__norank_f__norank_o__Gaiellales
y4 : c__Rubrobacteria
z4 : o__Rubrobacterales
a5 : f__Rubrobacteriaceae
b5 : g__Rubrobacter
c5 : p__Patescibacteria
d5 : c__Saccharimonadia
e5 : o__Saccharimonadales
f5 : f__Saccharimonadaceae
g5 : g__TM7a
h5 : c__Parcubacteria
i5 : g__unclassified_f__Bacillaceae
j5 : g__Planifilum
k5 : c__Clostridia
l5 : o__Thermincolales
m5 : f__Thermincolaceae
n5 : g__Thermincola
o5 : c__Limnochordia
p5 : g__norank_f__Limnochordaceae
q5 : c__Elusimicrobia
r5 : c__Lineage_IIb
s5 : o__norank_c__Lineage_IIb
t5 : f__norank_o__norank_c__Lineage_IIb
u5 : g__norank_f__norank_o__norank_c__Lineage_IIb
v5 : g__Nitrolancea
w5 : f__Chloroflexaceae
x5 : g__Candidatus_Chloroploca
y5 : o__RBG_13_54_9
z5 : f__norank_o__RBG_13_54_9
a6 : g__norank_f__norank_o__RBG_13_54_9
b6 : g__norank_f__Caldilineaceae
c6 : c__TK10
d6 : o__norank_c__TK10
e6 : f__norank_o__norank_c__TK10
f6 : g__norank_f__norank_o__norank_c__TK10
g6 : c__SHA_26
h6 : o__norank_c__SHA_26
i6 : f__norank_o__norank_c__SHA_26
j6 : g__norank_f__norank_o__norank_c__SHA_26
k6 : c__unclassified_p__Chloroflexi
l6 : o__unclassified_p__Chloroflexi
m6 : f__unclassified_p__Chloroflexi
n6 : g__unclassified_p__Chloroflexi
o6 : p__NB1_j
p6 : c__norank_p__NB1_j
q6 : o__norank_c__norank_p__NB1_j
r6 : f__norank_o__norank_c__norank_p__NB1_j
s6 : g__norank_f__norank_o__norank_c__norank_p__NB1_j
t6 : p__Dependentiae
u6 : c__Babeliae
v6 : o__Babeliales
w6 : p__Myxococcota
x6 : f__Anaeromyxobacteraceae
y6 : g__Anaeromyxobacter
z6 : f__Polyangiaceae
a7 : c__bacteriap25
b7 : o__norank_c__bacteriap25
c7 : f__norank_o__norank_c__bacteriap25
d7 : g__norank_f__norank_o__norank_c__bacteriap25
e7 : g__Candidatus_Entotheonella
f7 : f__WX65
g7 : g__norank_f__WX65
h7 : o__Tepidisphaerales
i7 : f__norank_o__Tepidisphaerales
j7 : g__norank_f__norank_o__Tepidisphaerales
k7 : p__RCP2_54
l7 : c__norank_p__RCP2_54
m7 : o__norank_c__norank_p__RCP2_54
n7 : f__norank_o__norank_c__norank_p__RCP2_54
o7 : g__norank_f__norank_o__norank_c__norank_p__RCP2_54
p7 : p__GAL15
q7 : c__norank_p__GAL15
r7 : o__norank_c__norank_p__GAL15
s7 : f__norank_o__norank_c__norank_p__GAL15
t7 : g__norank_f__norank_o__norank_c__norank_p__GAL15
u7 : f__Deinococcaceae

彩图17　土壤细菌群落LefSe分析

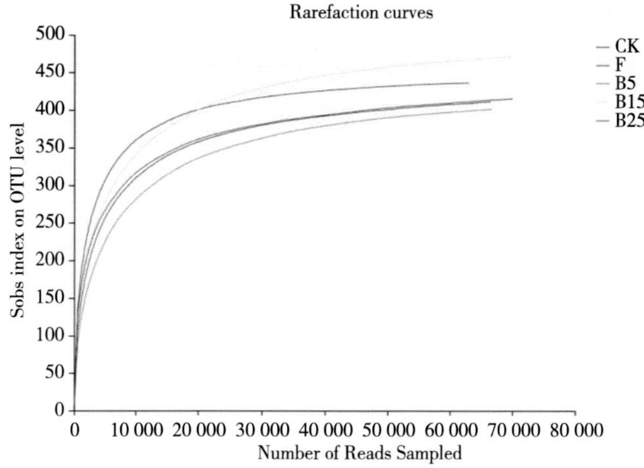

彩图18　97%相似水平下绿豆土壤真菌稀释性曲线

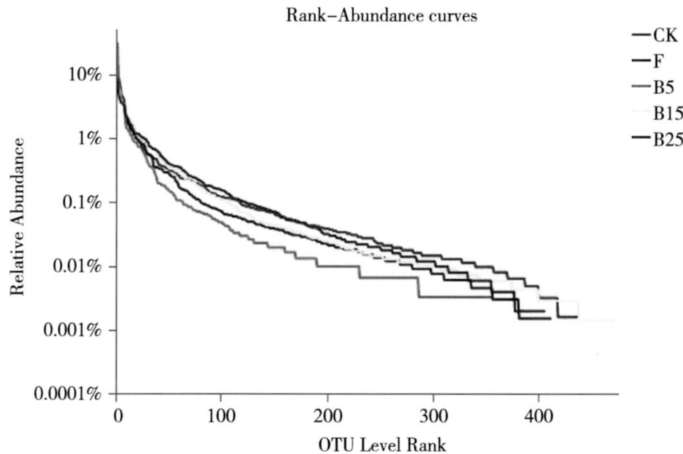

彩图19　不同生物炭处理对真菌等级丰度曲线的影响

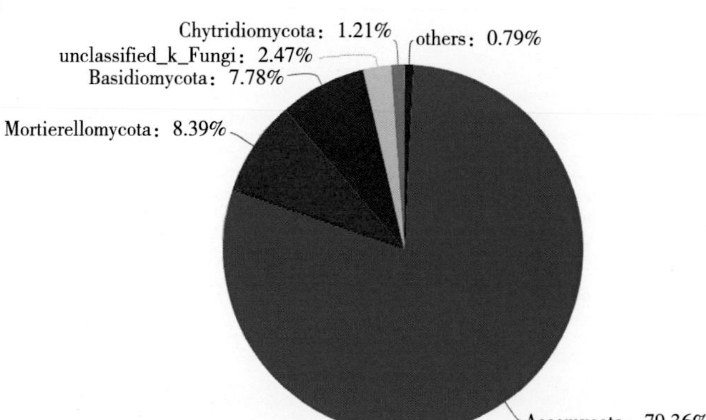

彩图20　土壤优势真菌在门水平上的分布

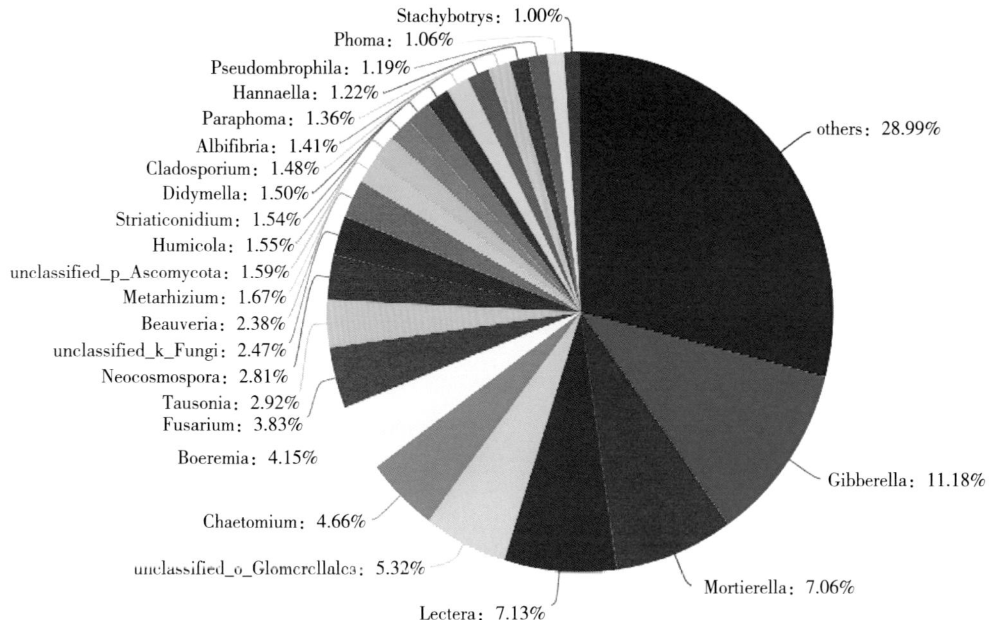

彩图21　土壤优势真菌在属水平上的分布

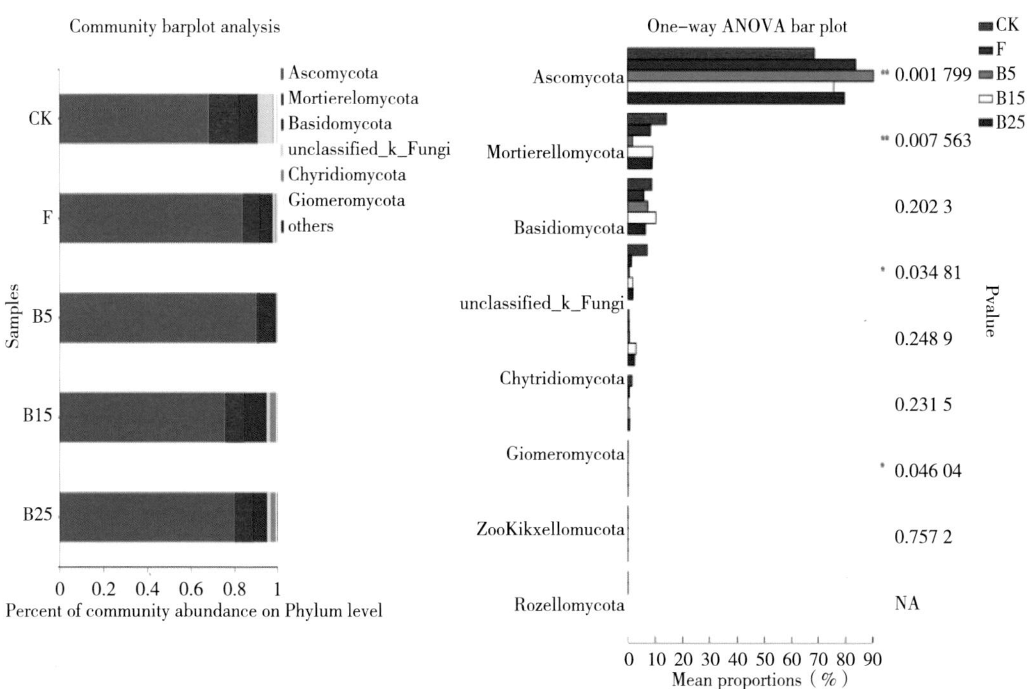

彩图22　门水平上绿豆土壤真菌群落相对丰度

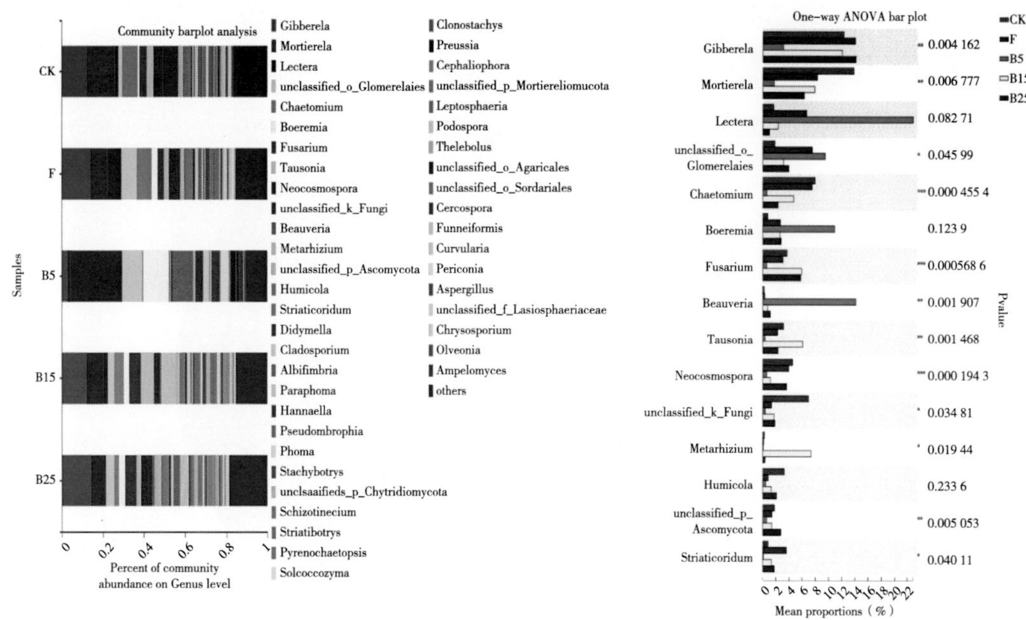

彩图23　属水平上绿豆根际土壤真菌群落相对丰度

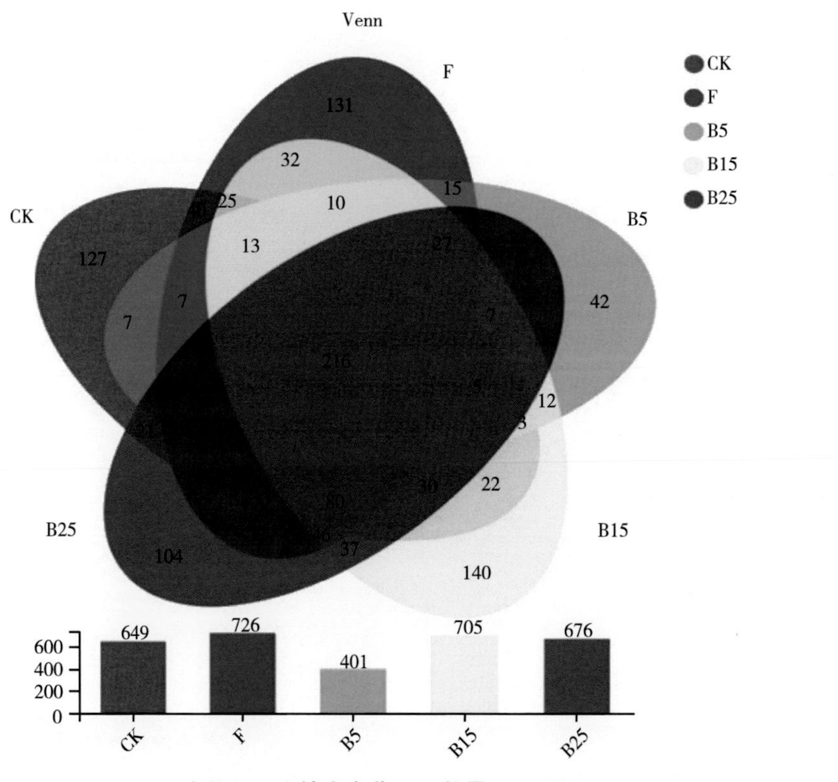

彩图24　土壤中真菌OTU数量Venn图

PCA on OTU level
R=0.447 0，P=0.001 000
PC1（11.74%）
PC2（10.4%）
CK
F
B5
B15
B25
CK_1
CK_2
CK_3
F_1
F_2
F_3
B5_1
B5_2
B5_3
B15_1
B15_2
B15_3
B25_1
B25_2
B25_3
NMDS on OTU level
stress:0.07
NMDS1
NMDS2

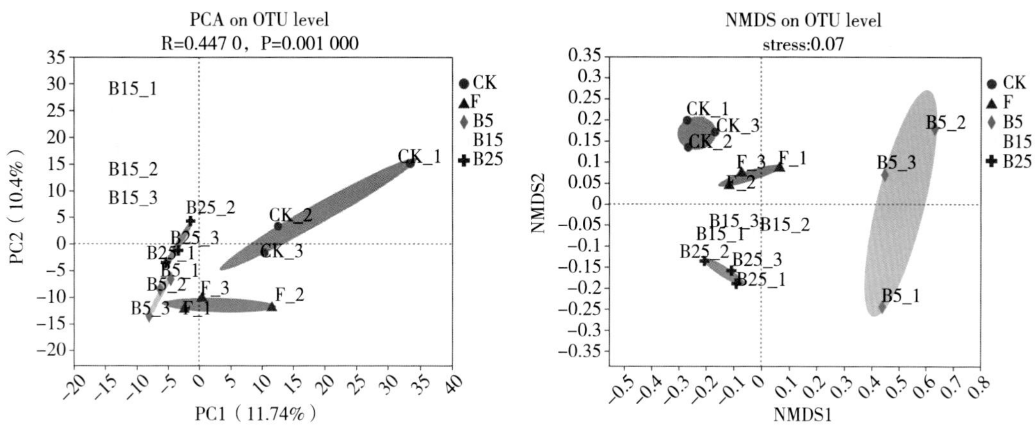

彩图25　不同处理真菌群落OTUs的主成分分析

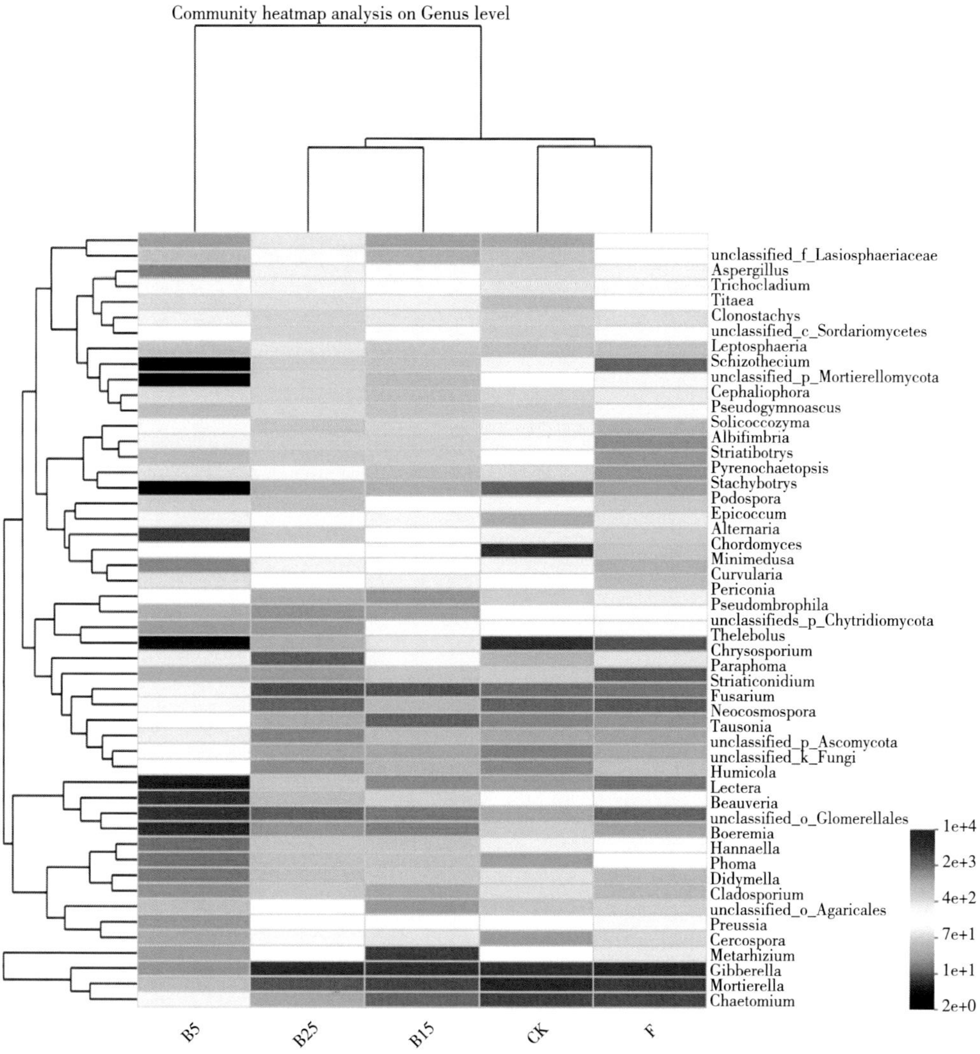

Community heatmap analysis on Genus level
unclassified_f_Lasiosphaeriaceae
Aspergillus
Trichocladium
Titaea
Clonostachys
unclassified_c_Sordariomycetes
Leptosphaeria
Schizothecium
unclassified_p_Mortierellomycota
Cephaliophora
Pseudogymnoascus
Solicoccozyma
Albifimbria
Striatibotrys
Pyrenochaetopsis
Stachybotrys
Podospora
Epicoccum
Alternaria
Chordomyces
Minimedusa
Curvularia
Periconia
Pseudombrophila
unclassifieds_p_Chytridiomycota
Thelebolus
Chrysosporium
Paraphoma
Striaticonidium
Fusarium
Neocosmospora
Tausonia
unclassified_p_Ascomycota
unclassified_k_Fungi
Humicola
Lectera
Beauveria
unclassified_o_Glomerellales
Boeremia
Hannaella
Phoma
Didymella
Cladosporium
unclassified_o_Agaricales
Preussia
Cercospora
Metarhizium
Gibberella
Mortierella
Chaetomium
1e+4
2e+3
4e+2
7e+1
1e+1
2e+0
B5
B25
B15
CK
F

彩图26　不同处理间土壤真菌属水平菌群热图

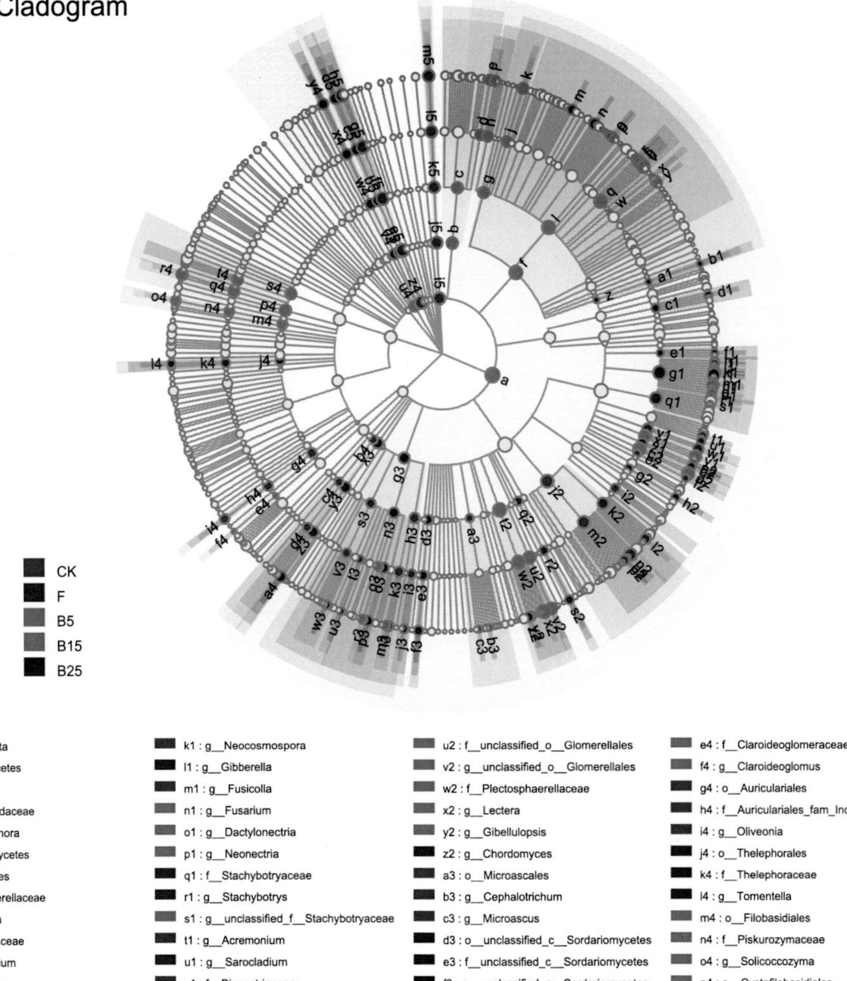

a : p__Ascomycota
b : c__Pezizomycetes
c : o__Pezizales
d : f__Ascodesmidaceae
e : g__Cephaliophora
f : c__Dothideomycetes
g : o__Capnodiales
h : f__Mycosphaerellaceae
i : g__Cercospora
j : f__Cladosporiaceae
k : g__Cladosporium
l : o__Pleosporales
m : g__Curvularia
n : g__Paraphoma
o : g__Setophoma
p : g__unclassified_f__Phaeosphaeriaceae
q : f__Didymellaceae
r : g__unclassified_f__Didymellaceae
s : g__Didymella
t : g__Phoma
u : g__Epicoccum
v : g__Boeremia
w : f__Massarinaceae
x : g__Stagonospora
y : g__Ampelomyces
z : o__unclassified_c__Dothideomycetes
a1 : f__unclassified_c__Dothideomycetes
b1 : g__unclassified_c__Dothideomycetes
c1 : f__Helotiales_fam_Incertae_sedis
d1 : g__Leohumicola
e1 : f__Ophiocordycipitaceae
f1 : g__unclassified_f__Ophiocordycipitaceae
g1 : f__Nectriaceae
h1 : g__Cylindrocarpon
i1 : g__unclassified_f__Nectriaceae
j1 : g__Volutella
k1 : g__Neocosmospora
l1 : g__Gibberella
m1 : g__Fusicolla
n1 : g__Fusarium
o1 : g__Dactylonectria
p1 : g__Neonectria
q1 : f__Stachybotryaceae
r1 : g__Stachybotrys
s1 : g__unclassified_f__Stachybotryaceae
t1 : g__Acremonium
u1 : g__Sarocladium
v1 : f__Bionectriaceae
w1 : g__Clonostachys
x1 : f__Clavicipitaceae
y1 : g__Metarhizium
z1 : f__Hypocreaceae
a2 : g__Monocillium
b2 : g__Trichoderma
c2 : f__Cordycipitaceae
d2 : g__Beauveria
e2 : f__unclassified_o__Hypocreales
f2 : g__unclassified_o__Hypocreales
g2 : f__unclassified_o__Xylariales
h2 : g__unclassified_o__Xylariales
i2 : f__Diatrypaceae
j2 : o__Sordariales
k2 : f__Lasiosphaeriaceae
l2 : g__Schizothecium
m2 : f__Chaetomiaceae
n2 : g__Chaetomium
o2 : g__Acrophialophora
p2 : g__Trichocladium
q2 : o__Myrmecridiales
r2 : f__Myrmecridiaceae
s2 : g__Myrmecridium
t2 : o__Glomerellales
u2 : f__unclassified_o__Glomerellales
v2 : g__unclassified_o__Glomerellales
w2 : f__Plectosphaerellaceae
x2 : g__Lectera
y2 : g__Gibellulopsis
z2 : g__Chordomyces
a3 : o__Microascales
b3 : g__Cephalotrichum
c3 : g__Microascus
d3 : o__unclassified_c__Sordariomycetes
e3 : f__unclassified_c__Sordariomycetes
f3 : g__unclassified_c__Sordariomycetes
g3 : c__Eurotiomycetes
h3 : o__Eurotiales
i3 : f__Trichocomaceae
j3 : g__Talaromyces
k3 : f__Aspergillaceae
l3 : g__Aspergillus
m3 : g__Penicillium
n3 : o__Onygenales
o3 : f__Onygenales_fam_Incertae_sedis
p3 : g__Chrysosporium
q3 : f__unclassified_o__Onygenales
r3 : g__unclassified_o__Onygenales
s3 : o__Chaetothyriales
t3 : f__Trichomeriaceae
u3 : g__Knufia
v3 : f__Herpotrichiellaceae
w3 : g__Coniosporium
x3 : c__unclassified_p__Ascomycota
y3 : o__unclassified_p__Ascomycota
z3 : f__unclassified_p__Ascomycota
a4 : g__unclassified_p__Ascomycota
b4 : c__Orbiliomycetes
c4 : o__Orbiliales
d4 : f__Orbiliaceae
e4 : f__Claroideoglomeraceae
f4 : g__Claroideoglomus
g4 : o__Auriculariales
h4 : f__Auriculariales_fam_Incertae_sedis
i4 : g__Oliveonia
j4 : o__Thelephorales
k4 : f__Thelephoraceae
l4 : g__Tomentella
m4 : o__Filobasidiales
n4 : f__Piskurozymaceae
o4 : g__Solicoccozyma
p4 : o__Cystofilobasidiales
q4 : f__Mrakiaceae
r4 : g__Tausonia
s4 : o__Tremellales
t4 : f__Bulleribasidiaceae
u4 : p__Chytridiomycota
v4 : c__unclassified_p__Chytridiomycota
w4 : o__unclassified_p__Chytridiomycota
x4 : f__unclassified_p__Chytridiomycota
y4 : g__unclassified_p__Chytridiomycota
z4 : p__Mortierellomycota
a5 : c__unclassified_p__Mortierellomycota
b5 : o__unclassified_p__Mortierellomycota
c5 : f__unclassified_p__Mortierellomycota
d5 : g__unclassified_p__Mortierellomycota
e5 : c__Mortierellomycetes
f5 : o__Mortierellales
g5 : f__Mortierellaceae
h5 : g__Mortierella
i5 : p__unclassified_k__Fungi
j5 : c__unclassified_k__Fungi
k5 : o__unclassified_k__Fungi
l5 : f__unclassified_k__Fungi
m5 : g__unclassified_k__Fungi

彩图27　土壤真菌群落LefSe分析